陳雲潮 編著

M2K SCOPY
電路設計、模擬測試、硬體裝置與除錯

東華書局

國家圖書館出版品預行編目資料

M2K SCOPY：電路設計、模擬測試、硬體裝置與除錯 /
陳雲潮編著. -- 1 版. -- 臺北市：臺灣東華書局股份有
限公司, 2022.01

336 面；17x23 公分.

ISBN 978-986-5522-83-4（平裝）

1. 積體電路 2. 設計

448.62   110021056

M2K SCOPY：電路設計、模擬測試、硬體裝置與除錯

編 著 者	陳雲潮
發 行 人	陳錦煌
出 版 者	臺灣東華書局股份有限公司
地　　址	臺北市重慶南路一段一四七號三樓
電　　話	(02) 2311-4027
傳　　眞	(02) 2311-6615
劃撥帳號	00064813
網　　址	www.tunghua.com.tw
讀者服務	service@tunghua.com.tw
門　　市	臺北市重慶南路　段　四七號　樓
電　　話	(02) 2371-9320

2026 25 24 23 22　JF 5 4 3 2 1

ISBN　　978-986-5522-83-4

版權所有 · 翻印必究

推薦序

余任職於亞德諾半導體公司 (Analog Device Inc.) 多年，有鑑於技術扎根的重要性，於 2019 年起，著手規畫執行 ADI 大學合作計劃，期間與很多優秀的老師合作專案。適逢一場疫情，看見了許多實驗因為無法使用量測儀器而影響了實驗進度，如何協助老師們解決問題，是我亟待盡速處理的課題。有幸 ADI M2K 掌上實驗室能夠取代六部實驗室常用量測儀器，解決了老師們的困擾。然而，如何將 M2K 完整導入教學課程，又是另一個挑戰。

一個成功的產品，除了產品本身特質外，如何讓更多人認識它、瞭解它，進而將它帶入課堂，書本扮演著非常重要的角色。透過多次的會議與簡報，陳老師也非常認同 M2K 掌上實驗室的確能幫助學生快速吸收教學內容，並優化實驗的效率，在進入職場後也能夠快速與產品設計接軌。當我提出為 M2K 編寫教材的想法時，陳老師立刻答應我的邀約，並提出人手一機的願景，希望 ADI 可以一起為台灣的教育盡一份心力，陳老師對於教學的熱誠與堅持，著實令我感動不已。

陳老師 1972 年赴美，先後於 General Instruments、Texas

Instruments 及 IBM 等公司擔任要職三十餘年。退休回國後受聘於金門大學擔任講座教授五年，回台北後於台北科技大學電子工程系兼課。

為了儘快完成這本書，老師先是停掉所有的兼課，而課本中所有的實驗，都是老師親自設計，從零件的取得到電路的布局，老師從不假手他人，堅持自己完成實驗，並將所有步驟寫進書裡，務求事事周全完善。ADI 也持續努力著以期達成老師所託，把 M2K 以最優惠的實驗工具價格透過銷售渠道，齊心協力來完成人手一機的願景。

陳老師對教育的使命感，再加上跨領域夥伴的辛勞付出，才讓這本書能夠如期地呈現在各位面前，希望各位讀者及學生們除了能從書本中學習獲得知識外，也能瞭解隱藏這本書背後的教育使命。

Corporate Account Manager Taiwan Region

陳曜桎

前　言

　　這本實作講義,是為了避免同學在校,因排課時數不足,無法實作到應有的設計、構置、除錯等技巧,進而影響到就業。作者早年畢業於臺北工專,任教於母校凡十年。去國後先後任職於美國的 General Instruments、Texas Instruments 及 IBM 共三十年。2005 年回國後曾在金門技術學院,擔任講座教授共五年,瞭解工科教育的環境。

　　2017 年美國 Analog Devices Inc. 推出 M2K,它是一個「軟體定義的儀器」,在 Scopy 軟體和 PC 的配合下,可以完成二部 Funtion generators、二部浮動式輸入的示波器、十六個 Channels 的 Triggered Digital Analyzer 和 Pattern Generator,另外還有一個 Network Analyer、一個 Spectrum Analyzer 和二個一正一負 5 V/50 mA 的電源。這個 Module 在台灣的售價約 7,000 元。

　　實作講義是基於教師引導。除了授課時間之外,完成課外實作部分,約須要 4 至 8 小時。這個實作課程,除了每週須繳驗類似工程師筆記之外,同時還有期中及期末考試,以瞭解課程被吸收的程度。

實作講義之所以取名為《M2K SCOPY：電路設計、模擬測試、硬體裝置與除錯》的原因，是對於每一件實作，如果用得到 C/C++ Program 來幫助或加速計算，那麼就要把它拿來用；而 LTspice 和 VHDL 是非常有用的模擬工具，因此當然要用。它在幫助瞭解電路的特性後，加上了 M2K 所具備的各種儀器，便可以隨時隨地，有錯除錯，讓設計的電路。依照設計而工作。本實作講義共十二章。其中六章為類比電路，六章為數位電路，都包括了簡單的介紹或計算，還有 LTspice 或 VHDL 的模擬測試，最後才是實作。每章的例題、參考資料，還有修正等，都在網路上提供。

臺北科技大學電子工程系

陳雲潮

目 次

推薦序 iii
前 言 v
目 次 vii

第一章　BJT 電晶體放大器

- 1-1　射極接地放大器直流偏壓的設計 1
- 1-2　射極接地放大器的 C/C++ 程式 4
- 1-3　射極接地放大器的模擬測試 5
- 1-4　瞬態 9
- 1-5　波形的分析 11
- 1-6　交流分析 13
- 1-7　射極接地放大器輸入輸出阻抗的測量 16
- 1-8　集極接地放大器直流偏壓的設計 19
- 1-9　集極接地放大器輸入輸出阻抗的測量 22
- 1-10　基極接地放大器直流偏壓的設計 24
- 1-11　基極接地放大器輸入輸出阻抗的測量 26
- 1-12　電路的 M2K 硬體裝置與 Scopy 軟體的應用 27
- 1-13　電路的 M2K 硬體測試與 Scopy 軟體的使用程序 ... 32
- 1-14　課外練習 38

第二章　差動型放大器

- 2-1　簡單的電流源電路 40
- 2-2　完整的差動型放大器電路 41
- 2-3　差動型放大器電路的模擬測試 44
- 2-4　電路的 M2K 硬體裝置與 Scopy 軟體的使用程序 52
- 2-5　課外練習 61

第三章　運算放大器與乘法器

- 3-1　TL081 運算放大器 65
- 3-2　TL081 運算放大器的基本功能 67
- 3-3　TL081 運算放大器的應用 70
- 3-4　AD633 乘法器的介紹 74
- 3-5　課外練習 87

第四章　回授與放大器及振盪器

- 4-1　180° 音頻頻率相移器 89
- 4-2　OP07 運算放大器的正回授相移式振盪器 91
- 4-3　Wien Bridge 相移器電路 92
- 4-4　TL081 運算放大器組成的 Wien Bridge 振盪器 94
- 4-5　正交振盪器電路 95
- 4-6　Wien Bridge 電路的 M2K 連接與測試 98
- 4-7　課外練習 101

第五章　A2D D2A 類比與數位的轉換

- 5-1　電阻組成的 R2R 階梯式 D2A 轉換器 103
- 5-2　DAC0808 積體電路 D2A 轉換器 112
- 5-3　ADC0804 積體電路 A2D 轉換器 114

- 5-4 ADC0804 和 DAC0808 轉換器的硬體實作 116
- 5-5 R2R 階梯式 D2A 轉換器電路的 M2K 連接與測試 118
- 5-6 課外練習 122

第六章　有源濾波器

- 6-1 低通濾波器 123
- 6-2 二階低通濾波器 126
- 6-3 一階高通濾波器 127
- 6-4 二階高通濾波器 128
- 6-5 多個回授的頻通濾波器 129
- 6-6 頻拒濾波器 131
- 6-7 多個回授的頻通濾波器電路的 M2K 連接與測試 133
- 6-8 課外練習 139

第七章　NAND 邏輯閘來合成其他 Logic gates

- 7-1 使用 2-input NAND 來構成其他 Logic gates 的電路 141
- 7-2 使用 VHDL 來描述電路的結構和電路的模擬測試 142
- 7-3 硬體實作 145
- 7-4 M2K/Scopy 的 74LS00 NANDs 組成其他 Gates 的硬體測試 148
- 7-5 課外練習 157

第八章　Data Selectors 與 Multiplexers

- 8-1 4-line to 1-line Data Selectors/Multiplexers 159
- 8-2 3-line to 8-line Decoder/Demultiplexers 162
- 8-3 MUX 和 ENCODER 的測試 164
- 8-4 MUX 電路連接成 2-input gates 的做法 167
- 8-5 硬體實作 168

- 8-6　課外練習 177

第九章　加法器電路的組成和測試

- 9-1　簡單的加法器電路 179
- 9-2　VHDL Coding 與 ModelSim Simulation 181
- 9-3　Carry-ripple adder SN74LS283 184
- 9-4　Carry-Lookahead adder 186
- 9-5　硬體實作 187
- 9-6　課外練習 198

第十章　寄存器和時序電路

- 10-1　鎖存器和翻轉—觸發器 199
- 10-2　JKFF 與 SR、D、T 等 Flip-Flops 202
- 10-3　計數器 206
- 10-4　74LS193 Synchronous 4-bit Binary Counter with Dual Clock 簡介 210
- 10-5　用於 M2K 測試的 .CSV 檔 212
- 10-6　M2K 與實體電路的連接 214
- 10-7　M2K Pattern Generator 的設定與操作 215
- 10-8　M2K Logic Analyzer 的設定與操作 218
- 10-9　課外練習 226

第十一章　移位寄存器

- 11-1　DFF 組成的移位寄存器 227
- 11-2　使用 VHDL 來描述電路的結構和電路的模擬測試 229
- 11-3　雙向 Shift Register SN74LS194 的介紹 231
- 11-4　雙向 Shift Register SN74LS194 的測試 233
- 11-5　M2K 與雙向 Shift Register SN74LS194 電路的連接 ... 235

目　次　xi

- 11-6　Pattern Generator 的設定與操作 236
- 11-7　Logic Analyzer 的設定與操作 239
- 11-8　課外練習 247

第十二章　Clock Generation 與 PLL

- 12-1　簡單時序脈波的產生 249
- 12-2　Clock 的分布 250
- 12-3　不同頻率的要求 250
- 12-4　鎖相環 PLL 電路的結構 251
- 12-5　相位檢測器 252
- 12-6　PLL 的 Clock 頻率倍增器 256
- 12-7　LM565/PLL 和 74LS90/Decade Counter 構成的 ×10 倍頻器 257
- 12-8　硬體實作 258
- 12-9　課外練習 262

附錄

- 附錄 A　Scopy 軟體在 M2K 的應用 263
- 附錄 B　Library 之外 Model 的處理 278
- 附錄 C　Subckt 的產生和應用 285
- 附錄 D　VHDL 電路檔的結構與格式 289
- 附錄 E　VHDL 測試檔的結構與 Stimulus 的寫法 292
- 附錄 F　ModelSim Simulation 模擬測試 297
- 附錄 G　LM565 PLL 的設定 308
- 附錄 H　M2K 與其附加的硬件 313

索引

　　　中英對照 319
　　　英中對照 321

第一章　BJT 電晶體放大器

　　雙極性電晶體有 3 個極：基極、射極、集極。放大器電路基本上也有 3 種：基極接地放大器、射極接地放大器、集極接地放大器。本章將從介紹它們的甲類偏壓的設計入手，使用 **LTspice** 模擬測試做分析。在全面瞭解之後，再使用 **M2K/Scopy** 來做硬體實作和測試，以確認設計之可靠性與可用性。

1-1　射極接地放大器直流偏壓的設計

　　3 種放大器中用途最廣，被使用得最多的是射極接地放大器。如圖 1-1 所示，它的偏壓電路是由 1 只 NPN 電晶體和 4 只電阻所組成。如果已知電晶體的 β、V_{cc}、I_e 的數值，則 4 只電阻的阻值，可以由下面的經驗法則計算出來[註1]。

假設 $\beta = 300$,　$V_{cc} = 10$ V,　$I_e = 2$ mA

$$V_b = \frac{1}{3} \times V_{cc} = 3.33 \text{ V}$$

$$V_b = \frac{R_{b2}}{R_{b1} + R_{b2}} \times V_{cc}$$

[註1]　[Analog Device WiKi] Chapter 9 Single Transistor Amplifier Stages.

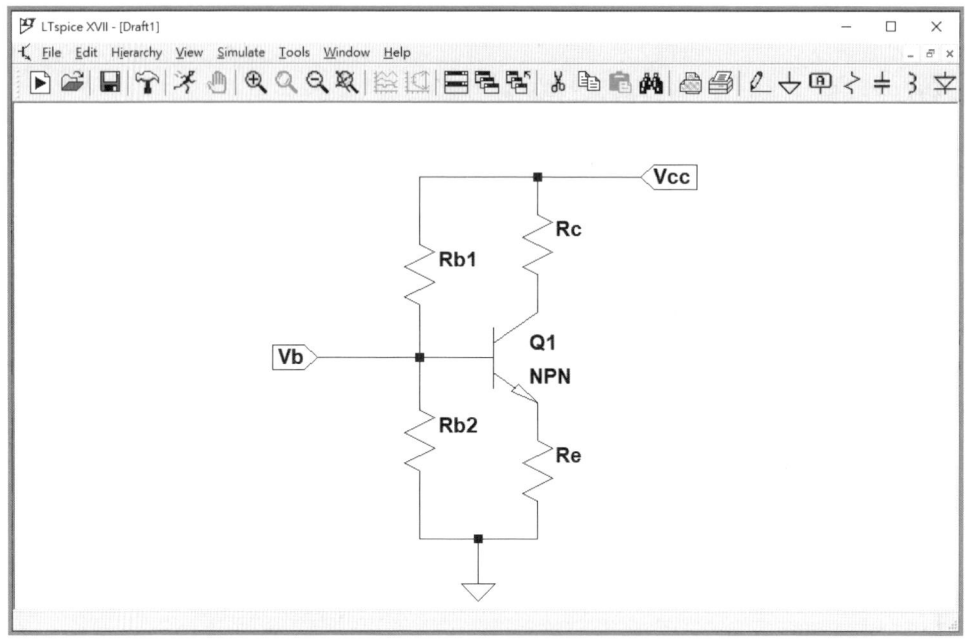

◦ 圖 1-1 ◦　　射極接地放大器

$$3.33 \text{ V} = \frac{R_{b2}}{R_{b1}+R_{b2}} \times 10 \tag{1}$$

令

$$\frac{V_{cc}}{R_{b1}+R_{b2}} = 0.1 \times I_e$$

$$\frac{10}{R_{b1}+R_{b2}} = 200 \ \mu\text{A} \tag{2}$$

求解方程式 (1) 和 (2) 得　　$R_{b1} = 2R_{b2}$

從而由 (2) 得　　$3R_{b2} = \dfrac{10}{200 \ \mu\text{A}} = 50 \text{ k}\Omega$

因此 $\quad R_{b2} = 16.6 \text{ k}\Omega, \quad R_{b1} = 33.3 \text{ k}\Omega$

因為 $\quad V_e = V_b - V_{be} = 3.33 - 0.7 = 2.63 \text{ V}$

而且 $\quad I_e = 2 \text{ mA}$

所以 $\quad R_e = \dfrac{V_e}{I_e} = \dfrac{2.63}{2 \text{ mA}} = 1.315 \text{ k}\Omega$

又 $\quad I_c = \left(\dfrac{\beta}{\beta+1}\right) \times I_e = \dfrac{300}{301} \times 2 \text{ mA} = 1.99 \text{ mA}$

從假設而得 $\quad V_c = \dfrac{2}{3} \times 10 \text{ V} = 6.66 \text{ V}$

而 $\quad R_c = \dfrac{V_{cc} - V_c}{I_c} = \dfrac{10 - 6.66}{1.99 \text{ mA}} = 1.673 \text{ k}\Omega$

1-2　射極接地放大器的 C/C++ 程式 [註2]

將方程式的假設和求解，寫成如圖 1-2 的 C/C++程式，可以加速答案的獲得。使用圖 1-2 的電腦程式來代為計算，只要輸入 V_{cc}、I_e、β，立刻可以獲得 R_{b1}、R_{b2}、R_e、R_c 的電阻值。如圖 1-3 所示。

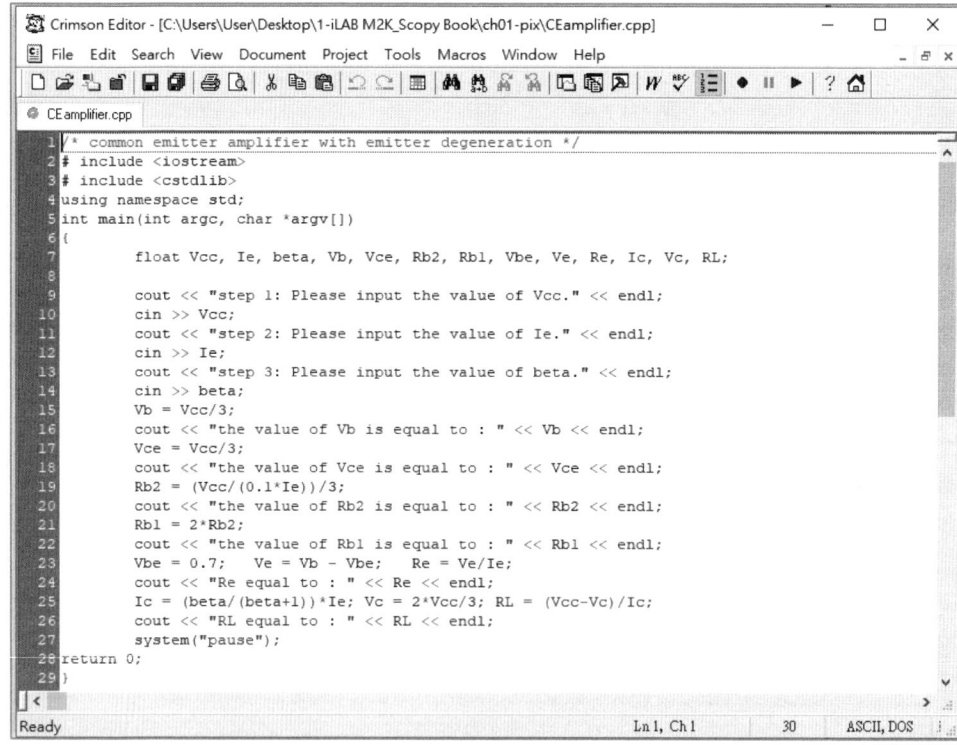

圖 1-2　射極接地放大器的 C/C++程式

[註2]　Download Dev-C++ www.math.ncu.edu.tw/~jovice/c++/boards/devcpp.htm.

```
C:\Users\User\Desktop\1-iLAB M2K_Scopy Book\ch01-pix\CEamplifier.exe
step 1: Please input the value of Vcc.
10
step 2: Please input the value of Ie.
2e-3
step 3: Please input the value of beta.
300
the value of Vb is equal to : 3.33333
the value of Vce is equal to : 3.33333
the value of Rb2 is equal to : 16666.7
the value of Rb1 is equal to : 33333.3
Re equal to : 1316.67
RL equal to : 1672.22
請按任意鍵繼續 . . .
```

圖 1-3　由電腦程式來代為計算偏壓所需之電阻值

1-3　射極接地放大器的模擬測試

模擬測試是實體製作前的必要步驟，它能提供電路各個零件接點上的電壓和電流值。瞬態分析的波形、交流分析的頻率響應、放大器的失真率等，使用的是 **LTspice Simulator**。[註3]

圖 1-4 的射極接地放大器電路圖，除 2N3904 電晶體和 R_{b1}、R_{b2}、R_e、R_c 四只電阻之外，為了免除 B、E、C 點的直流電壓受到外部電路的影響，加入了 C_1 和 C_2 電容器；同時為了增加放大器的低頻效益，在 E 和接地之間加入了 C_3 電容器，由此這樣才成為可以運作的射極接地放大器電路。

[註3] Download LTspice XVII www.linear.com/designtools/software/#LTspice.

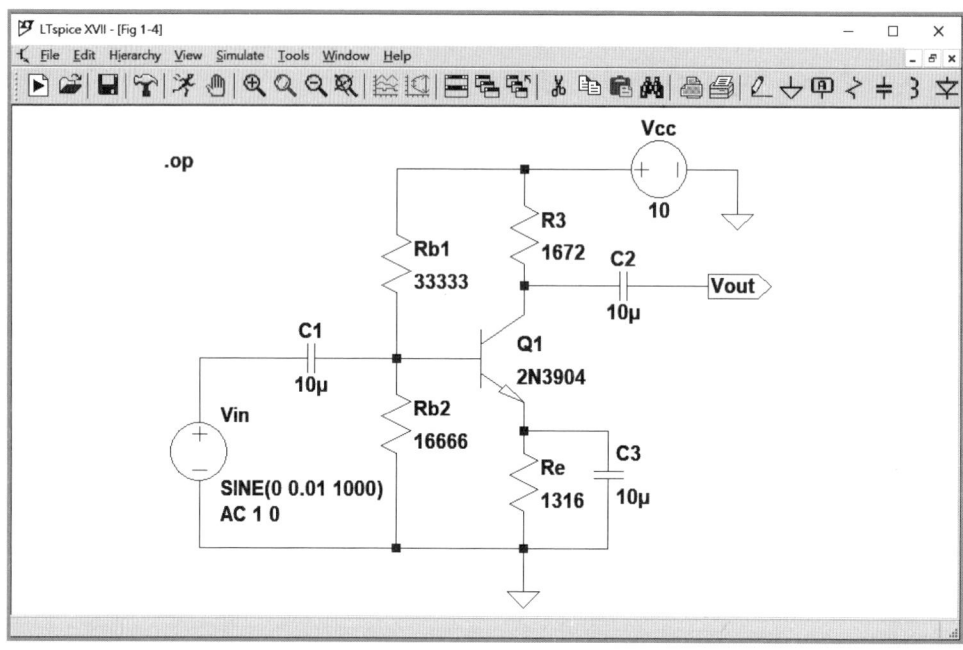

圖 1-4　　LTspice Simulator 上的射極接地放大器電路圖

1-3-1 直流工作點測試

在 **LTspice 1** 電路圖視窗的工作欄,點擊 **Simulate >> Edit Simulation Command >> DC op pnt >> OK**。如圖 1-5A 所示,便完成設定。

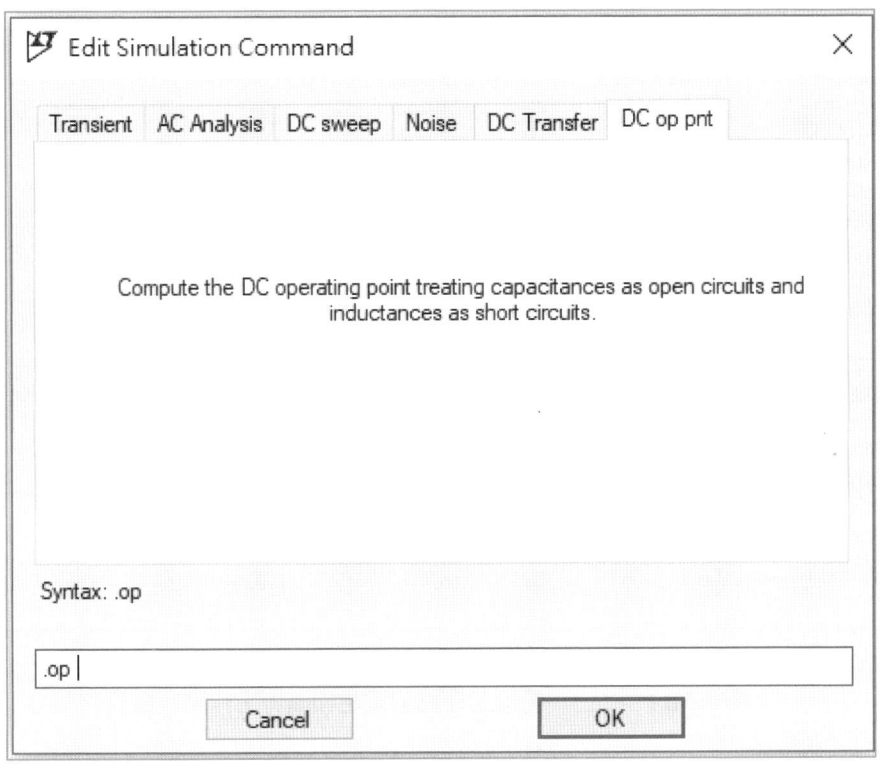

　　圖 1-5A　　　直流工作點的設定

單擊圖 1-5A 的 **OK** 讓電路的各個接點和零件的電壓和電流值印出來，如圖 1-5B 所示。它是硬體實作，除錯的基本依據。

```
* C:\Users\User\Desktop\1-iLAB M2K_Scopy Book\ch01-pix\ch01 LTspice\Fig 1-4.asc
       --- Operating Point ---
V(n002):        6.71926        voltage
V(n004):        3.26269        voltage
V(n005):        2.59057        voltage
V(n001):        10             voltage
V(n003):        0              voltage
V(vout):        6.71919e-005   voltage
Ic(Q1):         0.00196217     device_current
Ib(Q1):         6.352e-006     device_current
Ie(Q1):         -0.00196852    device_current
I(C3):          2.59057e-017   device_current
I(C2):          -6.71919e-017  device_current
I(C1):          3.26269e-017   device_current
I(Re):          0.00196852     device_current
I(R3):          0.00196217     device_current
I(Rb2):         0.000195769    device_current
I(Rb1):         0.000202121    device_current
I(Vcc):         -0.00216429    device_current
I(Vin):         3.26269e-017   device_current
```

圖 1-5B　直流工作點的設定和直流工作點一覽表

1-4 瞬態

瞬態 (Transient)，也就是波形的分析。對於射極接地放大器，如果要放大的是 20～20 kHz 的音頻，圖 1-4 中，V_2 所加的正弦波，頻率為 1 kHz，電壓為 0.01 V。設定測試時，也是在電路圖視窗的工作欄，點擊 **Simulate >> Edit Simulation Command >> Transient**，如圖 1-6A 所示。

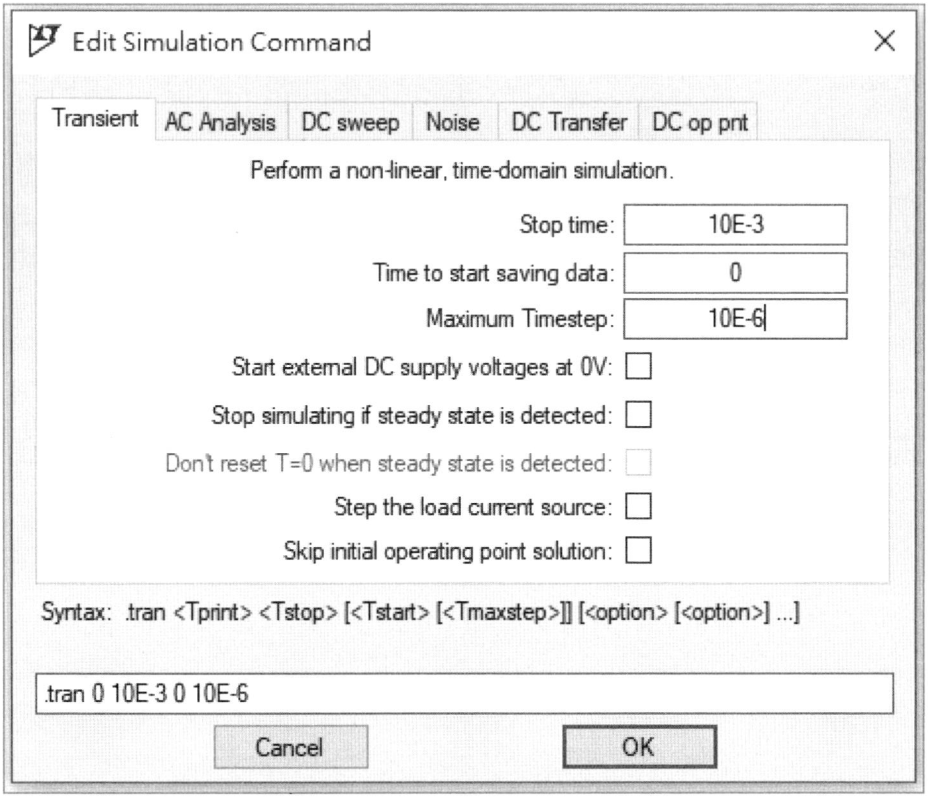

圖 1-6A　瞬態的設定

圖中 **Stop Time** 指的是測試多久，因為所加正弦波的頻率為 1 kHz，它的週期是 1E-3，要觀測 10 個正弦波波形，應填寫為 10 m 或 10E-3。

單擊圖 1-6B 左邊圖之 V_{in} 及 V_{out} 可獲得右邊圖之波形

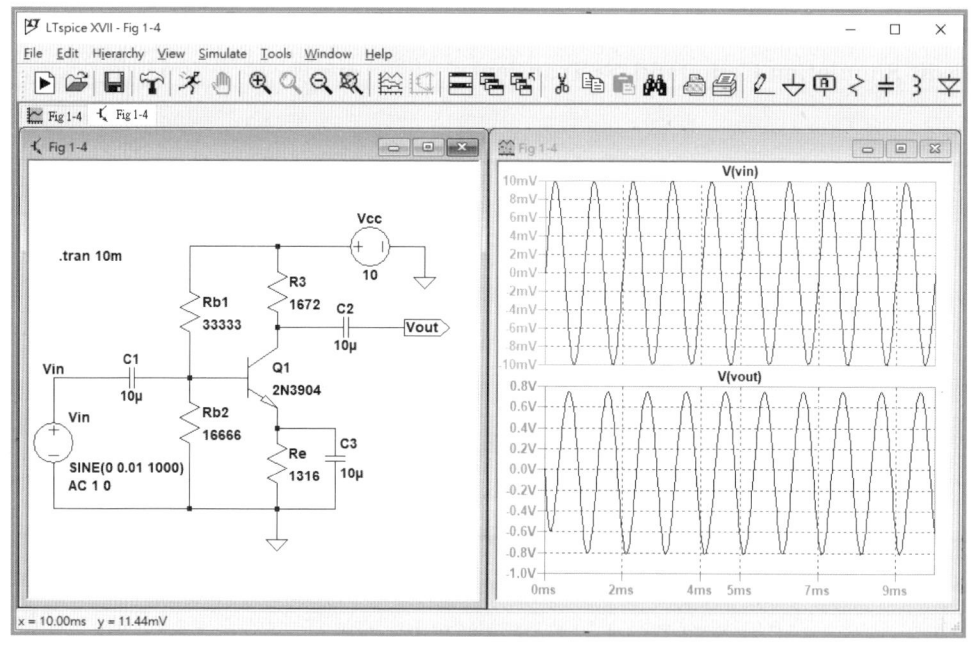

圖 1-6B　瞬態的設定和波形的觀測

1-5 波形的分析 (FFT Analysis)

射極接地放大器的輸入為 1 kHz 的正弦波,它的輸出如圖 1-7A 所示,如何判別這個波形有沒有失真?可以左擊圖 1-7A V_{out} 波形中的任何一點,再選用 Veiw >> FFT,就可以觀測到如圖 1-7B 之 V_{out} 波形的主波與副波的組成。

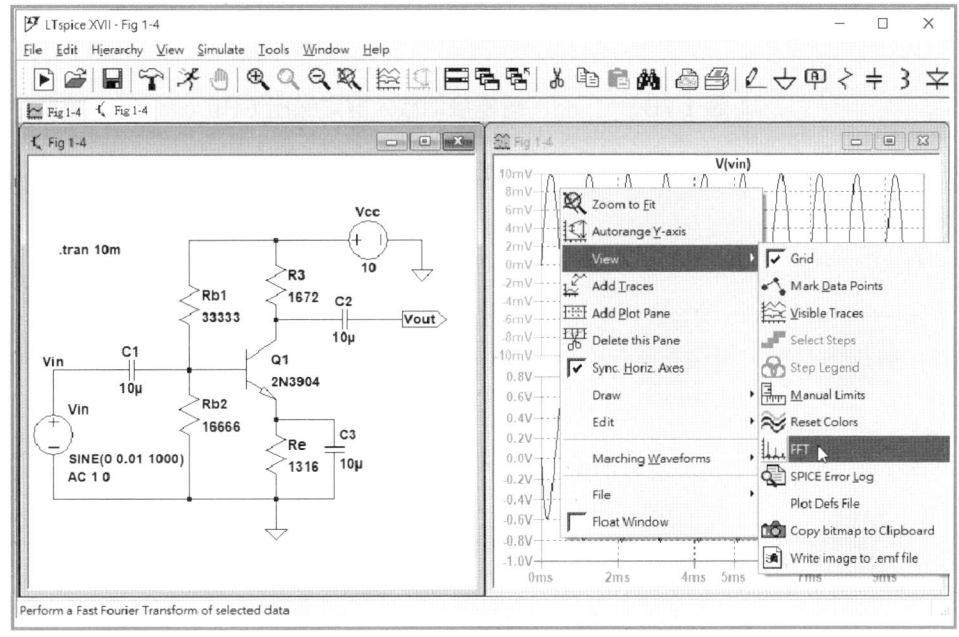

圖 1-7A　　觀測 FFT 之步驟

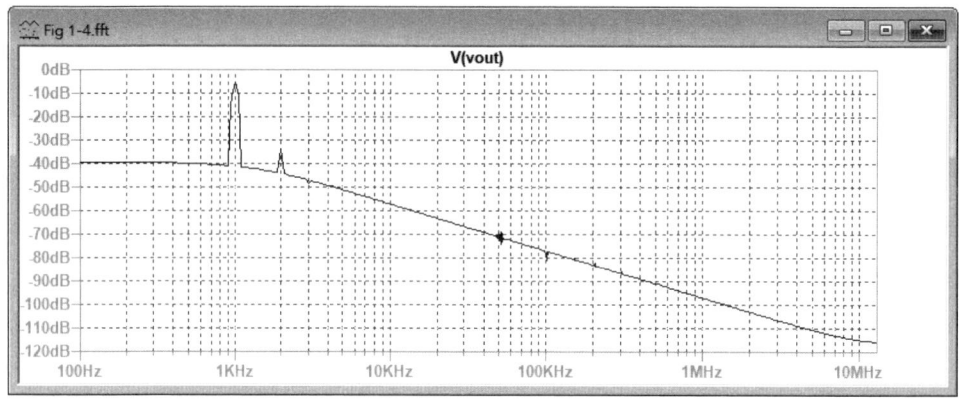

圖 1-7B 射極接地放大器之輸出 FFT

1-6 交流分析

瞬態分析,係指電路只對單一頻率的波形變化測試;**交流分析** (AC Analysis),則為電路測試一個大範圍頻率的響應,如 10 Hz～10 MHz。所以對 V_{in} 訊號產生器的設定也就不同於 V_{in} 在瞬態測試了。設定 V_{in} 作為交流分析,首先要點擊 V_{in},然後選擇 **Advanced**,當 **Independent Voltage Source-Vin** 出現時,如圖 1-8 在 **Small signal AC Analysis (.AC)** 項目:**AC Amplitude** 填入 1,**AC Phase** 填入 0,點擊 **OK**。

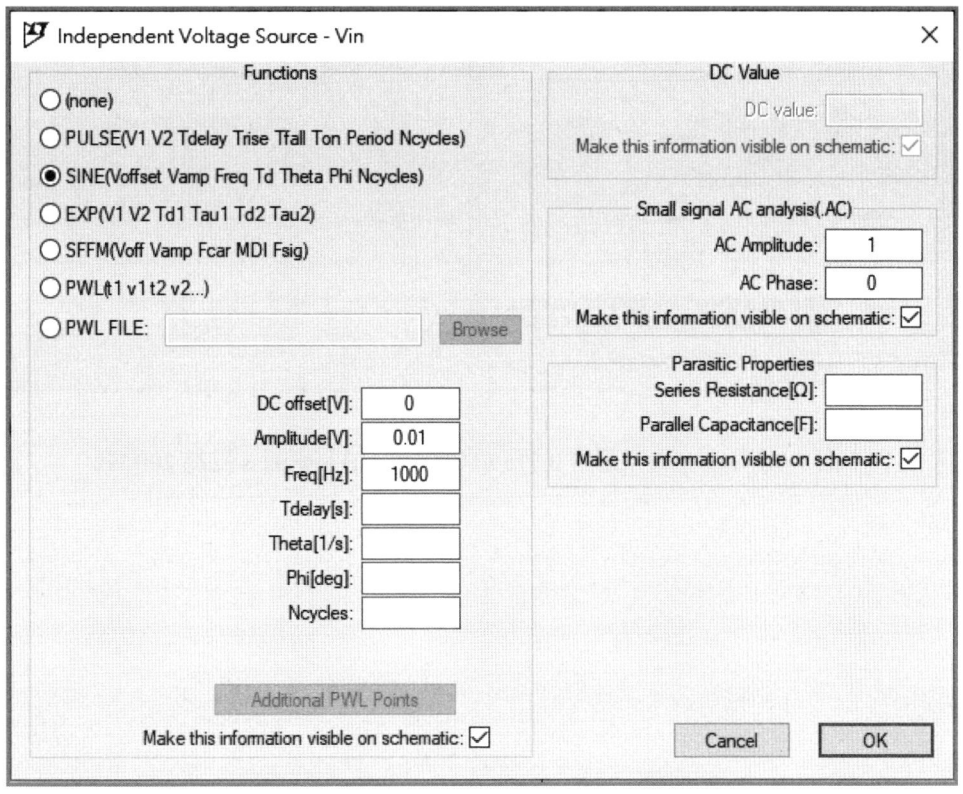

圖 1-8　　小訊號交流分析時 V_{in} 的設定

電容器 C_1 的加入，除了能防止基極 B 的直流電壓，不受外接電路的影響。它與 $R_1 \| R_2$ 形成 High Pass Filter 的 –3 dB 關係 $f_c = 1/(2*\pi*(R_1\|R_2)*C_2)$。圖 1-9 為 C_1=0.715 uF, C_3=10 uF 時，–3 dB low pass 點為 1 kHz。當 C_3=100 uF 時，則改進為 200 Hz。

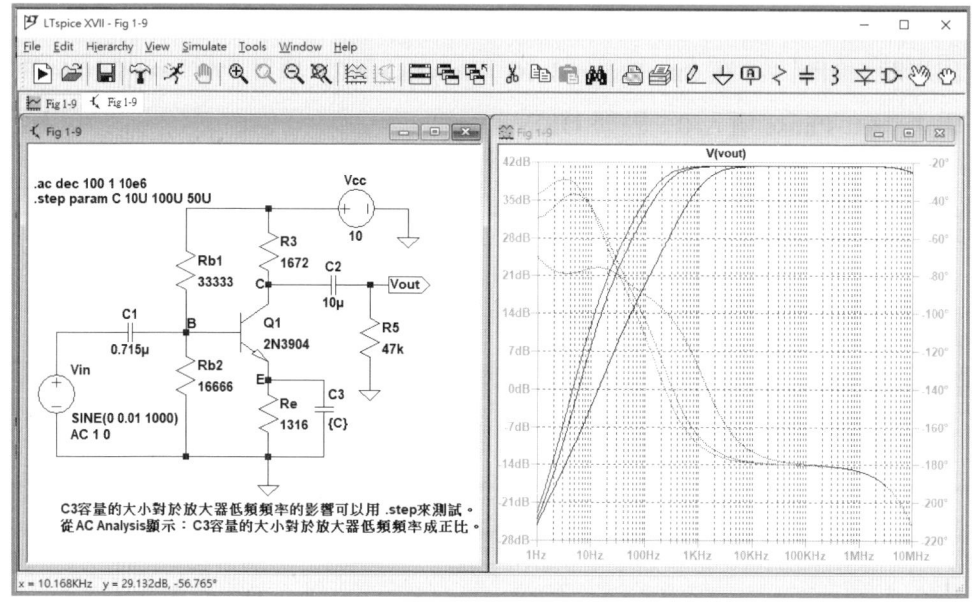

圖 1-9　　C_1 選用 0.715 uF 時，-3 dB low pass 點為 200 Hz

C_2 電容量的大小對 V_{out} 的 –3 dB 頻寬影響,可以用 **LTspice** 的 **.Step** 來比較,如圖 1-10 所示。1 uF 與 10 uF 對低頻的 –3 dB 頻寬影響較大。

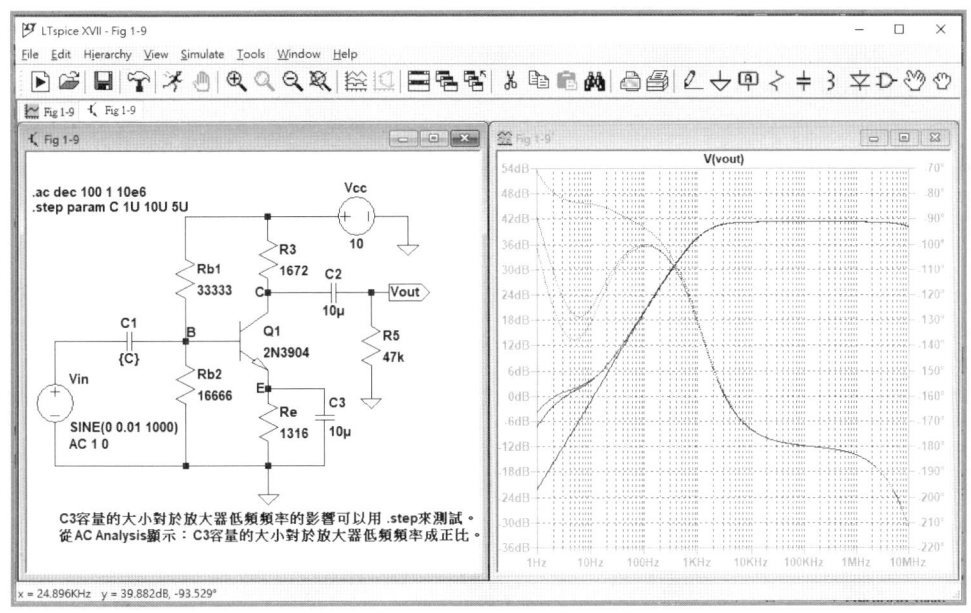

圖 1-10　C_2 對 V_{out} 的 –3 dB 頻寬影響可以用.Step 來做比較

1-7 射極接地放大器輸入輸出阻抗的測量

輸入阻抗的測量要從修改 V_1 入手,首先是移除所有正弦波電源的設定,將 V_1 改稱為 z-test,如圖 1-11 所示。**Run Program** 待空白波形出現時右擊之,再選用 **Add Traces**。

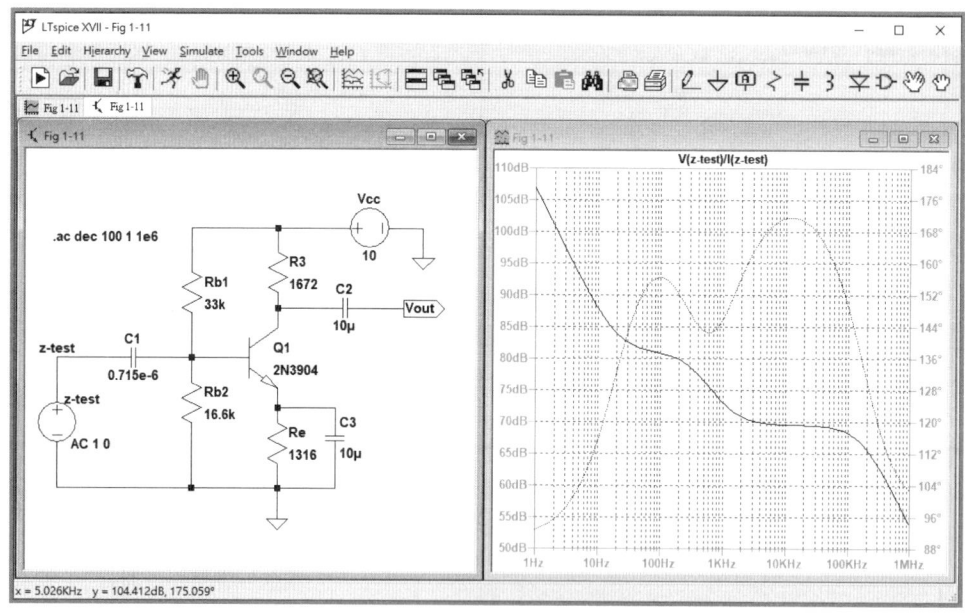

圖 1-11　射極接地放大器輸入阻抗的測量設定之一

可以加入的 Traces 如圖 1-12 所示。輸入阻抗是由 V(z-test)/I(z-test) 而得。

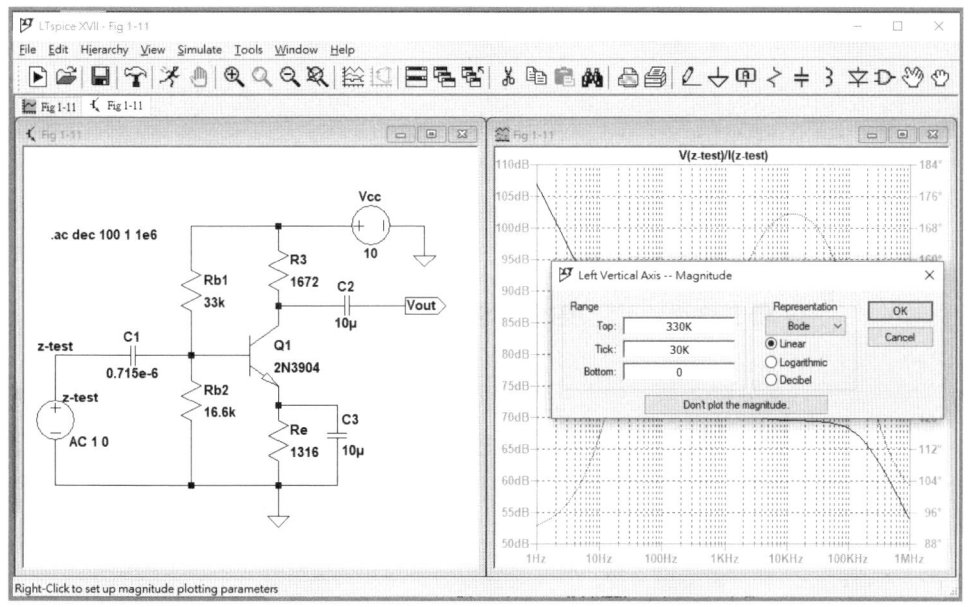

圖 1-12　射極接地放大器輸入阻抗的測量設定之二

圖 1-12 的縱坐標有 3 種選擇：**Linear**、**Logarithmic**、**Decbel**。阻抗的測量應選用 **Linear**，縱坐標顯示的是 kΩ，如圖 1-13 所示。

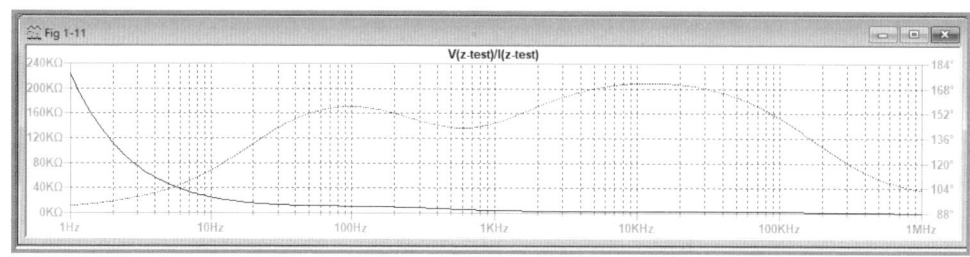

◦ 圖 1-13 ◦　　射極接地放大器輸入阻抗測量的結果

輸出阻抗的測量是把 z-test 從移除到 C_2 的輸入連接，改接到 C_3 的輸出連接。其他步驟與輸入所做的相同。輸出阻抗測量的結果如圖 1-14 所示。

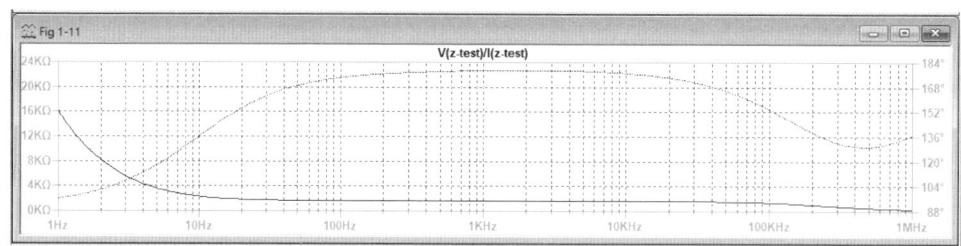

◦ 圖 1-14 ◦　　射極接地放大器輸出阻抗測量的結果

由上面 2 個模擬測試得知電晶體射極接地放大器的輸入阻抗約為 10 kΩ 左右，輸出阻抗約為 1.5 kΩ 左右。因此射極接地放大器，屬於電壓的放大，多用於微弱電壓的增強。由於不具電流或電功率的放大，無法用來推動喇叭之類低阻抗的負載。

1-8 集極接地放大器直流偏壓的設計

本章的集極接地放大器也是用基極做輸入，射極做輸出，集極經 V_{cc} 電源或電容器交流接地。這個電路不具電壓放大，但有電流和電功率放大的功能，其甲類偏壓電路如圖 1-15 所示。

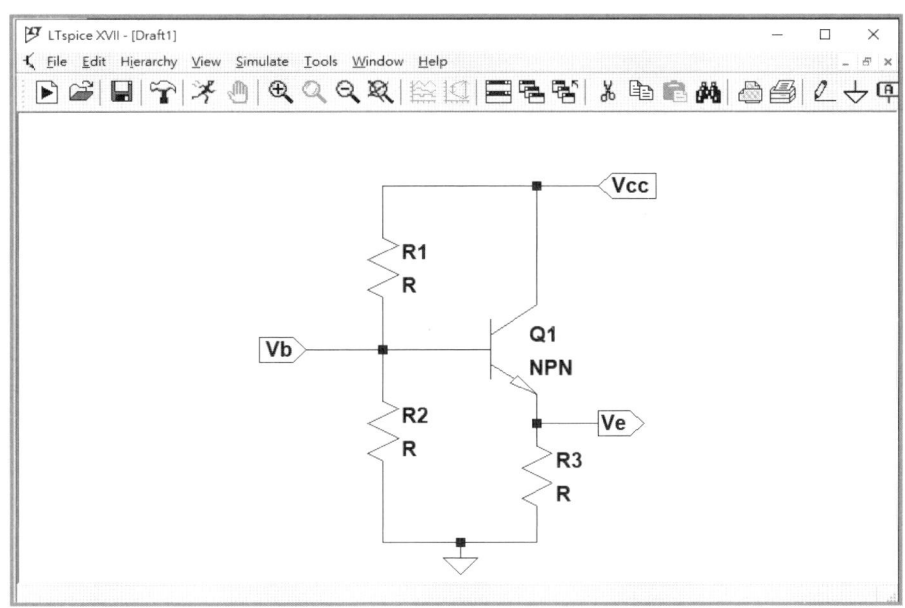

圖 1-15　集極接地放大器的偏壓電路

如果圖 1-15 中的 V_{cc}、I_e 和 R_{b2} 為已知，依據以下公式可得 R_{b1} 和 R_e 的值：

$$V_b = V_{be} + (V_{cc} - V_{be}) / 2 \tag{1}$$

$$R_{b1} = ((V_{cc} - V_b) / V_b) * R_{b2} \tag{2}$$

$$V_e = ((V_{cc} - V_{be}) / 2) \tag{3}$$

$$R_e = V_e / I_e \tag{4}$$

也可以寫成 C/C++ Program，可更快速可靠地獲取答案，如圖 1-16A 所示。

```
/* common collector amplifier */
# include <iostream>
# include <cstdlib>
using namespace std;
int main(int argc, char *argv[])
{
    float Vcc, Ie, beta, Ve, Vb, Vbe=0.65, Rb2, Rb1, Re;

    cout << "step 1: Please input the value of Vcc." << endl;
    cin >> Vcc;
    cout << "step 2: Please input the value of Ie." << endl;
    cin >> Ie;
    cout << "step 3: Please input the value of Rb2." << endl;
    cin >> Rb2;
    Vb = Vbe + (Vcc -Vbe)/2;
    cout << "the value of Vb is equal to : " << Vb << endl;
    //(Rb1+Rb2) = Vcc/Ie;
    Rb1 = ((Vcc-Vb)/Vb)*Rb2;
    cout << "the value of Rb1 is equal to : " << Rb1 << endl;
    Ve =((Vcc-Vbe)/2);
    cout << "the value of Ve is equal to : " << Ve << endl;
    Re = Ve/Ie;
    cout << "the value of Re is equal to : " << Re << endl;

    system("pause");
return 0;
}
```

圖 1-16A　C/C++ Program 以求解集極接地放大器的偏壓電路電阻值

圖 1-16B 為圖 1-16A 經編譯後 Run 以獲得放大器的偏壓電路電阻值。

第一章　BJT 電晶體放大器　21

```
選取 C:\Users\User\Desktop\1-iLAB M2K_Scopy Book\...
step 1: Please input the value of Vcc.
10
step 2: Please input the value of Ie.
0.01
step 3: Please input the value of Rb2.
6800
the value of Vb is equal to : 5.325
the value of Rb1 is equal to : 5969.95
the value of Ve is equal to : 4.675
the value of Re is equal to : 467.5
請按任意鍵繼續 . . .
```

圖 1-16B　　　Run 圖 1-16A Program 以獲得放大器的偏壓電路電阻值

　　圖 1-17 為使用圖 1-16 電阻值的集極接地放大器電路，它的 Transient、OP、AC 和 FFT 留待同學使用 LTspice 來做 Simulation 的練習了。

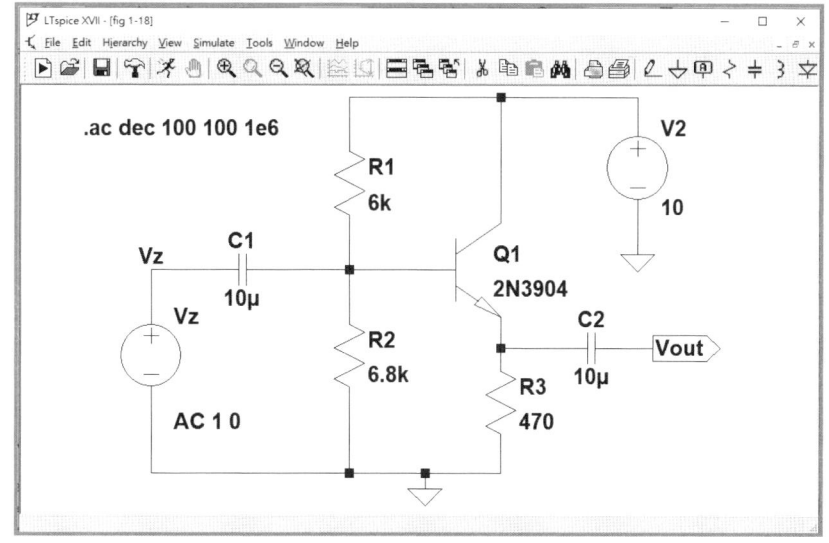

圖 1-17　　　完整可用的集極接地放大器電路

1-9 集極接地放大器輸入輸出阻抗的測量

輸入阻抗的測量方法與 1-7 節相同,結果如圖 1-18 所示,Z_{in} = 3.15 kΩ。

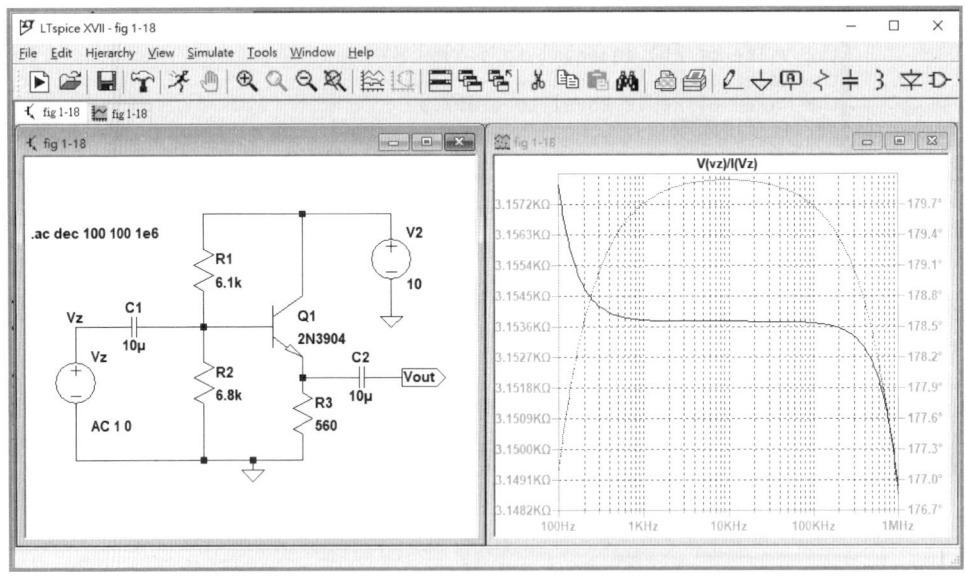

◎ 圖 1-18 ◎ ——— 集極接地放大器的 Z_{in} 為 3.15 kΩ

輸出阻抗的測量的方法也跟 1-7 節相同，結果如圖 1-19 所示，Z_{out} = 15 Ω。

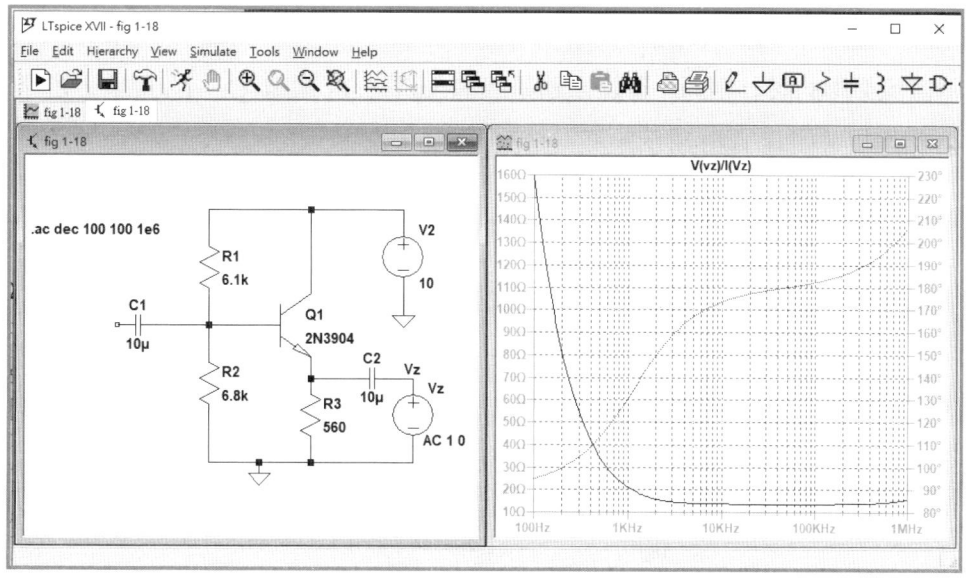

圖 1-19　集極接地放大器的 Z_{out} 為 15 Ω

1-10　基極接地放大器直流偏壓的設計

　　基極接地放大器的輸入為射極，輸出為集極，接地為基極。如果與射極接地放大器同為甲類小訊號放大器，則直流偏壓的設計與 1-1 節的射極接地放大器直流偏壓的設計相同。實際電路是將輸入訊號 V_1 搬離 C_2，C_2 接地。V_1 與 C_1 相連接。如圖 1-20 所示。

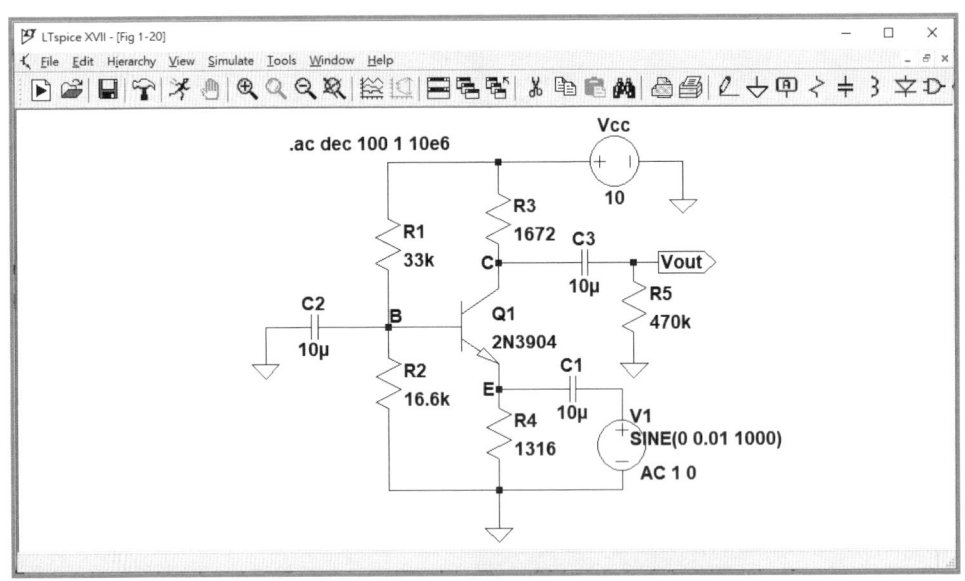

圖 1-20　基極接地放大器實際電路

第一章　BJT 電晶體放大器　25

如果對基極接地放大器做 AC 模擬測試，結果如圖 1-21 所示。與圖 1-9 相比較，它的低頻部分有明顯的衰落。

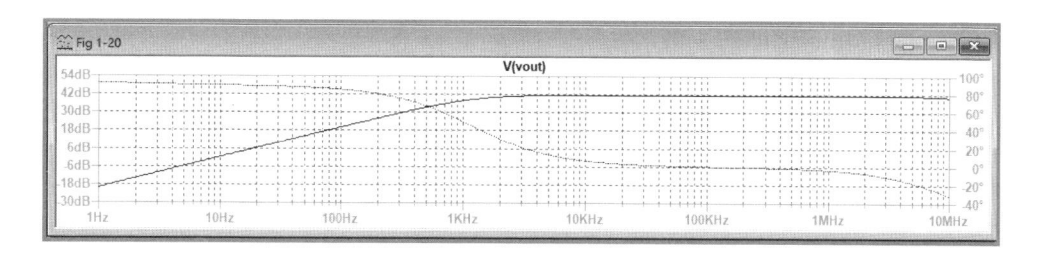

◦ 圖 1-21 ◦　　基極接地放大器的低頻部分有明顯的衰落

讓我們來比較輸入電路 E 與 F 的對頻率變化的 AC 關係，如圖 1-22 所示。沒連接到射極的 V_f 被連接到射極的 V_e，在 1 kHz 以下因負載而下降。

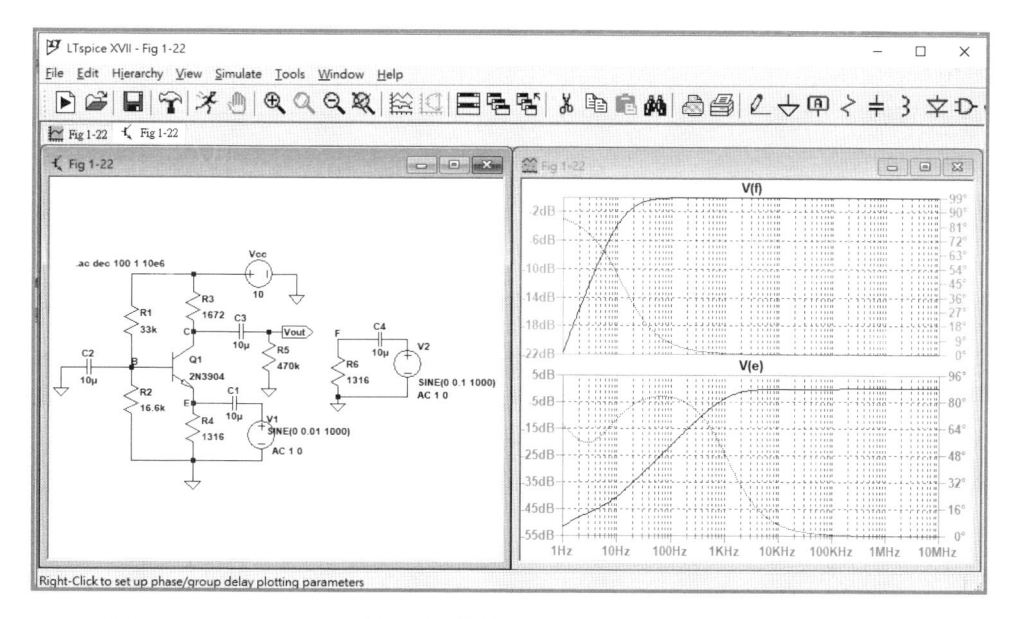

◦ 圖 1-22 ◦　　V_f 被連接到射極的 V_e，在 1 kHz 以下因負載而下降

1-11　基極接地放大器輸入輸出阻抗的測量

基極接地放大器的輸入阻抗測量方法與 1-7 節相同，結果如圖 1-23 所示。其輸入阻抗基極接地放大器的輸入阻抗 Z_{in} = 15 Ω。

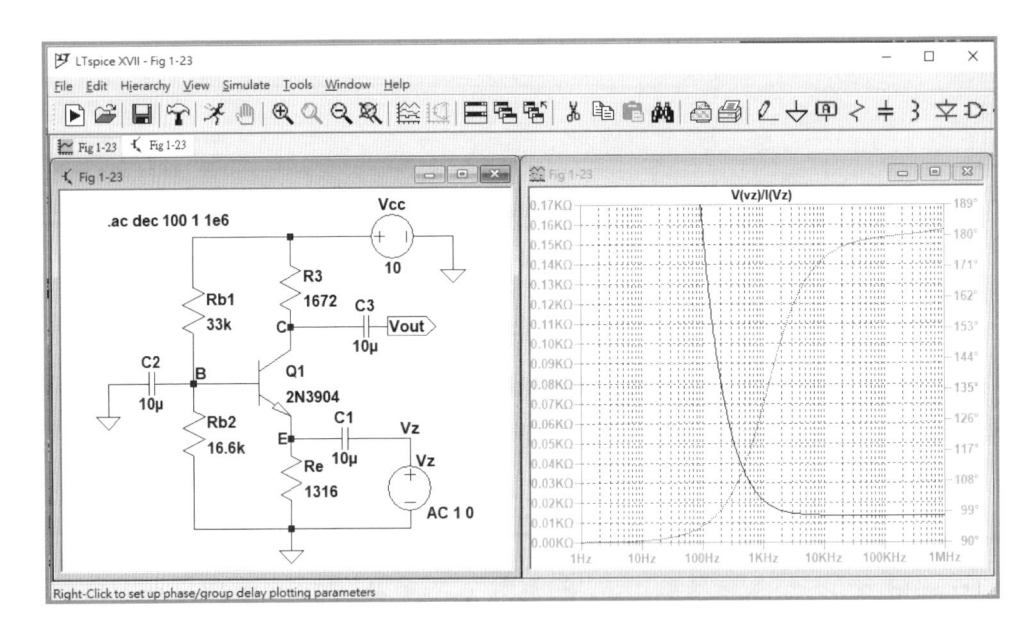

◦ 圖 1-23　　基極接地放大器的輸入阻抗 Z_{in} = 15 Ω

基極接地放大器的輸出阻抗測量方法也與 1-7 節相同，結果如圖 1-24 所示。其輸入阻抗基極接地放大器的輸出阻抗 Z_{out} = 1.671 kΩ。

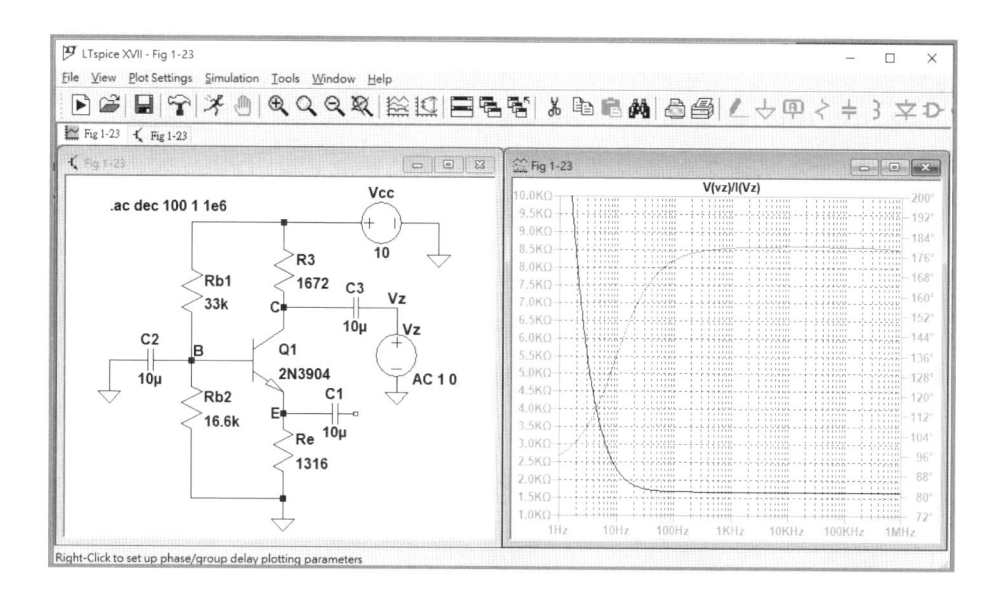

圖 1-24　　輸入阻抗基極接地放大器的輸出阻抗 Z_{out} = 1.671 kΩ

1-12　電路的 M2K 硬體裝置與 Scopy 軟體的應用

　　電路的硬體裝置需要電子零件，並且除電晶體之外還需要電阻 R 和電容 C。以圖 1-4 為例，其中計算出來的 R_{b1}=33,333 Ω、R_{b2}=16,666 Ω、R_3=1,672 Ω、R_e=1,316 Ω，是買不到的。可以買到的 E12 10% 電阻如圖 1-25。

　　那麼，是否需要用電阻的串並聯法以達到那個數值？答案是否定的。由於 **Spice Simulator** 可以提供精準的參考數值，電阻 R 的選用只要在計算值 10% 之內即可。由於 E12 本身又有 10% 的誤差，因此建議在使用前先用電表測量，並將實測數值記錄下以備重新模擬測試之用。實驗的結果只要跟模擬測試的結果接近即可。因為連同電晶體模式的參數也是一個平均值。

　　實測數值下的圖 1-4 如圖 1-26 所示。由於圖 1-4 的 V_{cc} 為 10 V，**M2K** 並無 10 V 的電源，但有 2 個如圖示的串聯 5 V 電源，如此連接起來效果跟單一 10 V 電源相同。

```
Common values for E12, 10% series resistors:

.1Ω, .12Ω, .15Ω, .18Ω, .22Ω, .27Ω, .33Ω, .39Ω, .47Ω, .56Ω, .68Ω, .82Ω - 0.1Ω to 0.82Ω...

1Ω, 1.2Ω, 1.5Ω, 1.8Ω, 2.2Ω, 2.7Ω, 3.3Ω, 3.9Ω, 4.7Ω, 5.6Ω, 6.8Ω, 8.2Ω - 1ohm to 8.2ohm...

10Ω, 12Ω, 15Ω, 18Ω, 22Ω, 27Ω, 33Ω, 39Ω, 47Ω, 56Ω, 68Ω, 82Ω - 10ohm to 82ohm...

100Ω, 120Ω, 150Ω, 180Ω, 220Ω, 270Ω, 330Ω, 390Ω, 470Ω, 560Ω, 680Ω, 820Ω- 100Ω-820Ω

1k, 1.2k, 1.5k, 1.8k, 2.2k, 2.7k, 3.3k, 3.9k, 4.7k, 5.6k, 6.8k, 8.2k - 1k to 8.2k resistors...

10k, 12k, 15k, 18k, 22k, 27k, 33k, 39k, 47k, 56k, 68k, 82k - 10k to 82k resistors...

100k, 120k, 150k, 180k, 220k, 270k, 330k, 390k, 470k, 560k, 680k, 820k - 100k to 820k...

1M, 1.2M, 1.5M, 1.8M, 2.2M, 2.7M, 3.3M, 3.9M, 4.7M, 5.6M, 6.8M, 8.2M - 1M to 8.2M...

10M, 12M, 15M, 18M, 22M, 27M, 33M, 39M, 47M, 56M, 68M, 82M

100M, 120M, 150M, 180M, 220M, 270M, 330M, 390M, 470M, 560M, 680M, 820M
```

圖 1-25　　廠商能提供的 E12 10% 電阻一覽表

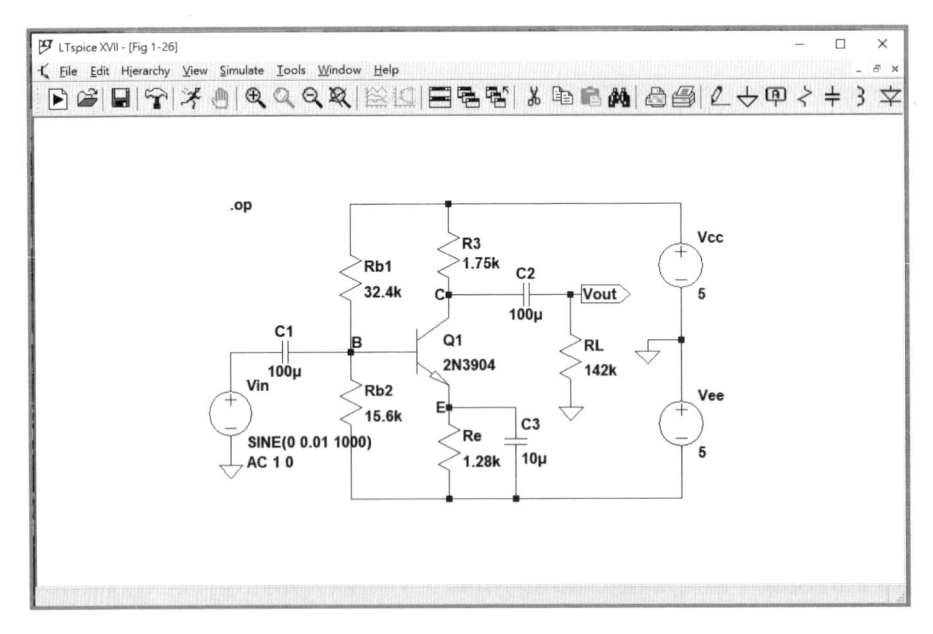

圖 1-26　　實測數值下的圖 1-4

它的 .OP 結果如圖 1-27 所示。由於電源參考點的改變，比較圖 1-5 的 .OP 工作點一覽表，看來雖不相同，但實際上是相同的 (請在課外練習驗證之)。

```
--- Operating Point ---
V(c):        1.57774          voltage
V(b):       -1.8167           voltage
V(e):       -2.48875          voltage
V(n001):     5                voltage
V(n003):    -5                voltage
V(n002):     0                voltage
V(vout):     2.24038e-011     voltage
Ic(Q1):      0.00195558       device_current
Ib(Q1):      6.3344e-006      device_current
Ie(Q1):     -0.00196191       device_current
I(C3):       2.51125e-017     device_current
I(C2):      -1.57774e-016     device_current
I(C1):      -1.8167e-016      device_current
I(Rl):       1.57774e-016     device_current
I(Re):       0.00196191       device_current
I(R3):       0.00195558       device_current
I(Rb2):      0.000204058      device_current
I(Rb1):      0.000210392      device_current
I(Vin):     -1.8167e-016      device_current
I(Vee):     -0.00216597       device_current
I(Vcc):     -0.00216597       device_current
```

圖 1-27　電源參考點改變後之 .OP 工作點一覽表

圖 1-26 電路的暫態分析 .Tran 如圖 1-28 所示。

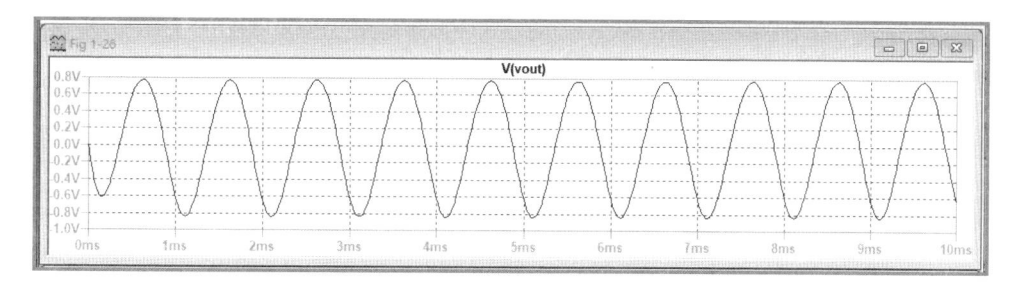

圖 1-28　圖 1-26 電路的瞬態分析 .Tran 結果

圖 1-29 是圖 1-28 暫態分析波形的 **FFT**。

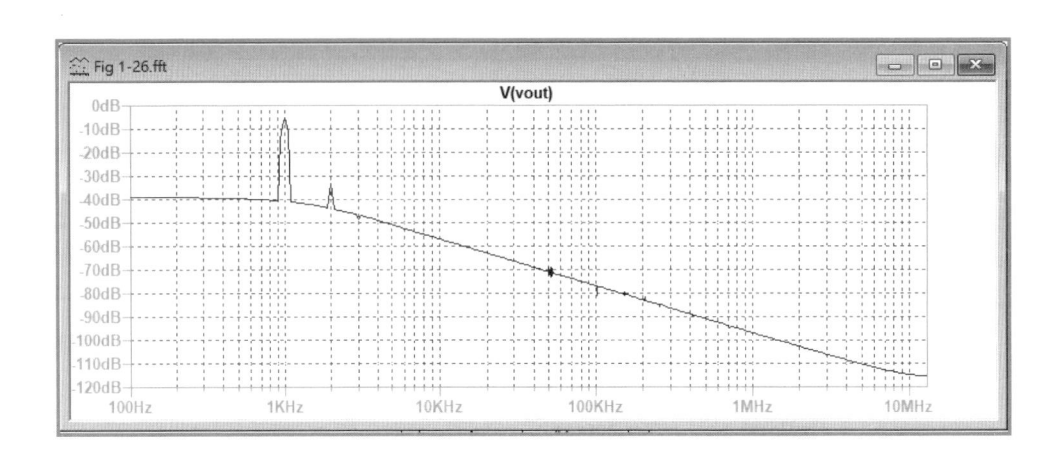

▲ 圖 1-29　圖 1-28 暫態分析波形的 FFT

圖 1-30 是圖 1-26 電路的 **AC Analysis** 的結果。

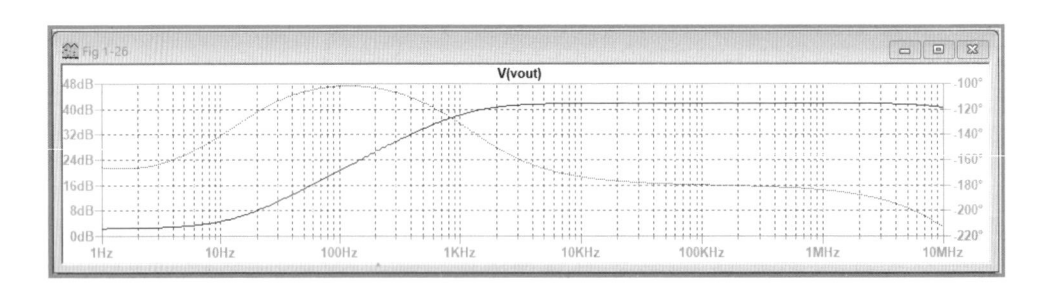

▲ 圖 1-30　圖 1-26 電路的 AC Analysis 的結果

圖 1-31 是圖 1-26 電路與 **M2K** 的實體連線。

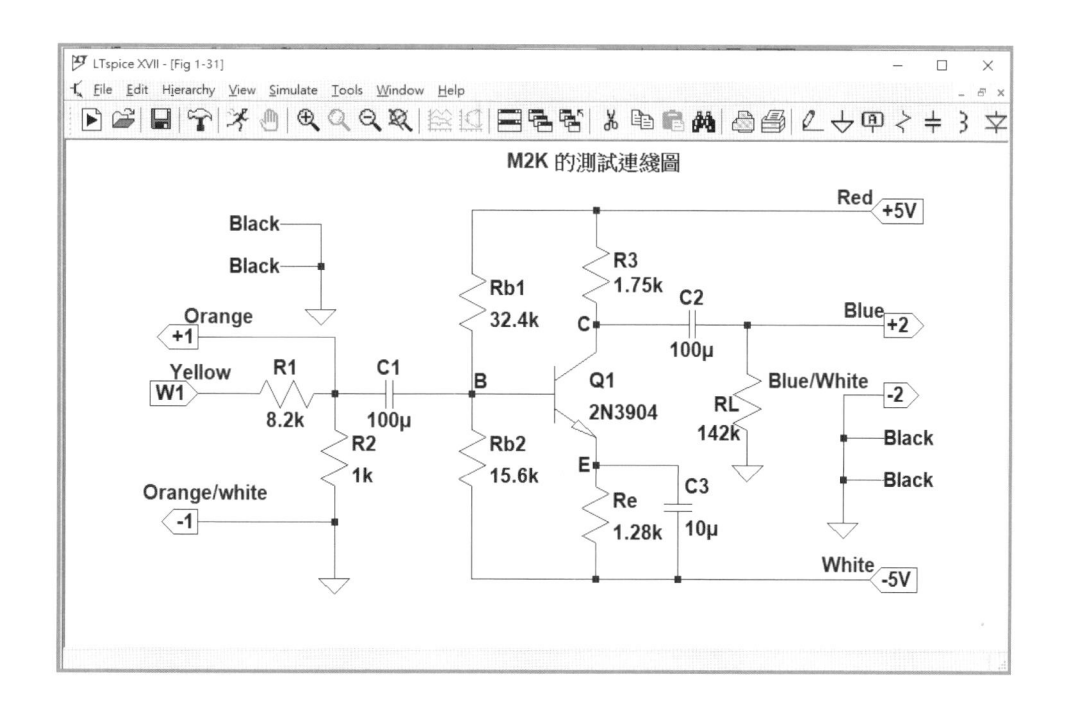

◦ 圖 1-31 ◦　　圖 1-26 電路與 M2K 的實體連線

　　圖 1-31 放大器的增益為 100 左右，V_{out} 欲獲得 2 V 左右的輸出，則 W_1 輸入當為 20 mV。**M2K** 的正弦波，基本上是由 **D2A** 所產生，100 mV 以下的正弦波，看起來就像是梯級正弦波，改善之道是提升 W_1 到 300 mV，再用 R_1 和 R_2 分壓器降壓到輸入所需的 20 mV 左右。

1-13 電路的 M2K 硬體測試與 Scopy 軟體的使用程序

在完成電路與 M2K 的實體連線之後,首先是將 M2K 的 USB 連接到 PC,當 Scopy 視窗顯示已連線後,左邊 Home 之下有顯示出 M2K 所有的儀器名稱。

對於類比電路來講,所需儀器應為 **Power Supply**、**Signal Generator**、**Oscilloscope**、**Network Analyzer** 和 **Spectrum Analyzer**。如圖 1-32 所示。同時可參考附錄 A「Scopy 軟體在 M2K 的應用」。

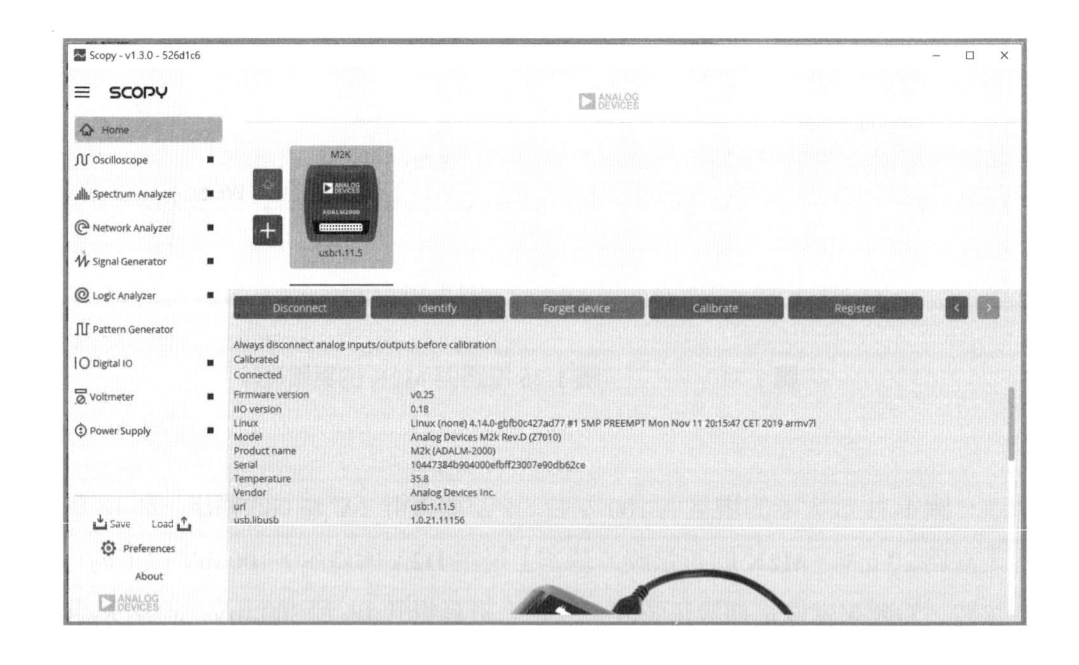

圖 1-32　完成電路與 M2K 的實體連線之後的 Scopy 視窗

第一章　BJT 電晶體放大器　33

　　首先開啟 **Power Supply**，如圖 1-33 所示。**M2K** 有正負 2 組可由軟體來控制的電源，因此在右上方的 **Tracking ration control** 下有 **Independent** 和 **Tracking** 可選用。100% Tracking 是指負電壓隨正電壓的改變而改變，50% Tracking 則是負電壓隨正電壓的一半而改變；若正電壓為 5.000 V，負電壓則為 –2.500 V。當選用 **Independent** 時，正負電壓可單獨控制。最後還得單擊 **Enable**，才正式供電。

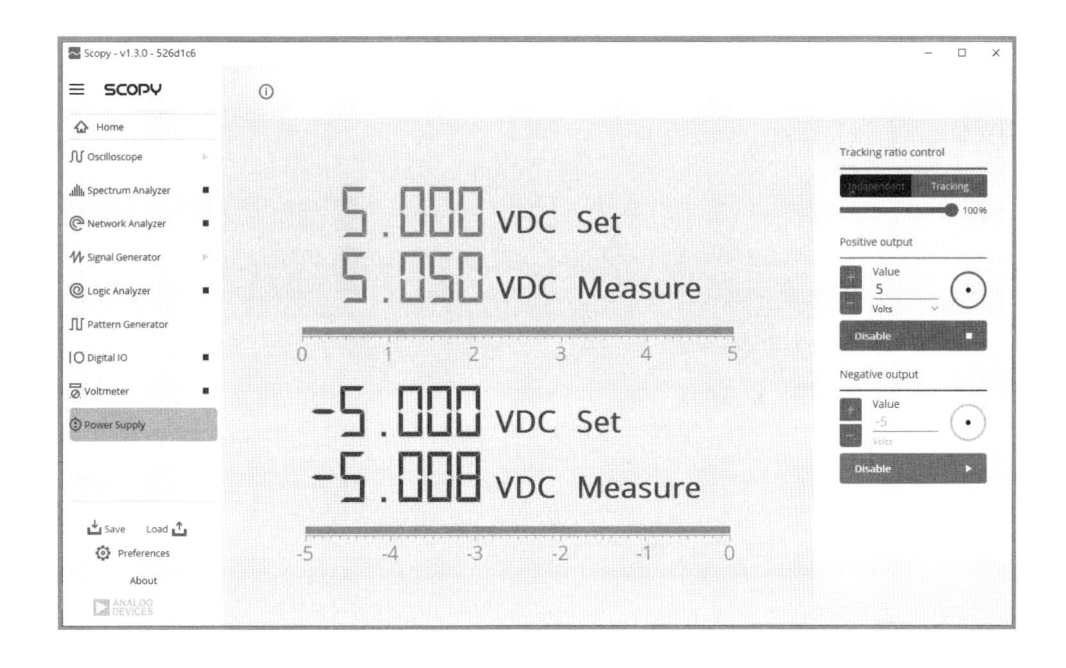

圖 1-33　M2K/Scopy 的電源控制視窗

訊號產生器的選用如圖 1-34 所示。首先選用 Scopy 的 Signal Generator，它有 2 個單邊接地的輸出。可選擇的波形有 Sine、Square、Triangle、Trapezoidal、Rising Ramp Sawtooth、Falling Ramp Sawtooth 和 Stair Step 等 7 種。可以設定的項目爲 Amplitude、Frequency、Offset 和 Phase，還有 4 種 Noise！最後不要忘記選擇完畢後，還須單擊 Run 才會有波形的輸出。

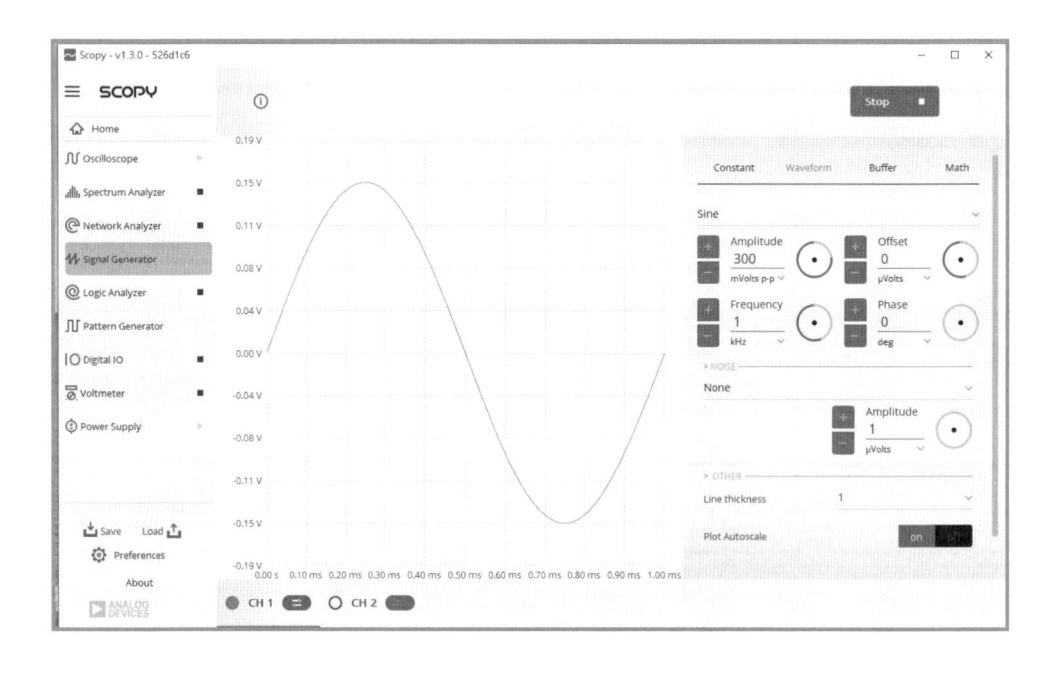

◦ 圖 1-34 ◦　　M2K 訊號產生器的選用與設定

第一章　BJT 電晶體放大器　35

M2K 示波器有 2 個獨立的差動頻道，可以差動式，也可以將一邊接地的單線式測試輸入或輸出點的波形，如圖 1-35 所示。

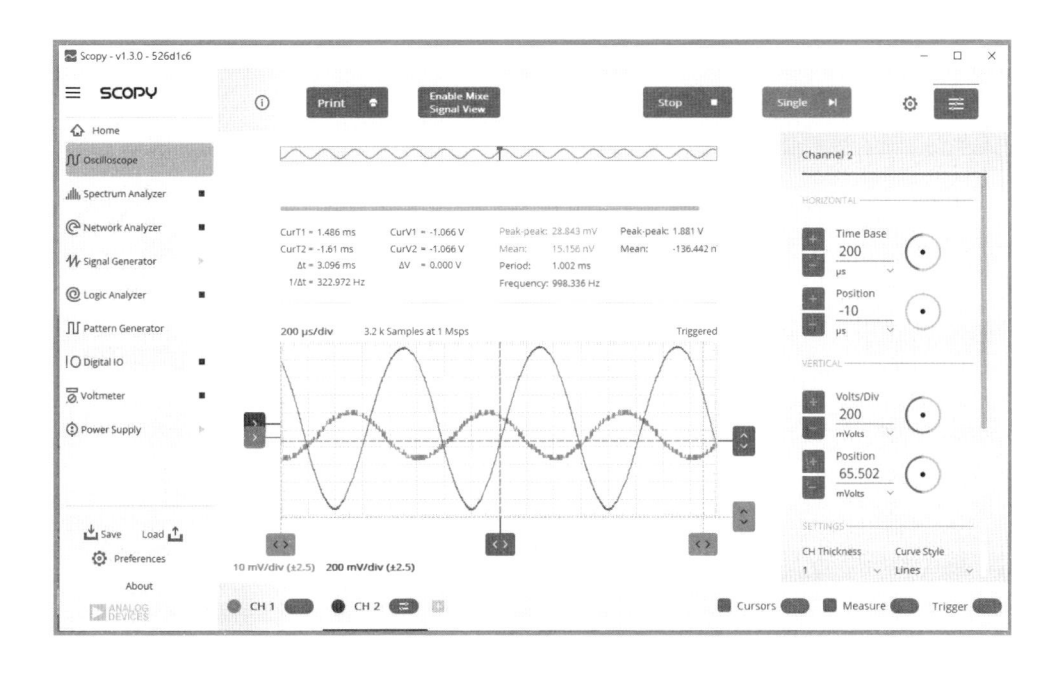

圖 1-35　M2K 示波器的選用與設定

設定的部分，有 **CH 1/CH 2** 頻道的選用，然後是 **Time Base**、**Volts/Div**、**Trigger mode** 和 **Display All**。

36　M2K SCOPY：電路設計、模擬測試、硬體裝置與除錯

　　LTspice 中的 **AC Analysis** 在 **M2K** 中被稱為 **Network Analyzer/Type Bode** 如圖 1-36 所示。在 **Setting** 中，由於 **CH 2** 用來做輸出測試，所以必須用 **CH 1** 作為 **Reference**。**Sweep** 中的數值設定可參照 **LTspice** 的 **AC Analysis** 中的數值。

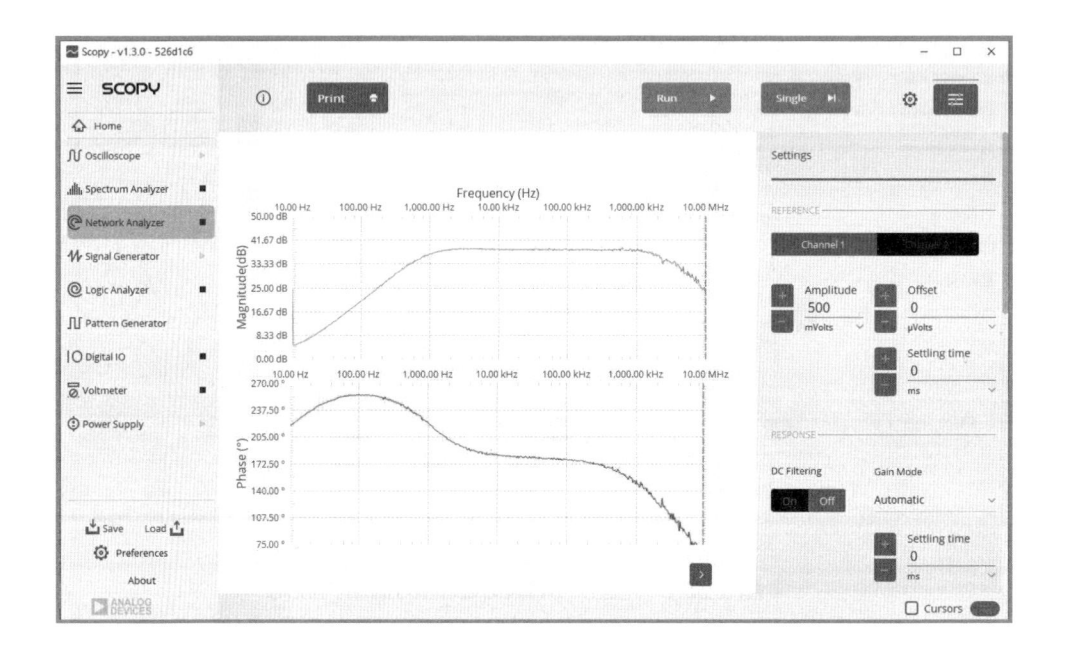

圖 1-36　　M2K Network Analyzer 的選用與設定

第一章　BJT 電晶體放大器　37

LTspice 中的 **FFT** 在 **M2K** 中被稱為 **Spectrum Analyzer**，如圖 1-37 所示。在 **Sweep** 的設定中，由於所觀測的範圍比較窄 (10 Hz～5 kHz)，所以選用 **Linear**。

圖 1-37　M2K Spectrum Analyzer 的選用與設定

1-14 課外練習

1. 試用 LTspice 來做圖 1-17 集極接地放大器的.OP、.Tran、.FFT、.AC。

2. 試用 M2K/Scopy 來做圖 1-17 集極接地放大器的.Tran、.AC、.FFT。

3. 試用 LTspice 來做圖 1-20 基極接地放大器的.OP、.Tran、.FFT、.AC。

4. 試用 M2K/Scopy 來做圖 1-20 基極接地放大器的.Tran、.AC、.FFT。

第二章　差動型放大器

　　差動型放大器是由 2 只電晶體 Q_1、Q_2，負載電阻 R_{c_1}、R_{c_2}，和電流源 I 所構成，如圖 2-1 所示。其中電流源 I，不像一般電子零件立即可以購得，而是必須由另外的電晶體電路組合而成。

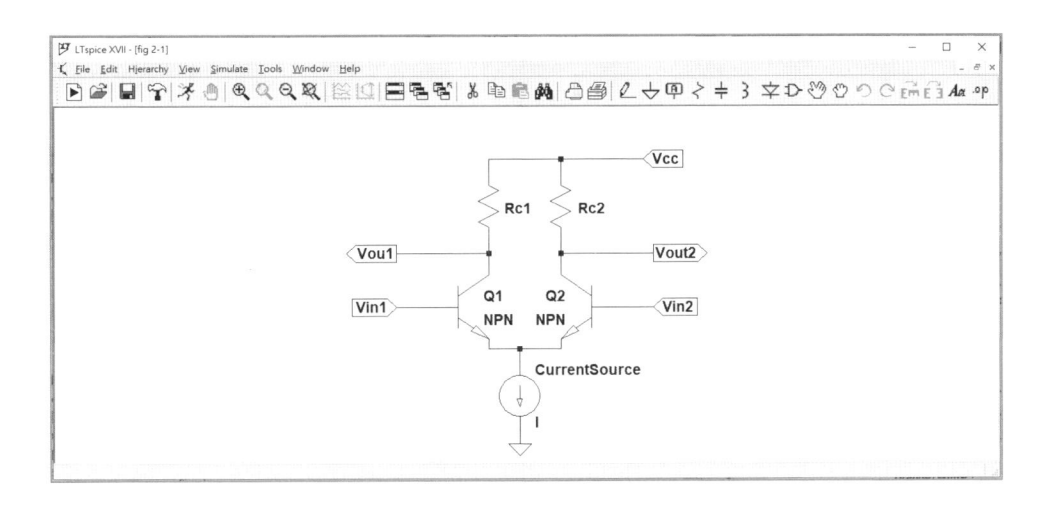

◦ 圖 2-1 ◦　　　基本差動型放大器的構成

2-1 簡單的電流源電路

圖 2-2 是一個最簡單的電流源電路，它由電晶體 Q_1、Q_2 和電阻 R_{ref} 所組成，Q_2 的集極和基極連結成為一只二極體，再跟 R_{ref} 和 V_{ref} 串聯起來。如果二極體的電壓降 V_{diode} = 0.65 V、V_{ref} = 5 V、 R_{ref} = 2,175 Ω，則串聯電路的電流 I_{ref} = (5 − 0.65) / 2,175 = 2 mA。電晶體 Q_1 部分則直接跟三角波電壓 V_1 相串聯。當三角波電壓為 0→4V 時，Q_1 與 Q_2 的 I_c 同為 2 mA。

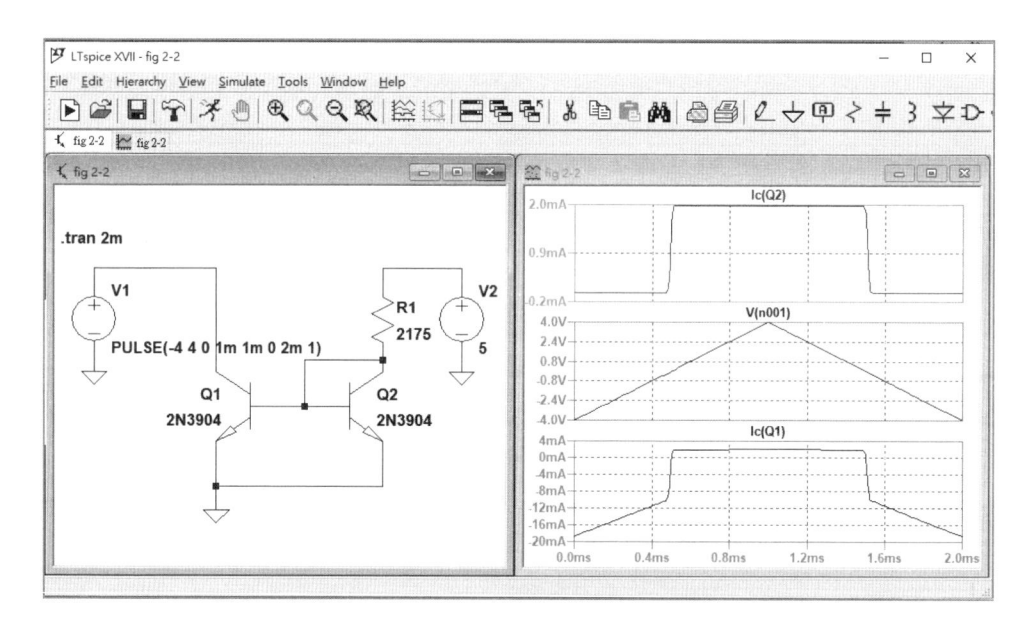

圖 2-2　簡單的電流源電路與其測試

2-2 完整的差動型放大器電路

結合圖 2-1 和圖 2-2，成為圖 2-3 完整的差動型放大器電路。

對於 R_{c_1}、R_{c_2}、R_{ref} 電阻阻值的計算，除了電流源的數值，也就是 Q_1、Q_2 合起來的 I_e、V_p、V_n 之外，還跟所選用的電晶體的 V_{af} 有關。這個數值要從電晶體的 **SPICE Model** 中取得，如下圖所示。**Philips** 的 2N3904，V_{af} 的數值為 100[註1]。

```
.model 2N3904 NPN(IS=1E-14 VAF=100
+ Bf=300 IKF=0.4 XTB=1.5 BR=4
+ CJC=4E-12 CJE=8E-12 RB=20 RC=0.1 RE=0.1
+ TR=250E-9 TF=350E-12 ITF=1 VTF=2 XTF=3
+ Vceo=40 Icrating=200m mfg=Philips)
```

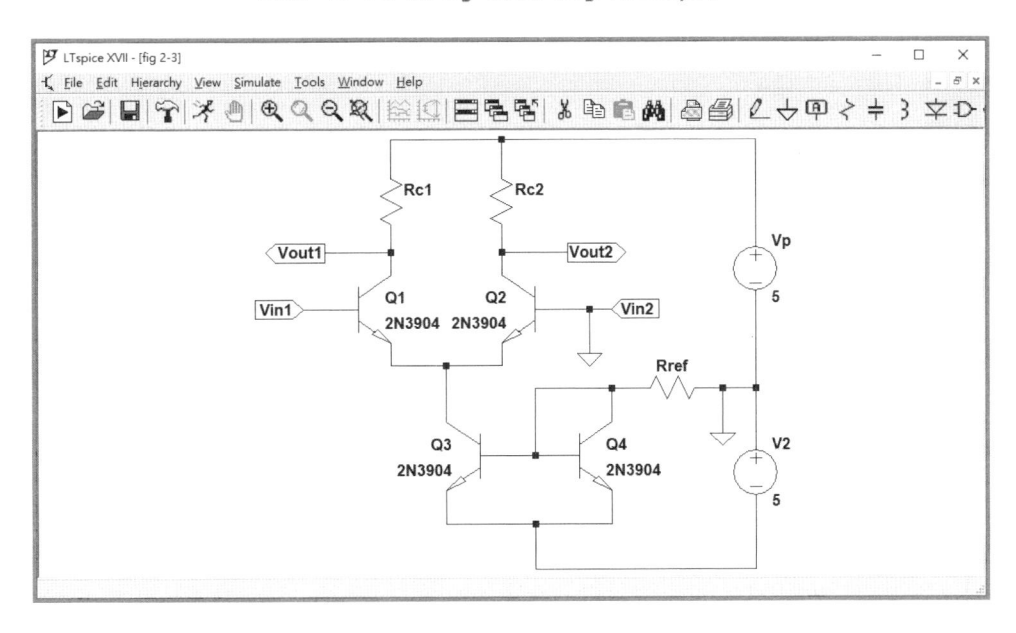

圖 2-3　完整的差動型放大器電路

註1　2N3904 Model 請參考 LTspice4\lib\cmp。

求取 R_{ref}、R_{c_1}、R_{c_2} 的 **C/C++ Program**，如下圖 2-4A 所示。

```cpp
// Differential Amplifier Design
# include <iostream>
# include <cstdlib>
using namespace std;
int main(int argc, char *argv[])
{
    float Ie, Vn, Rref, Ad, Ic1, gm, Xo, Vp, Rc1max, Vaf, ro, Rc1, Rc2;

    cout << "step 1: Please input the value of Ie in Amperes." << endl;
    cin >> Ie;
    cout << "step 2: Please input the value of Vn in Volts." << endl;
    cin >> Vn;
    Rref = (Vn-0.65)/Ie;
    cout << "the value of Rref is equal to " << Rref << " Ohms" << endl;
    cout << "step 3: Please input the value of differential gain Ad." << endl;
    cin >> Ad;
    Ic1 = Ie/2;    gm = Ic1/0.026;    Xo = Ad/gm;
    cout << "step 4: Please input the value of Vp in Volts." << endl;
    cin >> Vp;
    Rc1max = Vp/Ie;
    cout << "the value of Rc1max is equal to " << Rc1max << " Ohms" << endl;
    cout << "step 5: Please input the value of transistors Vaf in Volts." << endl;
    cin >> Vaf;
    ro = Vaf/Ic1;    Rc1 = (ro*Xo)/(ro-Xo);
    cout << "the value of Rc1 and Rc2 is equal to " << Rc1 << " Ohms" << endl;
    system("pause");
return 0;
}
```

圖 2-4A　求取 R_{ref}、R_{c_1}、R_{c_2} 的 C/C++ Program

Run 圖 2-4A 的 **C/C++ Program**，就可以獲得差動型放大器電路的 R_{ref}、R_{c_1} 和 R_{c_2} 的電阻值，如圖 2-4B 所示。

```
C:\Users\User\Desktop\1-iLAB M2K_Scopy Book\ch02-pix\第2章圖片\DiffAmp.exe
step 1: Please input the value of Ie in Amperes.
2e-3
step 2: Please input the value of Vn in Volts.
5
the value of Rref is equal to 2175 Ohms
step 3: Please input the value of differential gain Ad.
50
step 4: Please input the value of Vp in Volts.
5
the value of Rc1max is equal to 2500 Ohms
step 5: Please input the value of transistors Vaf in Volts.
100
the value of Rc1 and Rc2 is equal to 1317.12 Ohms
請按任意鍵繼續 . . .
```

◎ 圖 2-4B ◎　　差動型放大器電路的 R_{ref}、R_{c_1} 和 R_{c_2} 的電阻值

2-3　差動型放大器電路的模擬測試

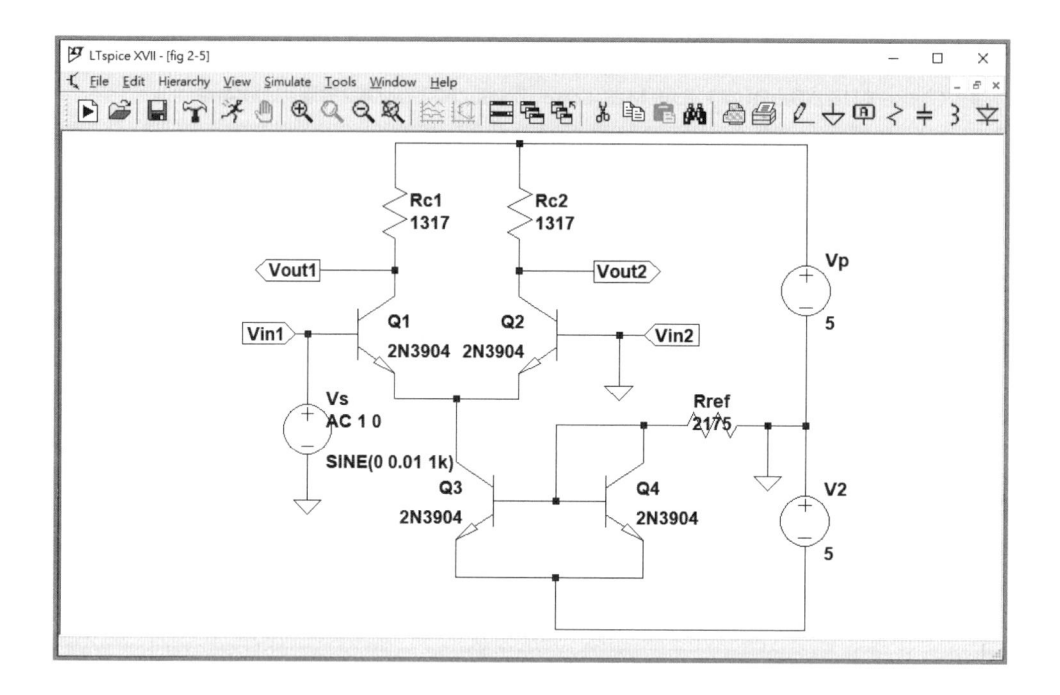

◖ 圖 2-5 ◗　　差動型放大器電路的模擬測試

2-3-1　直流工作點測試 (DC Operating Point Test)

首先要做的是 **.OP** 電路的直流工作點測試，結果如圖 2-6。這裡要查證的是 $I(R_{ref})$ 和 $I_c(Q_3)$ 是不是跟設計的 2 mA 相接近？還有 $V(v_{out1})$ 和 $V(v_{out2})$ 是不是相同？ $I(R_{c_1})$ 是不是跟 $I(R_{c_2})$ 一樣？它們誤差必須要在 1% 之內。

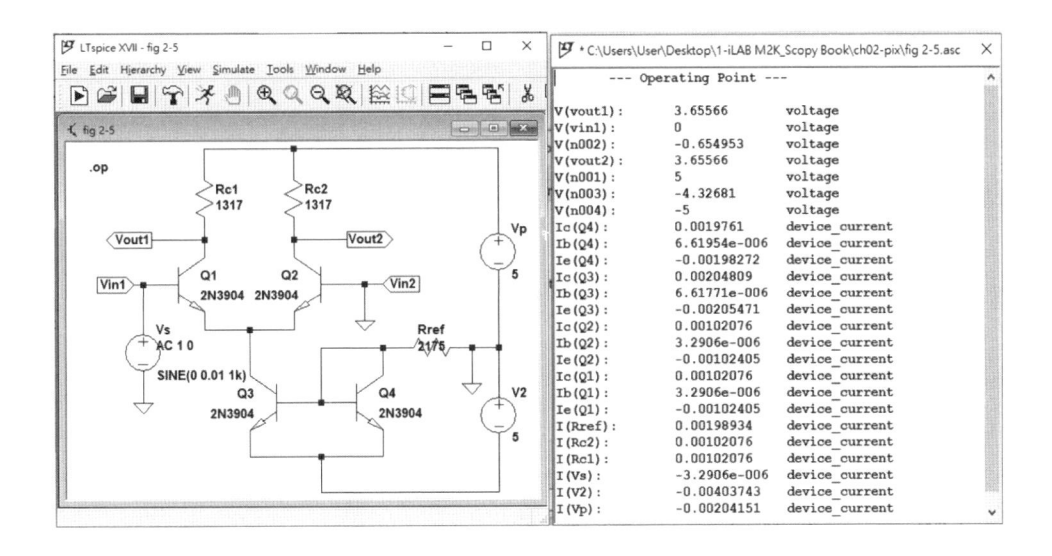

圖 2-6　直流工作點測試的結果

2-3-2 瞬態 (Transient)

差動型放大器電路，跟一般單端接地的電路不同，它有 2 個輸入端 V_{in1} 和 V_{in2}，2 個差動輸出端 V_{out1} 和 V_{out2}。它可以做一般的單端接地式的輸入或輸出，也可以做雙端不接地式的輸入或輸出。圖 2-7 為單端接地輸入和輸出所得到的瞬態分析的波形，它們的 2 個差動輸出電壓相同，相位相差 180 度。

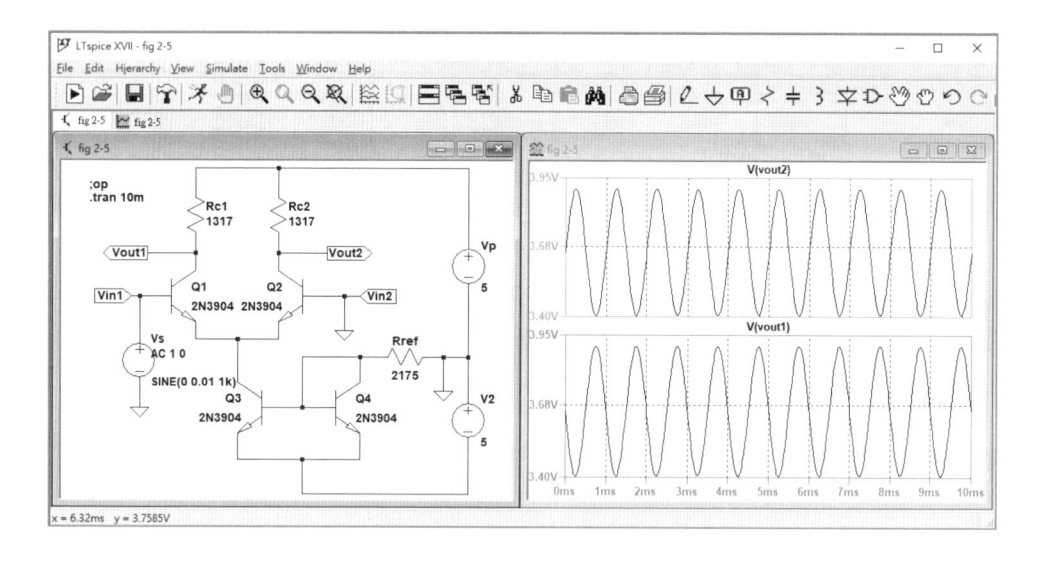

圖 2-7　單端接地交流輸入設定和差動輸出的波形

2-3-3 快速傅立葉變換 (FFT)

圖 2-8 為放大器電路 $V(V_{out1})$ 波形的 **FFT** 設定和分析，電路的偶次副波沒有了，第 3、第 5 等奇次副波，則較明顯，這是差動型和推挽式電路的特點。

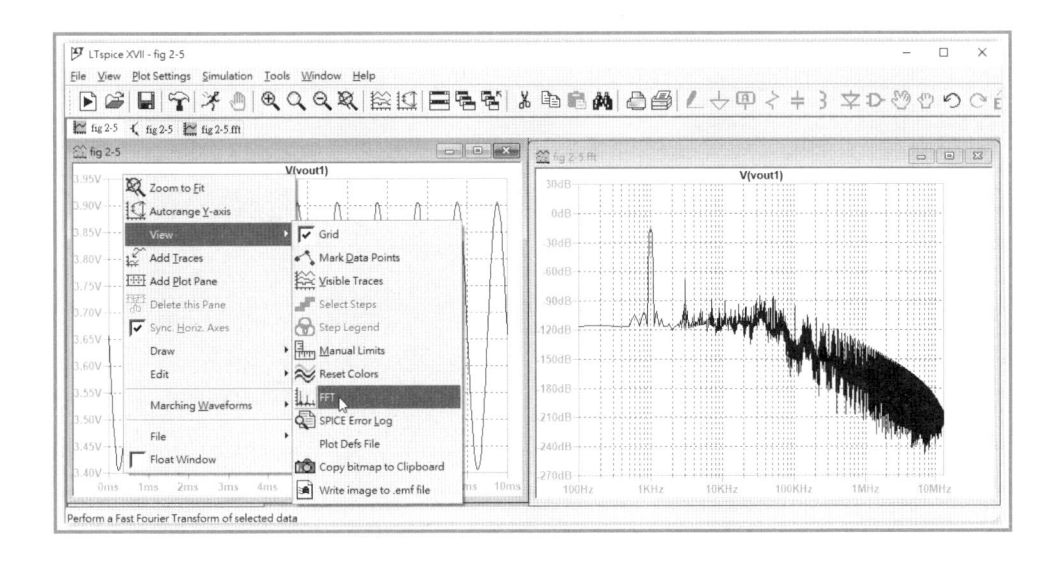

◎ 圖 2-8　　放大器電路 $V(V_{out1})$ 波形的 FFT 設定和分析

2-3-4 頻率響應的測試

頻率響應也就是 **AC Analysis** 的測試，圖 2-9 為差動放大器的頻率響應，由於輸入和輸出沒有使用電容器來做交連，所以交流分析所顯示的低頻效應特別好，這並不是說差動放大器的輸入和輸出可以不受外接電路直流電壓的影響。

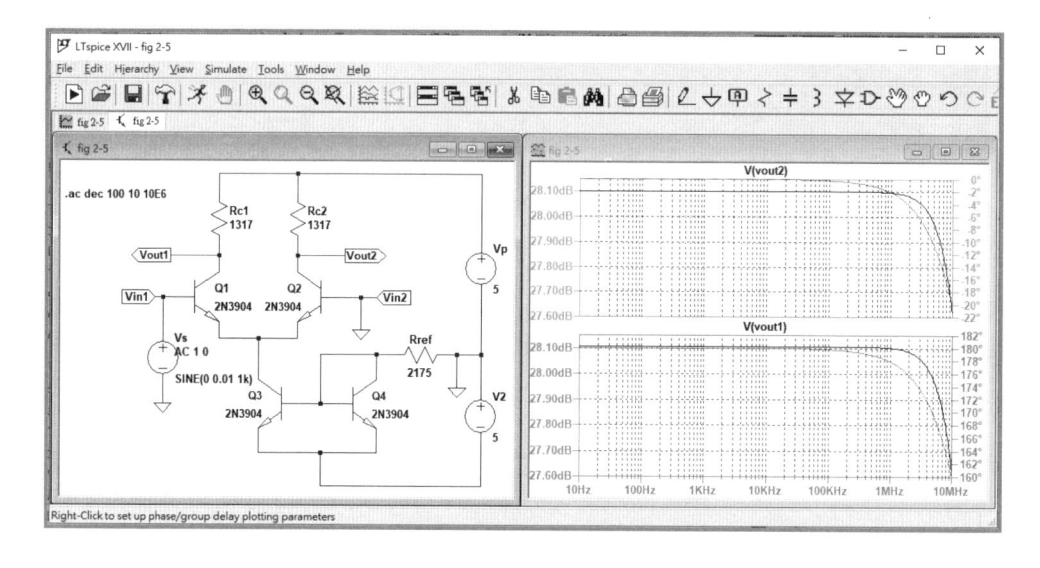

圖 2-9　差動放大器的頻率響應測試的設定及測試的結果

2-3-5 共模抑制比 (CMRR)

差動放大器因為有 2 個輸入端，正常情況下如果是差模輸入，它們的電壓必須相同，但相位必須相差 180 度，差動放大器的放大率 A_d 當然會相當大。共模放大器是把輸入電壓同時加到差動放大器的 2 個輸入端，再測試差動放大器的放大率，這個差動放大器的放大率 A_{cm} 可以想像會比較小。共模抑制比的定義：CMRR(dB) = 20*log (A_d/A_{cm})，差動放大器的差模放大率 A_d 可以從圖 2-10 的模擬測試中讀到為 1 Vp-p，差動放大器的共模放大率 A_{cm} 可以從圖 2-11 的模擬測試中讀到為 0.0 mV。實際上我們買不到 2 只完全相同的 2N3904 或 1,317 Ω 的電阻，所以 0.0 mV 實際上是不可能發生的。

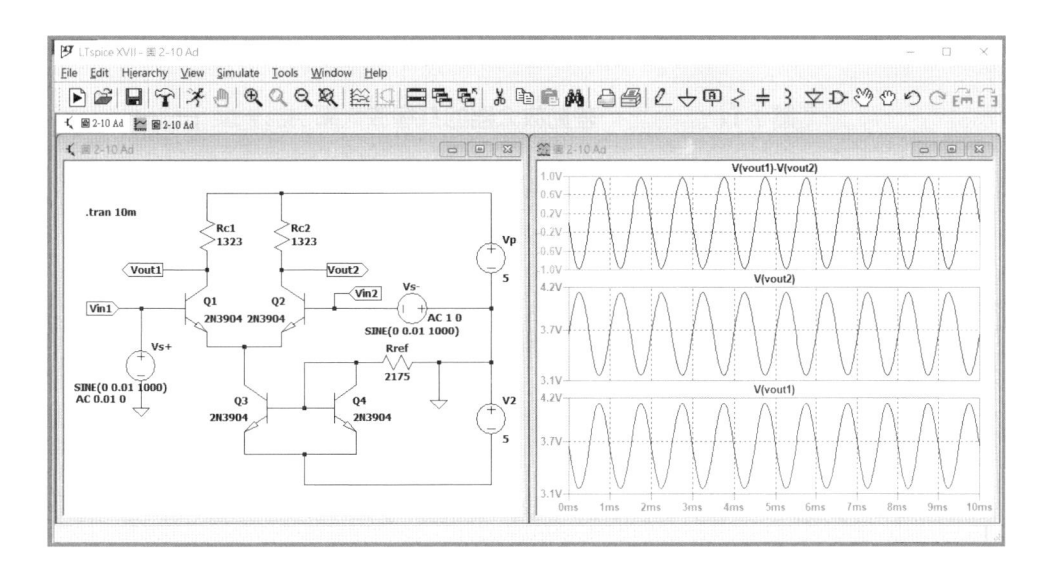

圖 2-10　差動放大器的差模放大率 A_d = 100

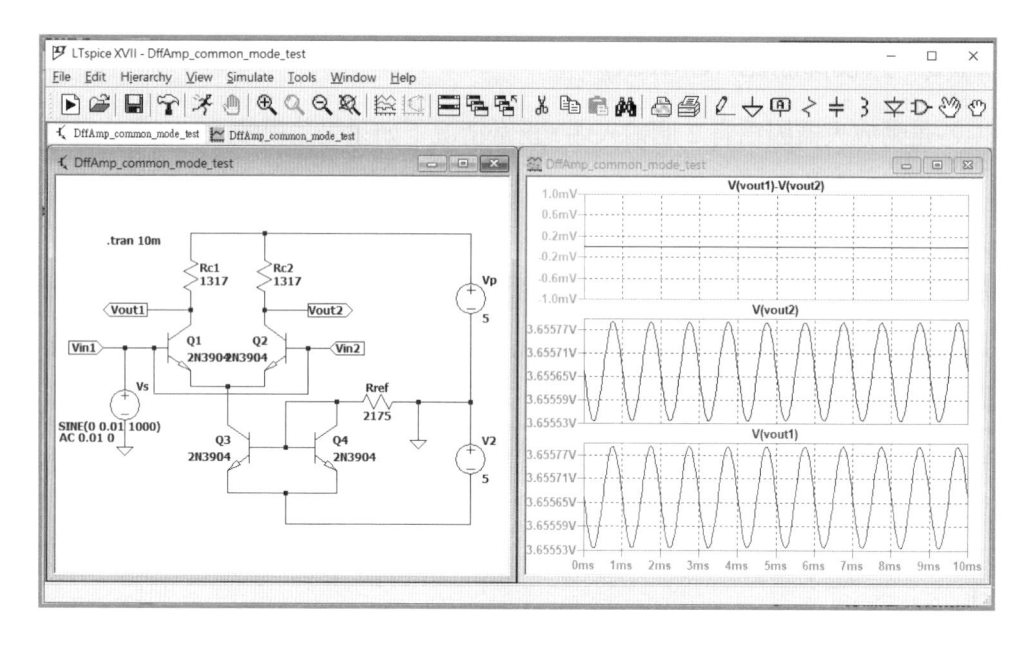

圖 2-11　差動放大器的共模放大率 $A_{cm} = 0$

讓我們改變 R_{c_2} 的阻值使之與 R_{c_1} 相差 5 Ω，重新測試差動放大器的共模放大率，如圖 2-12 所示。結果為 5 mV，共模放大率 $A_{cm} = 0.0011$。

$$\text{CMRR} = 20 \times \log(A_d/A_{cm}) = 20 \times \log(100/0.0011)$$
$$= 20 \times 4.9586 = 99.172 \text{ dB}$$

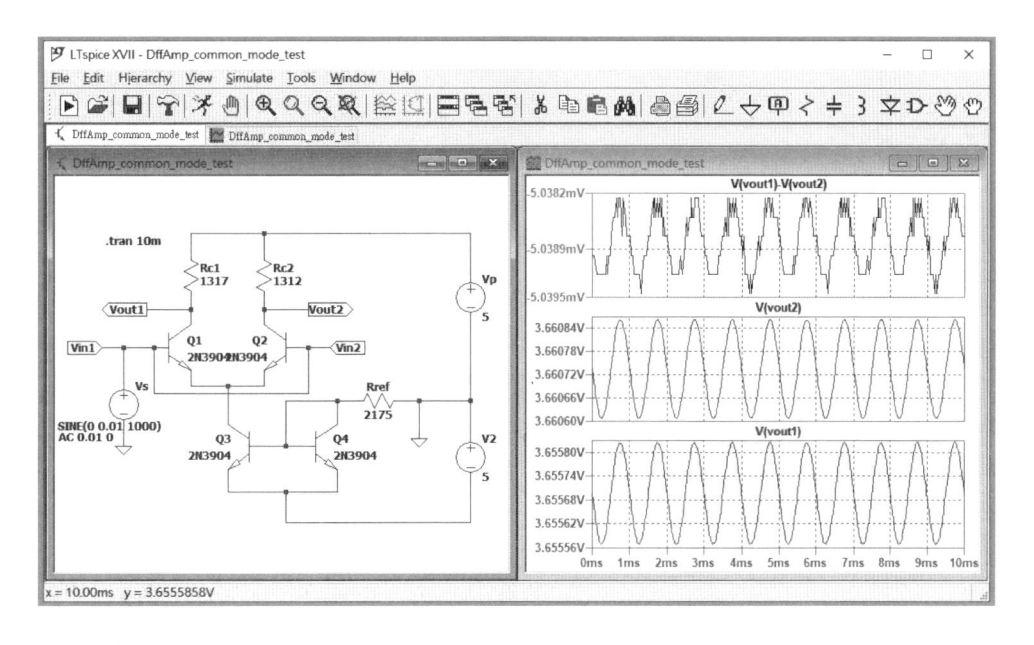

圖 2-12　在 R_{c_2} 與 R_{c_1} 相差 5 Ω 情況下共模放大率 $A_{cm} = 0.0011$

2-4 電路的 M2K 硬體裝置與 Scopy 軟體的使用程序

電路的硬體裝置，需要電子零件，並且除了電晶體之外還需要電阻 R 和電容 C。以圖 2-12 為例，其中計算出來的 $R_{c_1} = R_{c_2} = 1{,}317\ \Omega$、$R_{\text{ref}} = 2{,}175\ \Omega$。若可獲得之電阻如圖 2-13 所示，其 $R_{c_1} = R_{c_2} = 1{,}290\ \Omega$、$R_{\text{ref}} = 2{,}180\ \Omega$，為實際上可獲得之模擬測試結果。

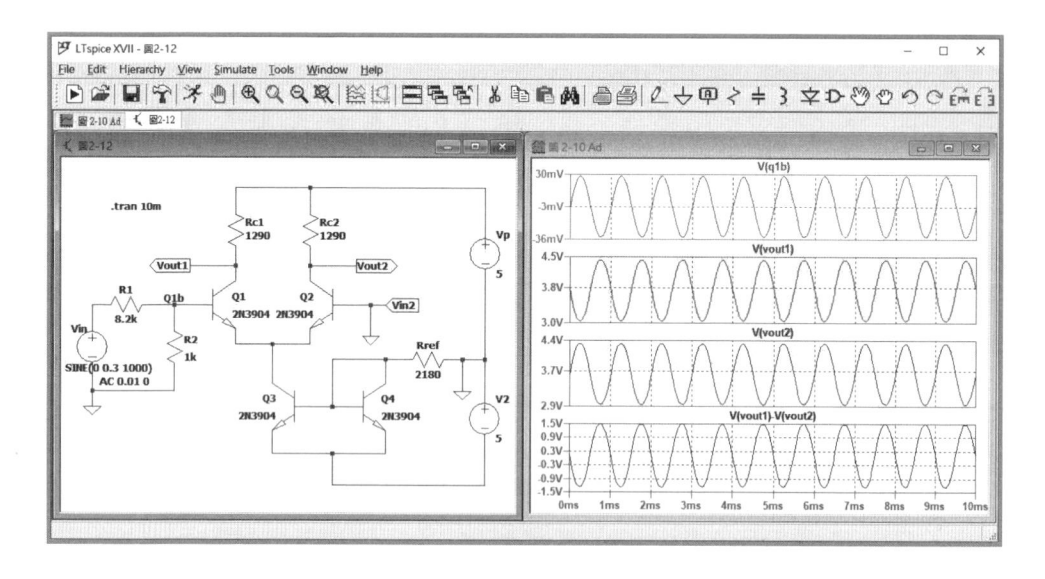

圖 2-13　差動放大器實際上可獲得之模擬測試結果

第二章　差動型放大器　53

　　圖 2-14 為差動放大器實際上可獲得之 **Network Analyzer** 模擬測試結果，它給 **M2K/Scopy** 的 **Bode Plot** 提供了**增益** (Gain) 和**相位** (Phase) 設定的參考。

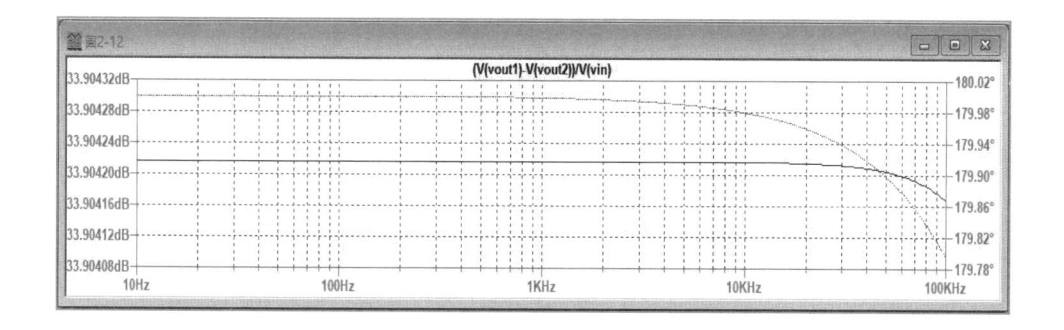

◎ 圖 2-14　　差動放大器實際上可獲得之模擬 Bode 測試結果

2-4-1　差動放大器實際電路與 M2K 的連接

圖 2-15 為差動放大器實際電路與 **M2K** 的連接，W_1(Yellow) Sine 輸入為 300 mV，經 R_1、R_2 將降壓到 30 mV 來到 Q_1 的基極和示波器 1+，**M2K** 的雙頻道示波器為差動式設計。示波器 1− 接地，稱做單邊接地連接。示波器 2+ 接到 V_{out1}，2− 接到 V_{out2}，便是差動式連接，是一般示波器無法做到的！

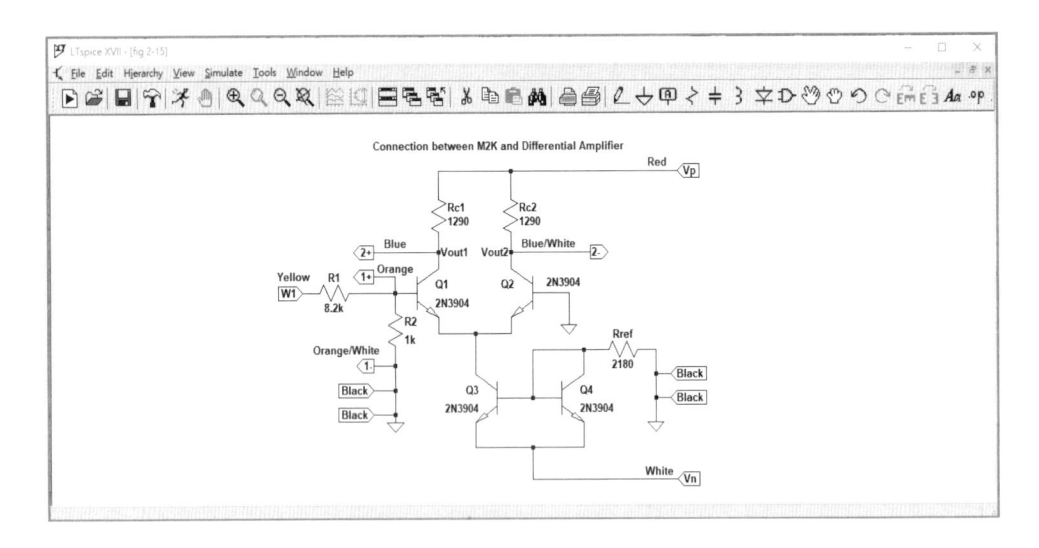

◌ 圖 2-15 ◌　　差動放大器實際電路與 M2K 的連接

圖 2-15 放大器的增益為 50 左右，V_{out} 欲獲得 1 V 左右的輸出，則 W_1 輸入當為 20 mV。**M2K** 的正弦波，基本上是由 **D2A** 所產生，100 mV 以下的正弦波，看起來就像是梯級正弦波，改善之道是提升 W_1 到 300 mV，再用 R_1 和 R_2 分壓器降壓到輸入所需的 20 mV 左右。

2-4-2　差動放大器的 M2K 硬體測試與 Scopy 軟體的使用程序

在完成電路與 M2K 的實體連線之後，首先是將 M2K 的 USB 連接到 PC，當 Scopy 視窗顯示已連線後，左邊 Home 之下有顯示出 M2K 所有的儀器名稱。對於類比電路來講，所需儀器應為 **Power Supply**、**Signal Generator**、**Oscilloscope**、**Network Analyzer** 和 **Spectrum Analyzer**。如圖 2-16 所示。

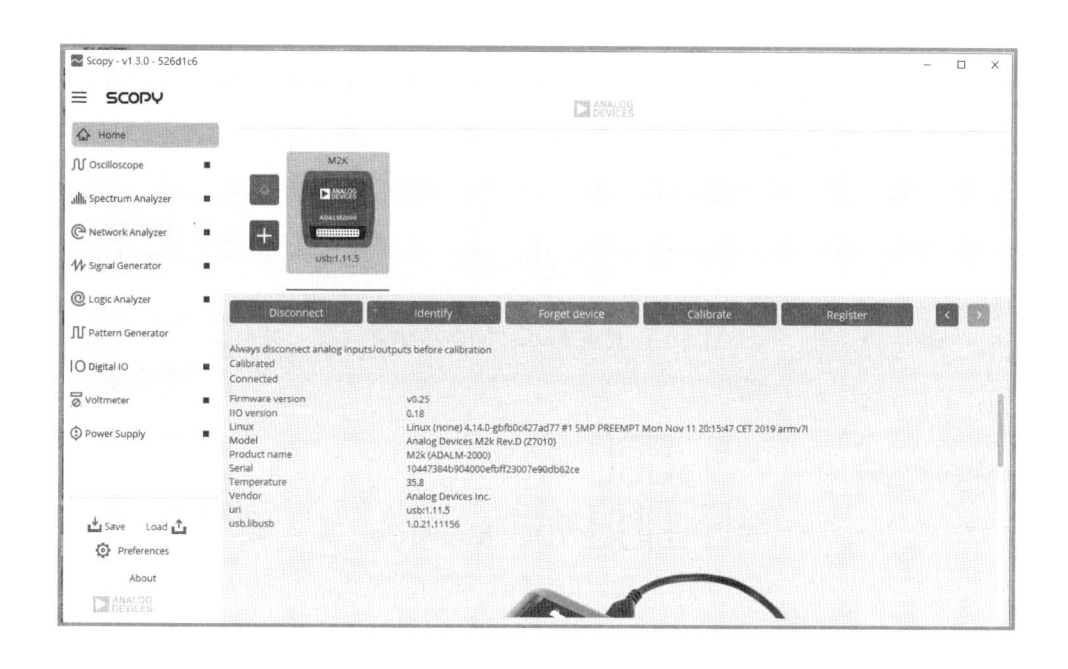

圖 2-16　完成電路與 M2K 的實體連線之後的 Scopy 視窗

首先開啟 Power Supply，如圖 2-17 所示。M2K 有正負二組可由軟體來控制的電源，因此在右上方的 **Tracking ration control** 下有 **Independent** 和 **Tracking** 可選用。100% Tracking 是指負電壓隨正電壓的改變而改變，50% Tracking 則是負電壓隨正電壓的一半而改變；若正電壓為 5.000 V，負電壓則為 –2.500 V。當選用 **Independent** 時，正負電壓可單獨控制。最後還得單擊 **Enable**，才正式供電。

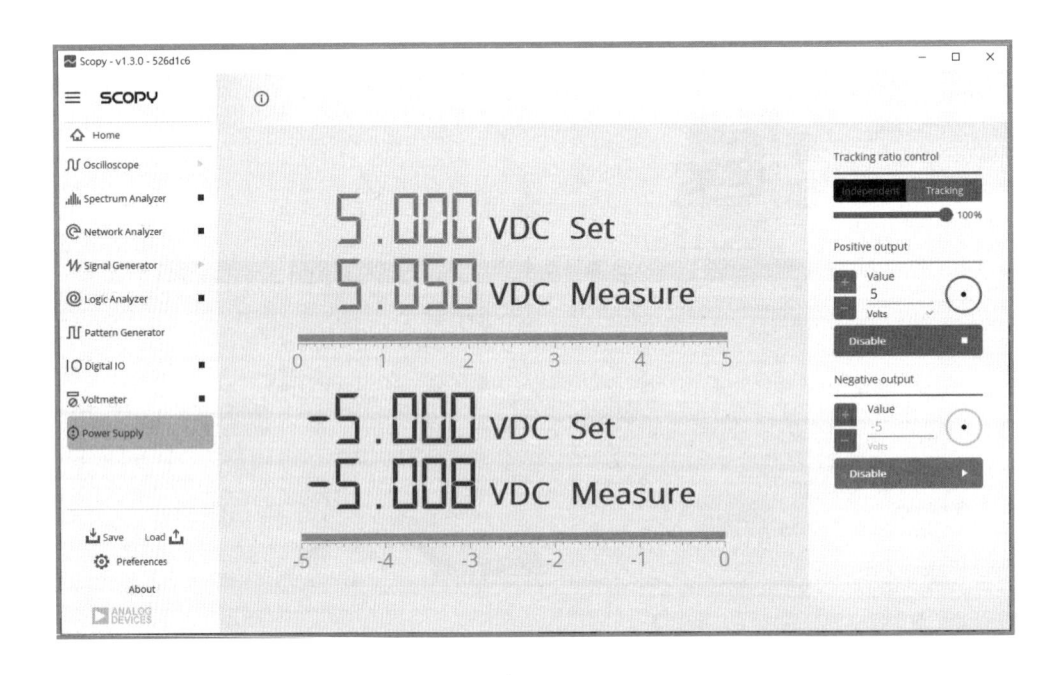

◎ 圖 2-17　　　M2K/Scopy 的電源控制視窗

訊號產生器的選用如圖 2-18 所示。首先選用 **Scopy** 的 **Signal Generator**，它有 2 個單邊接地的輸出。可選擇的波形有 **Sine**、**Square**、**Triangle**、**Trapezoidal**、**Rising Ramp Sawtooth**、**Falling Ramp Sawtooth** 和 **Stair Step** 等 7 種。可以設定的項目為 **Amplitude**、**Frequency**、**Offset** 和 **Phase**，還有 4 種 **Noise**！最後不要忘記選擇完畢後，還須單擊 **Run** 才會有波形的輸出。

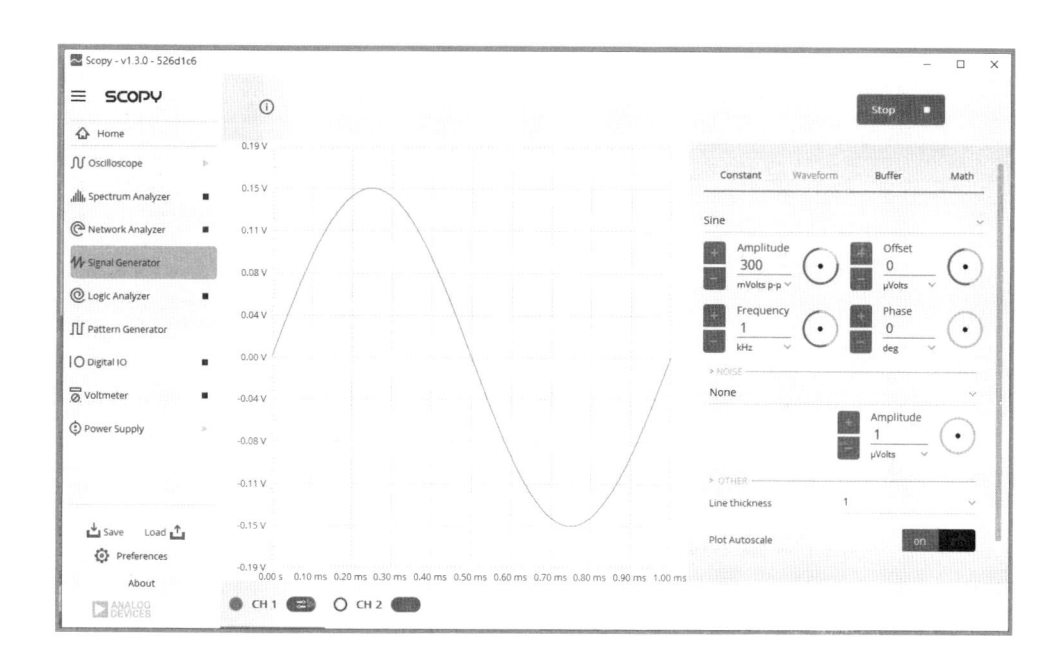

圖 2-18　M2K 訊號產生器的選用與設定

M2K 示波器有 2 個獨立的差動頻道，可以差動式，也可以將一邊接地的單線式測試輸入或輸出點的波形。**CH 1** 是單線式測試輸入，**CH 2** 則是差動式測試輸出，如圖 2-19 所示。

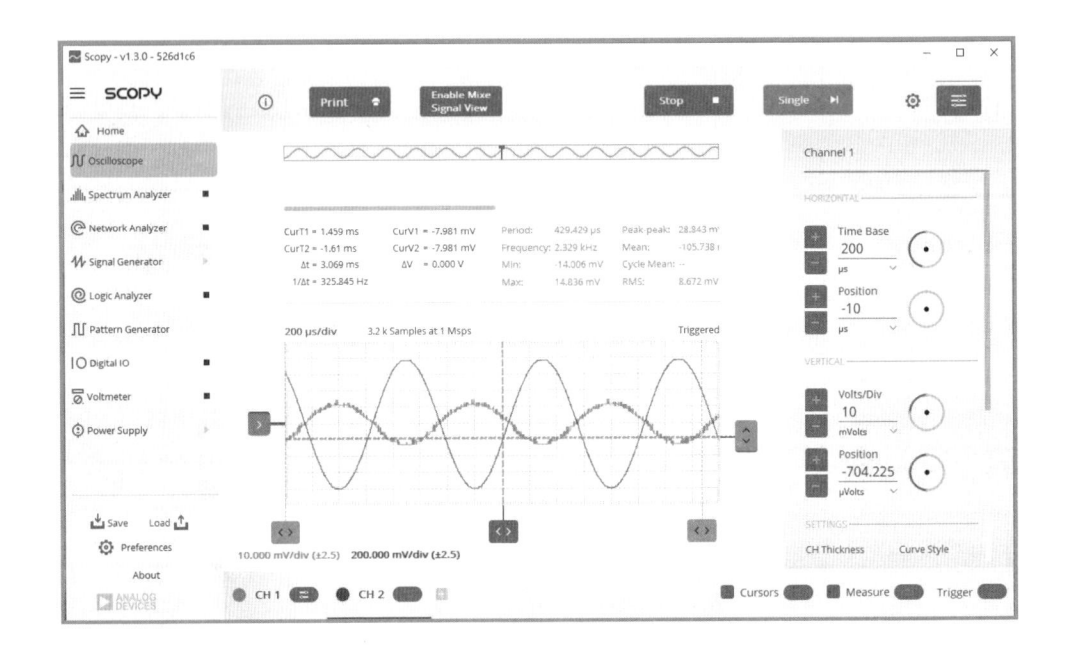

圖 2-19　M2K 示波器的選用與設定

第二章　差動型放大器　59

　　LTspice 中的 AC Analysis 在 M2K 中被稱為 Network Analyzer/Type Bode 如圖 2-20 所示。在 Setting 中，由於 CH 2 用來做輸出測試，所以必須用 CH 1 作為 Reference。Sweep 中的數值設定可參照 LTspice 的 AC Analysis 中的數值。

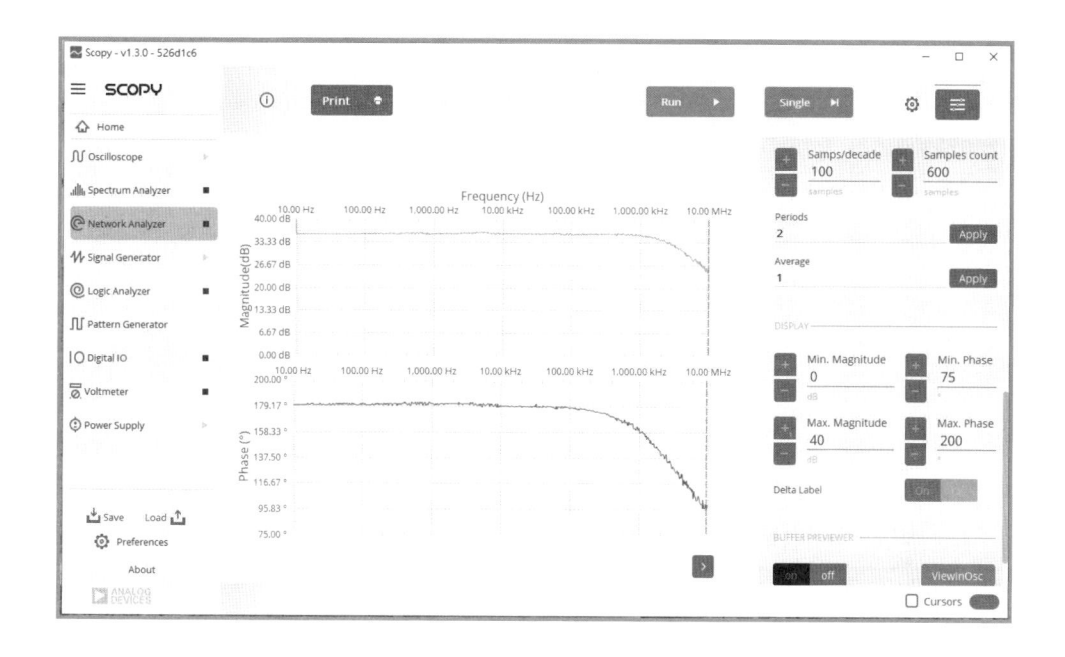

◦ 圖 2-20 ◦　　　M2K Network Analyzer 的選用與設定

LTspice 中的 **FFT** 在 **M2K** 中被稱為 **Spectrum Analyzer**，如圖 2-21 所示。在 **Sweep** 的設定中，由於所觀測的範圍比較窄 (10 Hz～5 kHz)，所以選用 **Linear**。

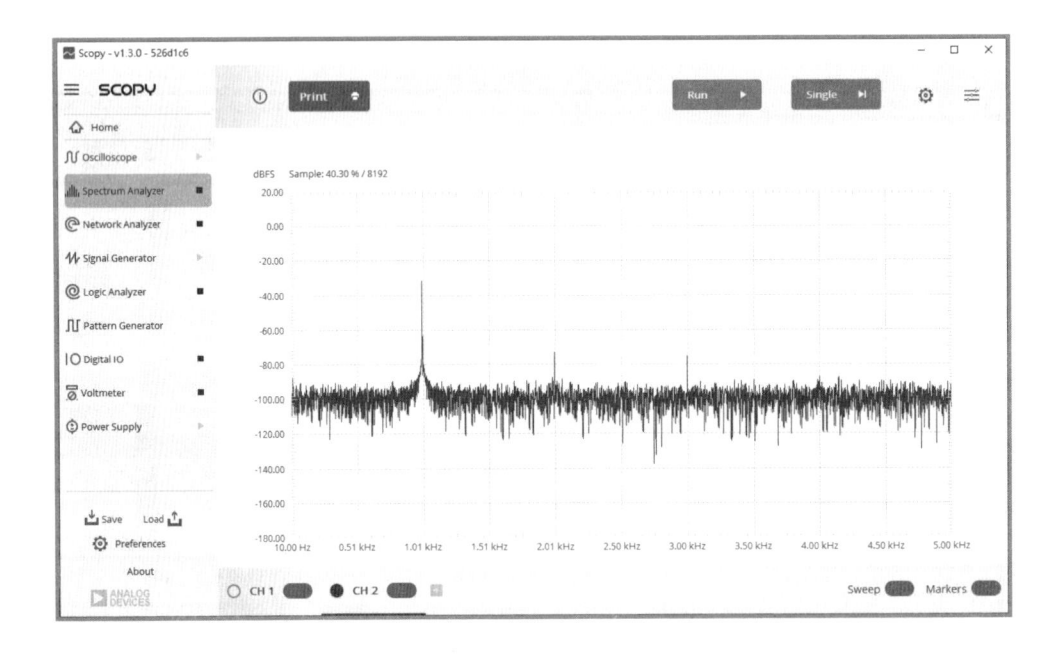

圖 2-21　M2K Spectrum Analyzer 的選用與設定

2-5 課外練習

1. 試用 LTspice Simulation 的方法,測得圖 2-5 差動型放大器的電路輸入和輸出阻抗。

2. 試比較單邊輸入和輸出跟差動輸入和輸出的優點與缺點。

3. 圖 2-22 為使用電流源作為差動型負載的放大器電路,若用 M2K/ Scopy 來做硬體測試,試畫出電路該如何修改及與 M2K 的連接?

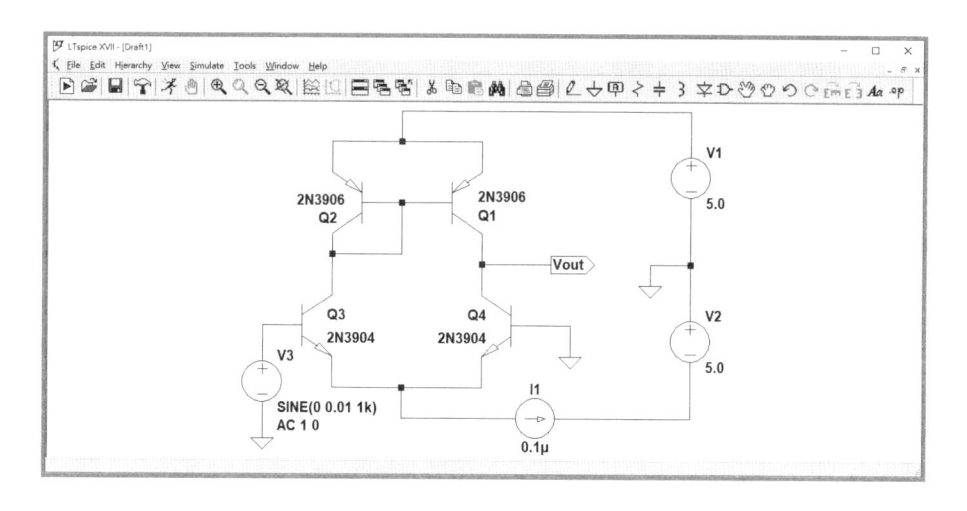

圖 2-22　使用電流源作為差動型負載的放大器電路

4. 圖 2-4 用 C/C ++ Program 計算電路電阻值的時候,出現 R_{c_1} 和 R_{c_2} 的阻值大於 $R_{c_1 \max}$,它代表的是什麼?應當如何來處理?

第三章 運算放大器與乘法器

運算放大器是線性積體電路 IC 的重要產物，它把使用者所要考慮的電路偏壓，還有其他重要因數，全部都設計在內。而且為了節省面積，儘量多用電晶體，少用電阻，避免使用電容器。以最簡單的運算放大器來說 (如圖 3-1 所示)，它是由 Q_4 和 Q_5 組成的差動型放大器，Q_6、Q_7、Q_8 組成的電流源，Q_1、Q_2 組成的電流源負載，Q_3 射極接地放大器，Q_9 集極接地放大器等 3 個放大器串聯而成。

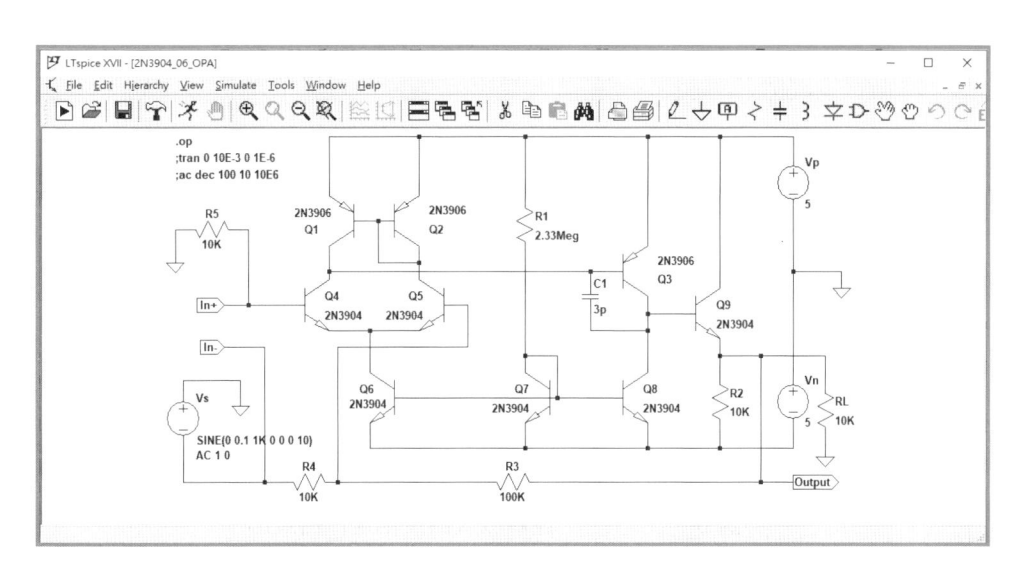

圖 3-1　簡單的運算放大器電路

電流源的內阻為無限大，用來做 Q_4 和 Q_3 的負載，可使開路增益最大化。如果不在 Q_3 的基極與集極間加入 3 pF 的 C_1，放大器可能產生如圖 3-2 的高頻寄生振盪。

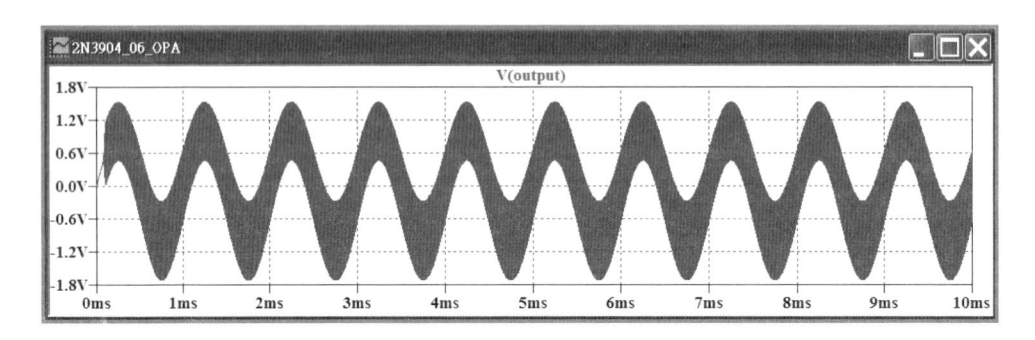

◌ 圖 3-2 ◌　　　運算放大器產生高頻寄生振盪波形

正常運作的運算放大器，Gain = R_4/R_3，它的波形當如圖 3-3 所示。

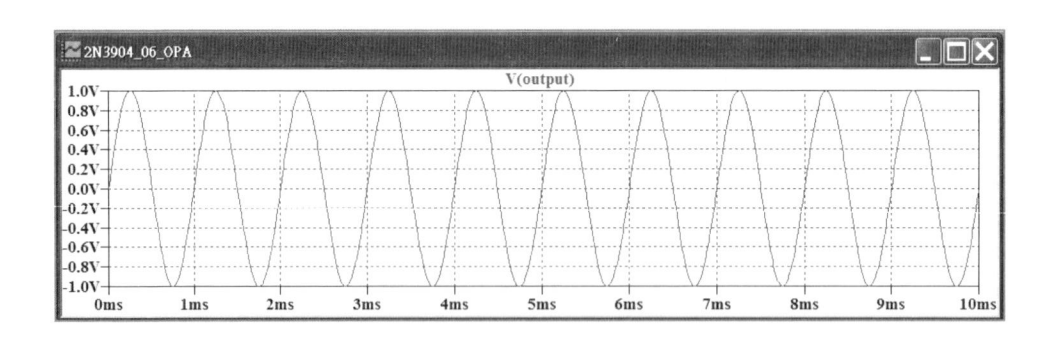

◌ 圖 3-3 ◌　　　運算放大器正常運作的波形

3-1　TL081 運算放大器

　　圖 3-1 簡單的運算放大器電路，主要作為教育示範之用，少有人會拿 9 只電晶體，組合起來當作運算放大器來使用。當今的商品運算放大器，可供選擇的種類繁多，普通常用的售價，跟單只電晶體差不多。TL081 運算放大器便是一例，圖 3-4 是它的電路結構[註1]。

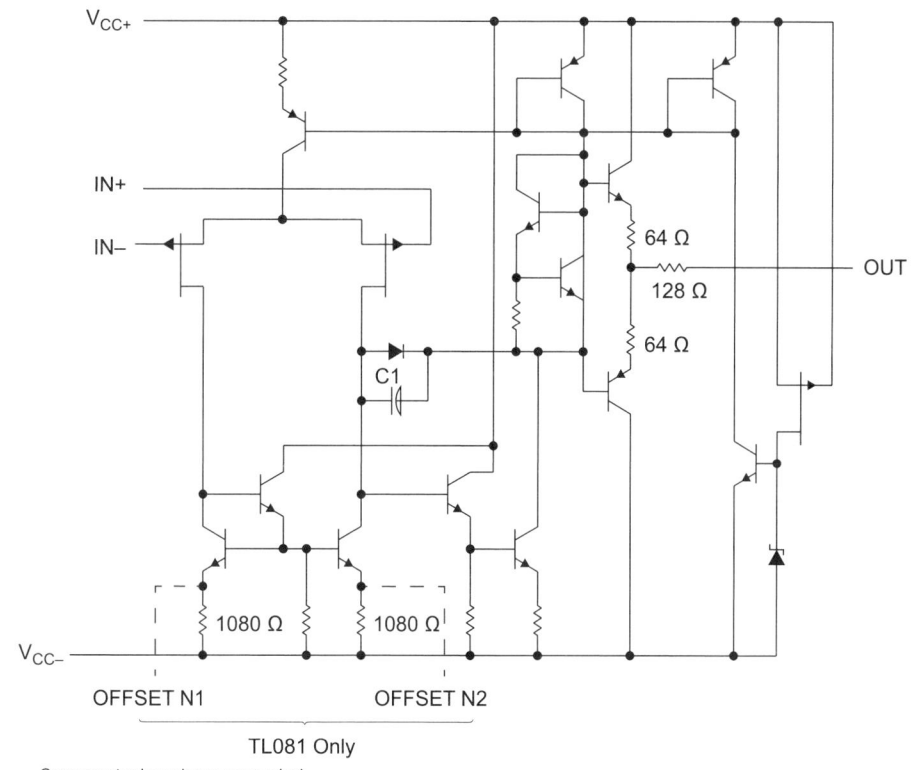

圖 3-4　TL081 運算放大器的電路結構

[註1] 附上 L081 Spice Model 以供測試。

2 只 TL081 裝在相同的 8 腳裝置，稱為 TL082；4 只 TL081 裝在相同的 14 腳裝置，稱為 TL084，如圖 3-5 所示。

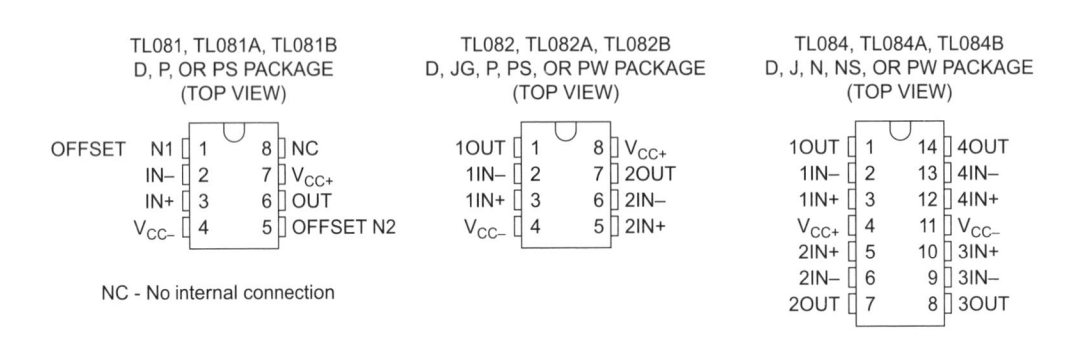

```
      TL081, TL081A, TL081B          TL082, TL082A, TL082B         TL084, TL084A, TL084B
       D, P, OR PS PACKAGE         D, JG, P, PS, OR PW PACKAGE      D, J, N, NS, OR PW PACKAGE
           (TOP VIEW)                      (TOP VIEW)                      (TOP VIEW)

OFFSET  N1 [ 1    8 ] NC           1OUT [ 1    8 ] V_CC+           1OUT  [ 1   14 ] 4OUT
        IN− [ 2    7 ] V_CC+       1IN−  [ 2    7 ] 2OUT           1IN−  [ 2   13 ] 4IN−
        IN+ [ 3    6 ] OUT         1IN+  [ 3    6 ] 2IN−           1IN+  [ 3   12 ] 4IN+
       V_CC−[ 4    5 ] OFFSET N2   V_CC− [ 4    5 ] 2IN+           V_CC+ [ 4   11 ] V_CC−
                                                                   2IN+  [ 5   10 ] 3IN+
                                                                   2IN−  [ 6    9 ] 3IN−
       NC - No internal connection                                 2OUT  [ 7    8 ] 3OUT
```

圖 3-5　TL081、082、084 運算放大器的不同包裝

3-2　TL081 運算放大器的基本功能

運算放大器的基本功能，除了放大訊號之外，還能完成多種數學上的計算，例如：加、減、微分、積分、乘和除一個常數。但若要乘和除一個變數，則只能由乘法器來做。在這一章的測試裡將先對 TL081 的 **.OP**、**.TRAN**、**FFT** 和 **.AC** 做一探討。首先要測量的是 TL081 的 **Open Loop Gain**，也就是沒有回授的開路電壓增益。該數值越大越好，超過 100 dB 就是個非常大的數目，但是 –3 dB **頻寬** (Band Width) 卻只有 20 Hz 左右，如圖 3-6 所示。

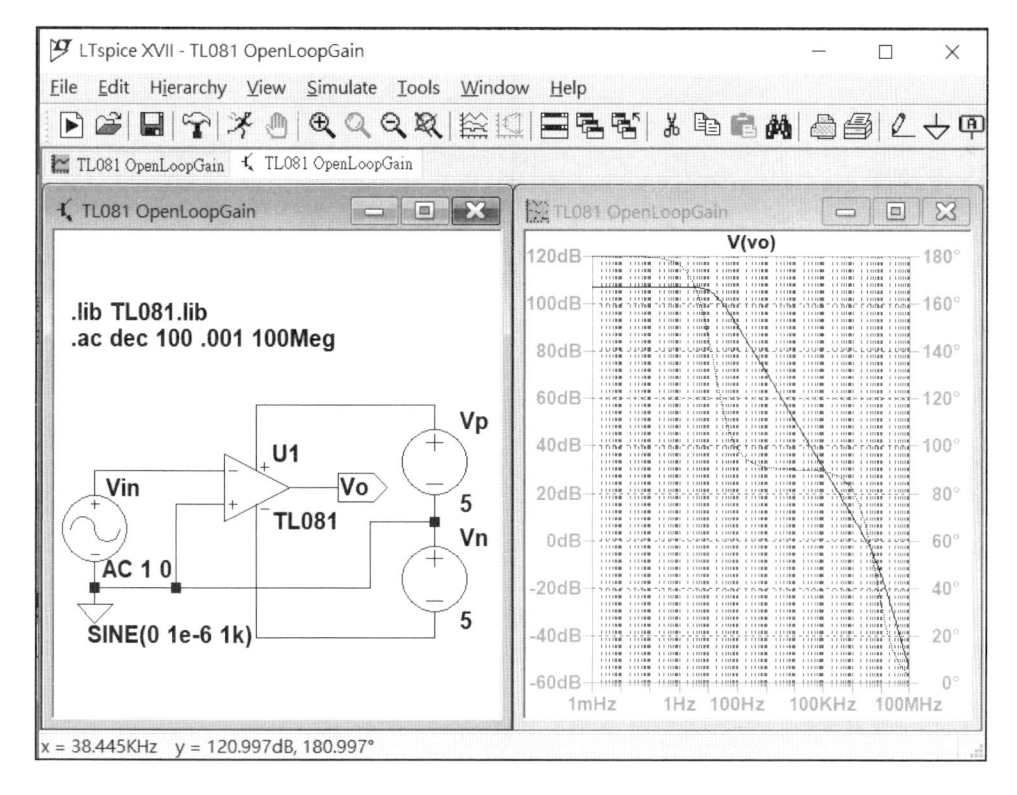

◌ 圖 3-6 ◌　　　TL081 的開路電壓增益及頻寬

TL081 的 **Close Loop Gain**，如圖 3-7 所示，是有回授的閉路電壓增益電路。模擬得到的結果，電壓增益為 20 dB，頻寬卻到達 200 kHz。由於一個正常工作的運算放大器，它的 **Gain Bandwidth Products** 增益乘以頻寬是一個常數。

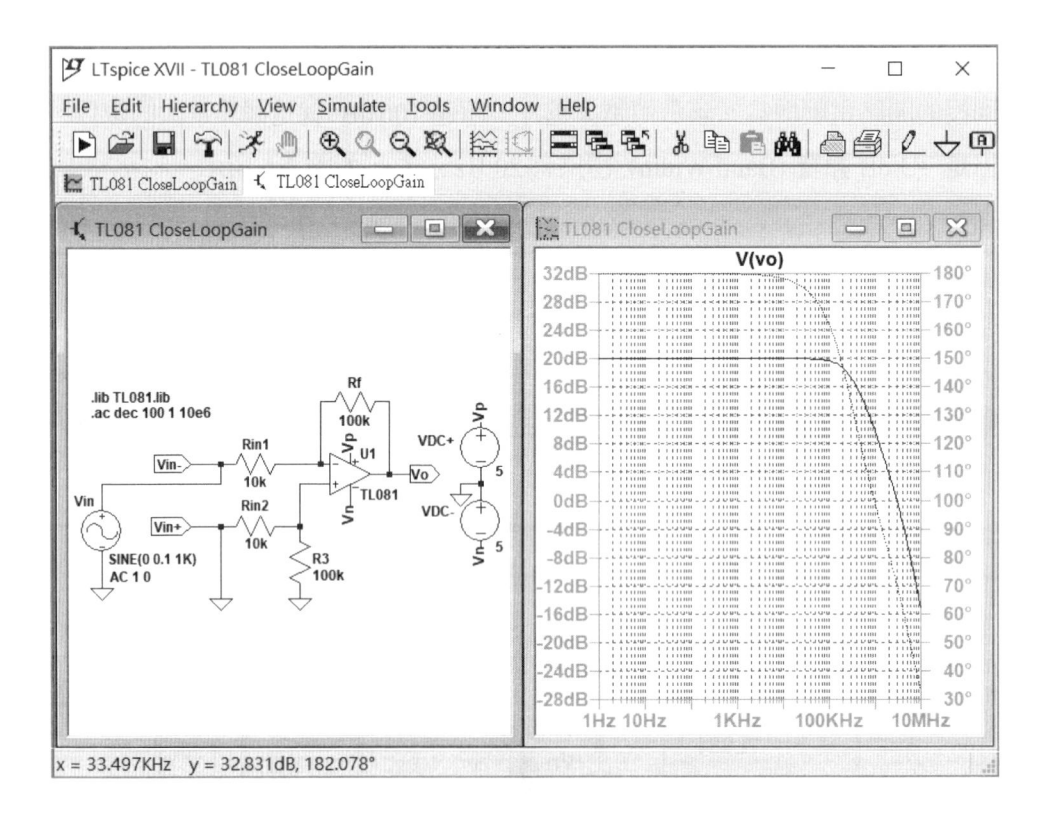

圖 3-7　TL081 的閉路電壓增益及頻寬

TL081 電壓增益為 20 dB 時，運算放大器各點之直流數值如圖 3-8 所示。

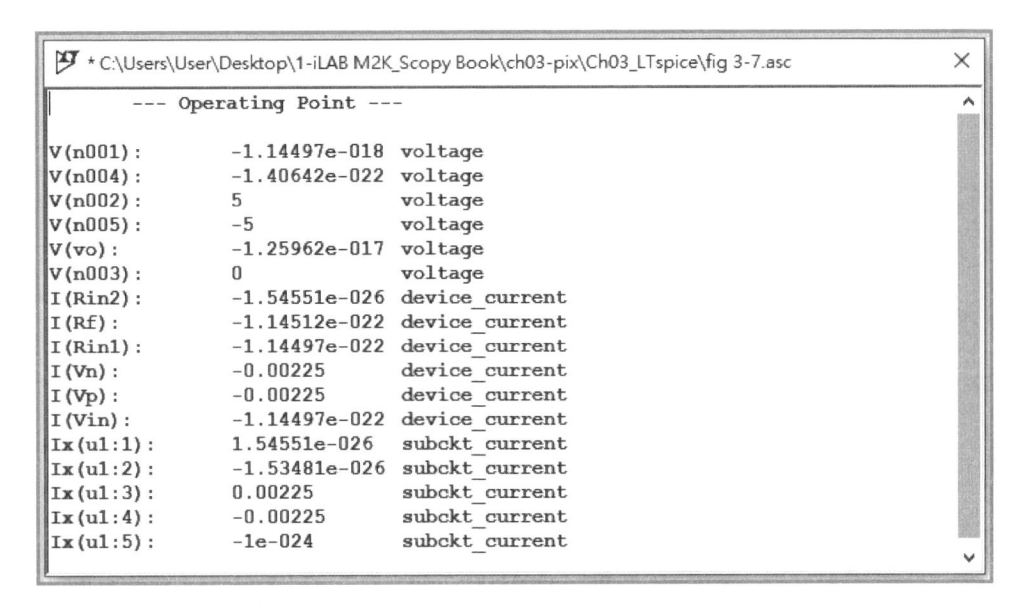

```
* C:\Users\User\Desktop\1-iLAB M2K_Scopy Book\ch03-pix\Ch03_LTspice\fig 3-7.asc
       --- Operating Point ---
V(n001):       -1.14497e-018    voltage
V(n004):       -1.40642e-022    voltage
V(n002):       5                voltage
V(n005):       -5               voltage
V(vo):         -1.25962e-017    voltage
V(n003):       0                voltage
I(Rin2):       -1.54551e-026    device_current
I(Rf):         -1.14512e-022    device_current
I(Rin1):       -1.14497e-022    device_current
I(Vn):         -0.00225         device_current
I(Vp):         -0.00225         device_current
I(Vin):        -1.14497e-022    device_current
Ix(u1:1):      1.54551e-026     subckt_current
Ix(u1:2):      -1.53481e-026    subckt_current
Ix(u1:3):      0.00225          subckt_current
Ix(u1:4):      -0.00225         subckt_current
Ix(u1:5):      -1e-024          subckt_current
```

圖 3-8　　TL081 電壓增益為 20 dB 時各點之直流數值

TL081 電壓增益為 20 dB 時，運算放大器輸出端的波形如圖 3-9 所示。

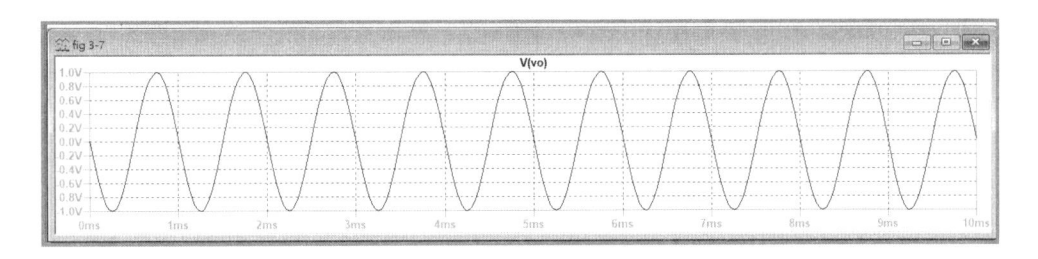

圖 3-9　　TL081 電壓增益為 20 dB 時之輸出波形

TL081 電壓增益為 20 dB 時，運算放大器輸出端的 **FFT** 如圖 3-10 所示。

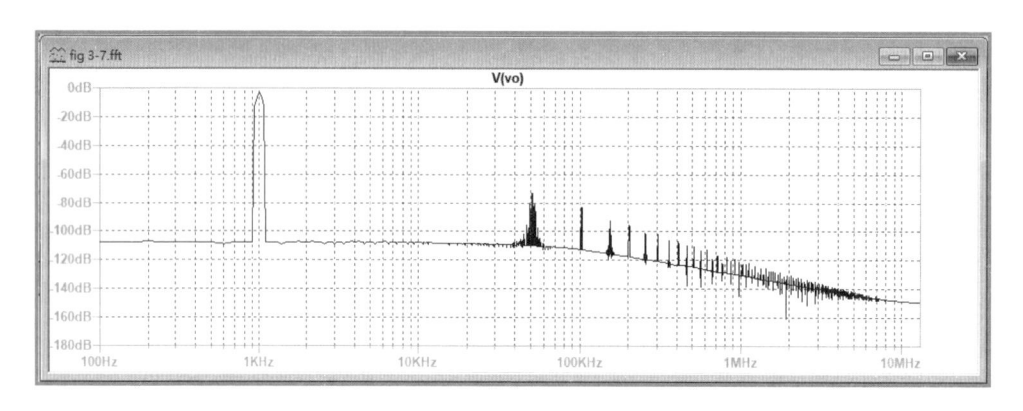

﹝圖 3-10﹞　　　TL081 電壓增益為 20 dB 時之輸出 FFT

3-3　TL081 運算放大器的應用

運算放大器是當今電子電路的主要元件之一，應用範圍非常之廣[註2、註3]。本節只介紹它的基本運算部分，其他的留待後續章節中，再詳加說明。

由於 TL081 的 Model 不在 **LTspice** 的 Lib 中，處理的方法請參考附錄 B「Library 之外 Model 的處理」。

[註2]　參考 http://hyperphysics.phy-astr.gsu.edu/hbase/electronic/a741p3.html#c1。

[註3]　參考德州儀器之 Op Amps for Everyone [PDF]。

3-3-1 加減器

運算放大器的加減器,如圖 3-11 所示,它所使用的公式是

$$V_{\text{out}} = \left(-\frac{V_1 R_f}{R_{\text{in1}}}\right) + \left(-\frac{V_2 R_f}{R_{\text{in2}}}\right)$$

$$= \left[-\frac{(-4 \times 10\,\text{k})}{10\,\text{k}}\right] + \left(-\frac{2 \times 10\,\text{k}}{10\,\text{k}}\right)$$

$$= 4 - 2 = 2\,\text{V}$$

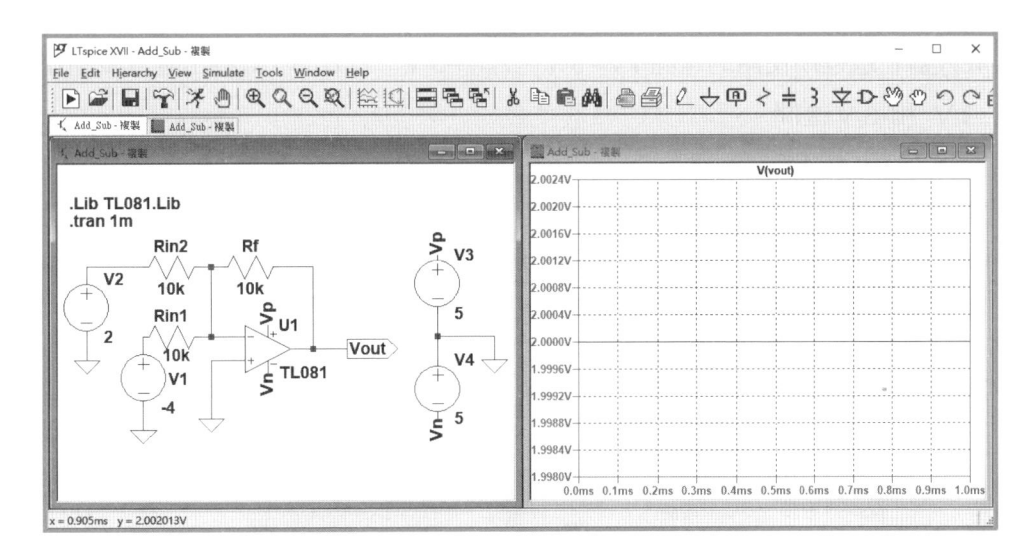

◎ 圖 3-11　運算放大器的加減器電路

要注意的是,運算放大器在這裡所使用的電源 $V_p = 5$ V、$V_n = -5$ V,有效的 V_{out} 輸出應當限制在 +3 V 和 -3 V 之間。

3-3-2 常數乘除器

運算放大器的常數乘除器，它的常數 k 得自上例中的回授電阻 R_f 除以輸入電阻 R_{in}。$k = R_f/R_{in}$，如果 $k > 1$ 為乘，$k < 1$ 為除。

3-3-3 積分器

運算放大器的積分器電路，如圖 3-12 所示，它的積分時間 t 公式是：

$$t = R_{in} \times C_1$$

R_f 電阻的存在，為的是使 C_1 積分容電器得以放電，便於觀測。由於運算放大器在這裡所使用的電源 $V_p = 5$ V、$V_n = -5$ V，有效的 V_{out} 輸出應當限制在 +3 V 和 -3 V 之間。

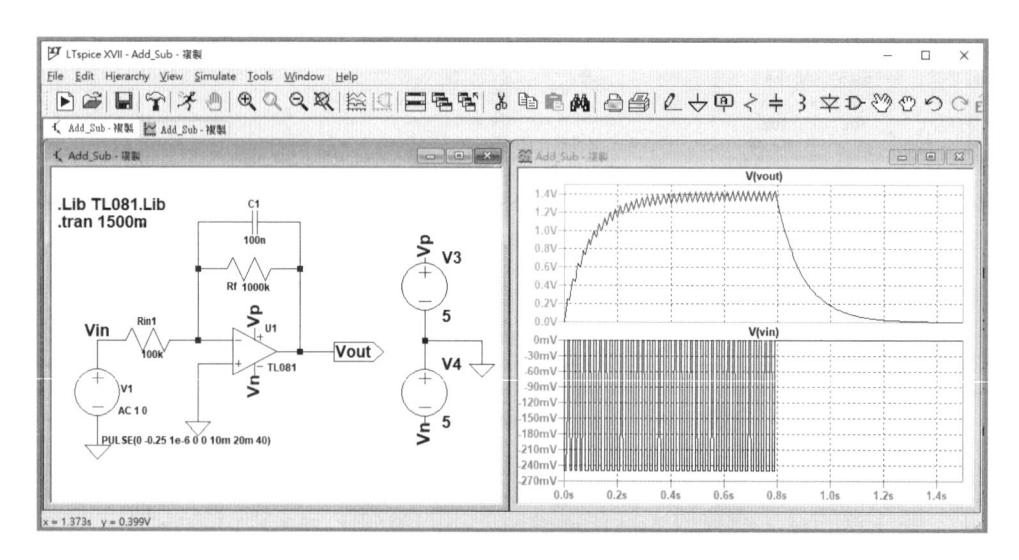

圖 3-12　運算放大器的積分器電路輸入和輸出波形的關係

3-3-4 微分器

運算放大器的微分器電路,如圖 3-13 所示,它的微分時間 t 公式是

$$t = C_1 \times R_f$$

C_2 的存在,為的是避免輸入方波 **Step** 所引起的振盪。

微分器的輸出脈衝波形寬度,跟輸入方波的**起升時間** (Rise Time) 和**下降時間** (Fall Time) 有著密切的關係。

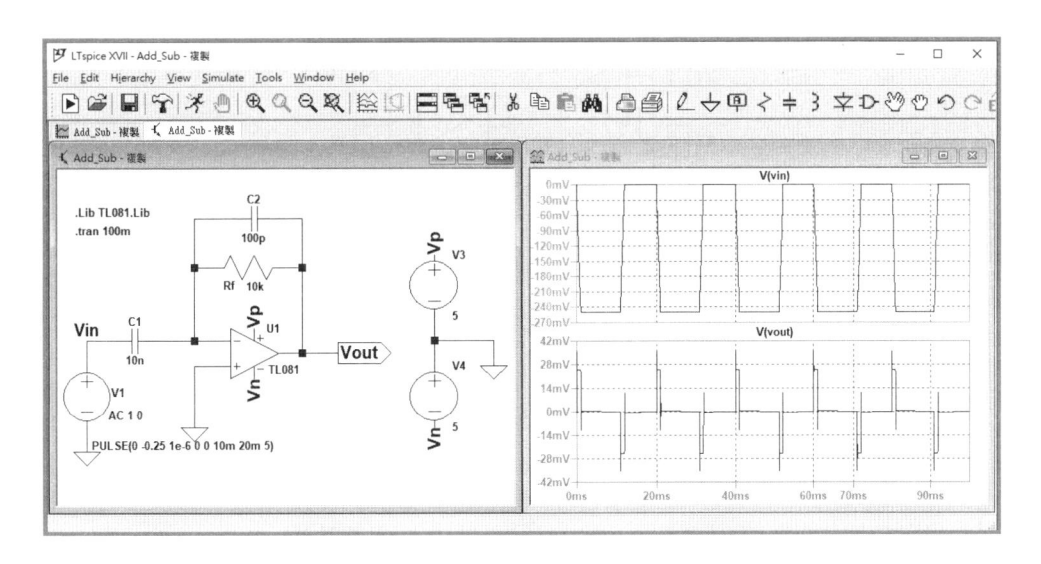

◎ 圖 3-13 ◎ 　　運算放大器的微分器電路輸入和輸出波形的關係

3-4 AD633 乘法器的介紹

乘法器不像運算放大器那麼普遍和選擇性眾多，80 年代有 **MC1496/ Balance Modulator**，外部調控電路複雜，而且廠商沒有提供 Spice Model。AD633 乘法器為 **Analog Devices** 公司的產品，外部調控電路簡單。並且有提供 **Spice Subcircuit**，可用於 **LTspice** 的模擬測試。圖 3-14 為 AD633 的工作方塊圖和它的接腳。

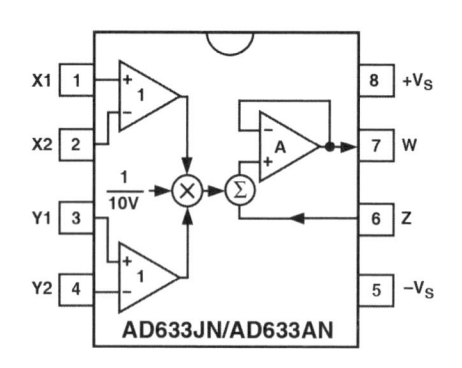

圖 3-14　AD633 的工作方塊圖和它的接腳

從工作方塊圖可以看到，AD633 主要是由 1 個**乘法器** (Balance Modulator) 和 1 個加法器所組成，其他 3 只 Gain ＝ 1 的放大器，提供相位調整與緩衝之用。

3-4-1　AD633 平衡調製器的模擬測試

圖 3-15 為 AD633 平衡調製器的模擬測試組成圖，圖的左邊為 .SUBCKT AD633_JT 的 Spice Model，右邊為 AD633 Balance Modulator 電路圖。

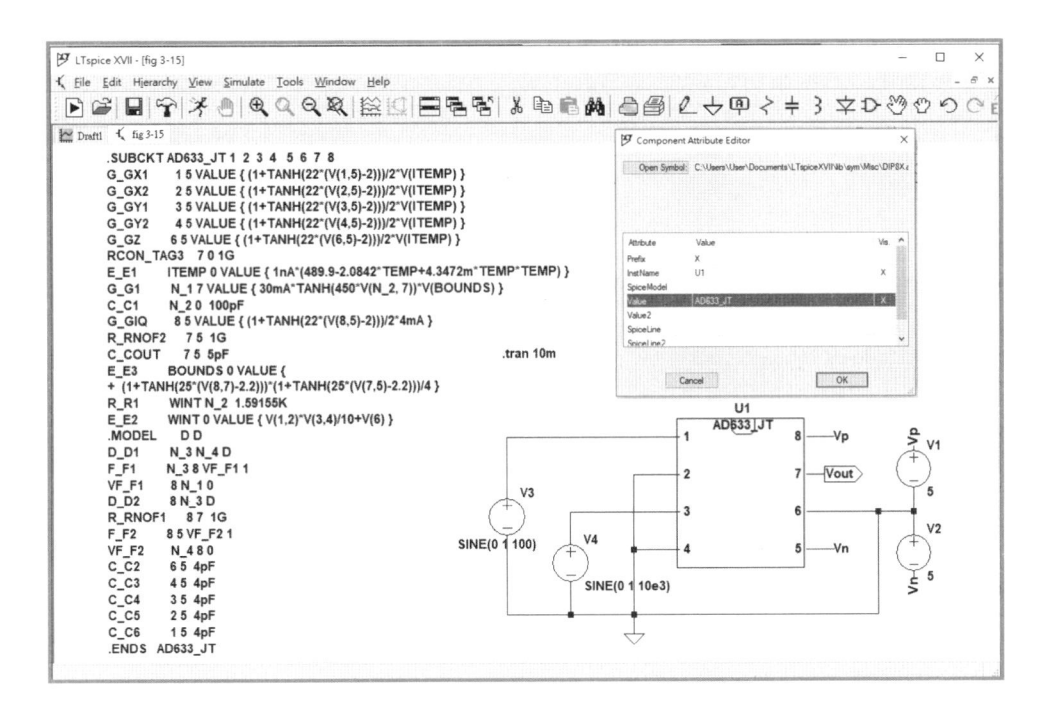

◎ 圖 3-15　模擬測試 AD633 Balance Modulator 電路圖

原本 AD633 為 **Analog Devices** 的產品，**LTspice** 為 **Linear Technology** 的產品。2016 年 **Analog Devices** 收購了 **Linear Technology**，但至今 AD633 的 **Spice Model** 尚未加入到 **LTspice XVII** 的 **LIB**。若要用以來 **Simulation**，最直接的方法是把它貼到電路圖上。

模擬測試 AD633 Balance Modulator 電路的輸入與輸出，如圖 3-16 所示。

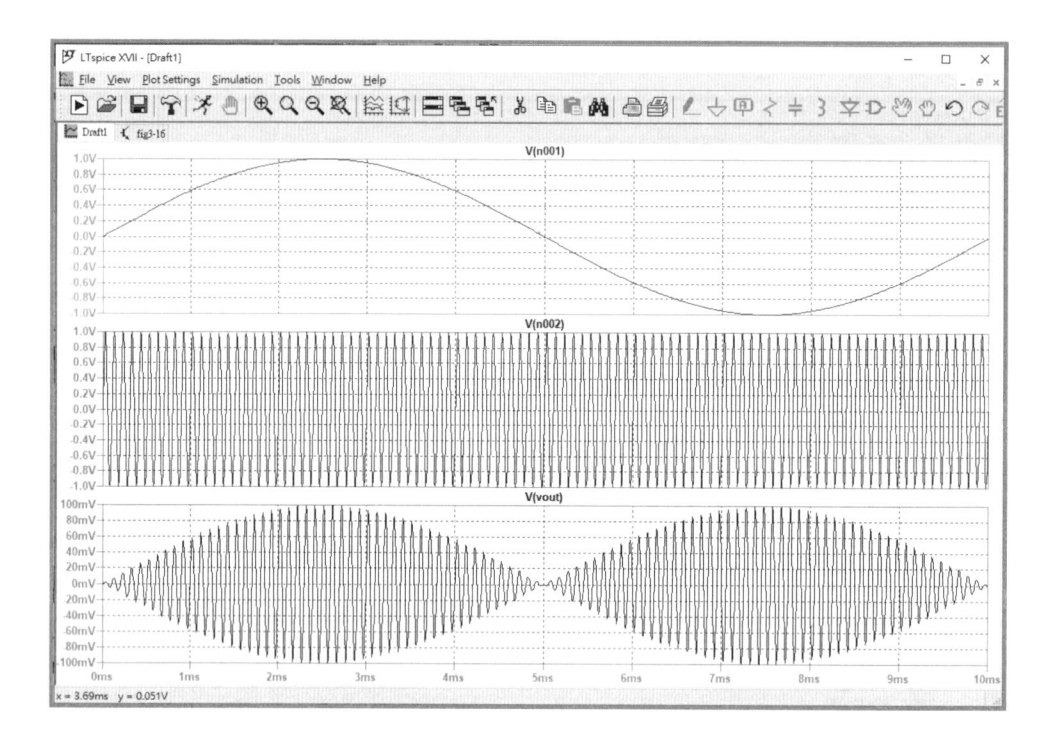

圖 3-16　模擬測試 AD633 Balance Modulator 電路的輸入與輸出

模擬測試 AD633 Balance Modulator 電路的輸出 FFT，如圖 3-17 所示。

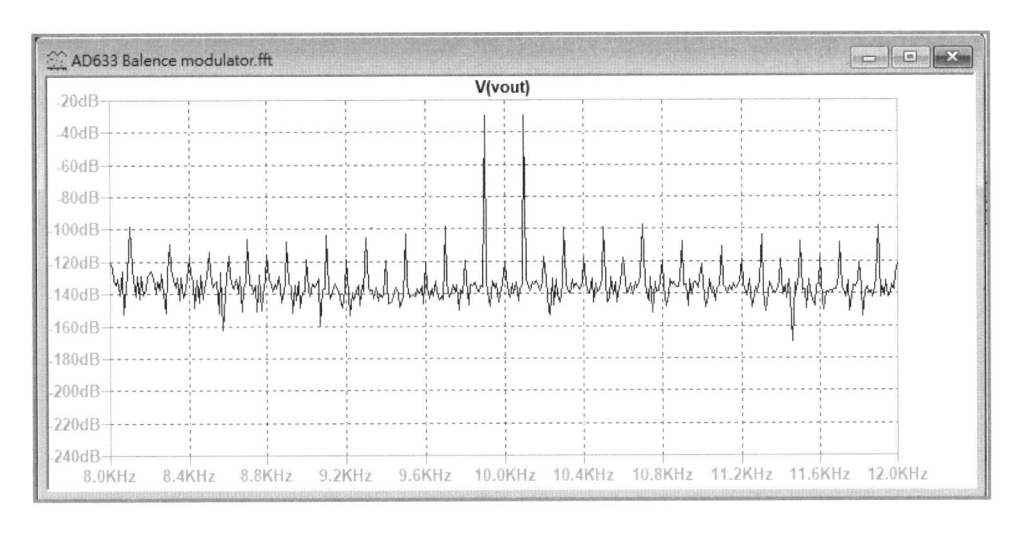

圖 3-17　模擬測試 AD633 Balance Modulator 電路的輸出 FFT

3-4-2　TL081 閉路電路增益及頻寬的 M2K 硬體測試與 Scopy 軟體的使用程序

TL081 電路的閉路電壓增益及頻寬與 M2K 的實體連線，如圖 3-18 所示。其中 **LTspice** 模擬測試部分，請見本章第 3-2 節，圖 3-7 至圖 3-10。有關 **Scopy** 軟體的使用程序中完成連線及電源控制部分，請參照第二章第 2-4-2 節，圖 2-16 至圖 2-17。**Scopy** 的簡化測試程序從信號產生器開始。

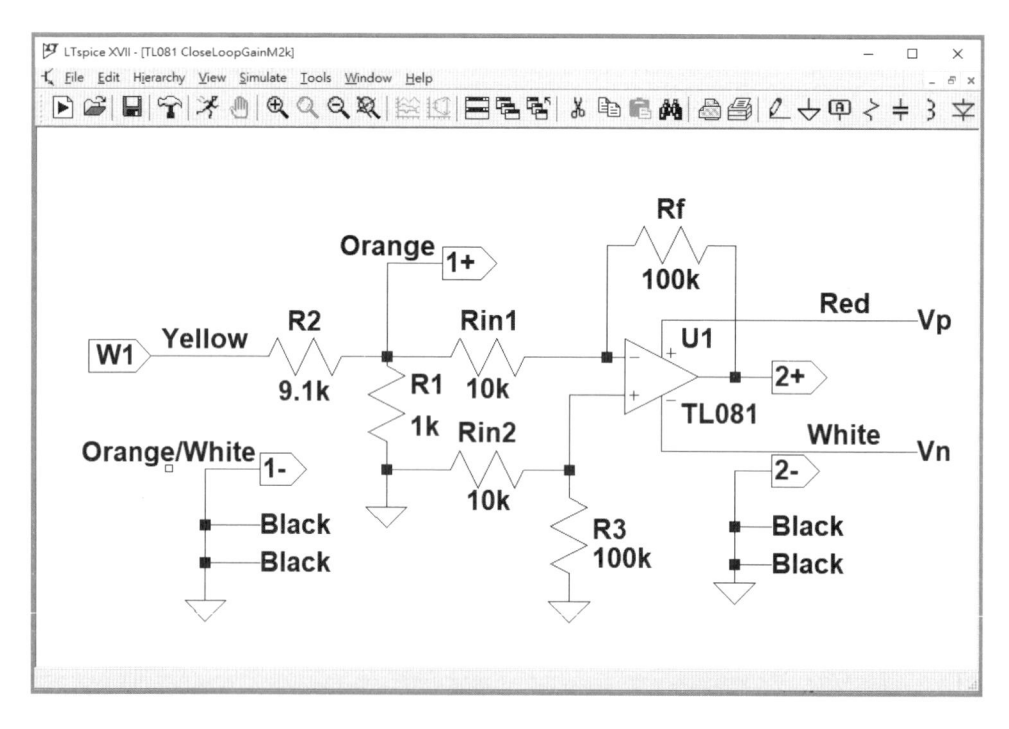

圖 3-18　TL081 電路的閉路電壓增益及頻寬與 M2K 的實體連線

圖中 R_1、R_2 為降低 300 mV 輸入的 W_1 信號到示波器 **CH 1+** 的 20 mV，R_{in1} 與 R_f 形成增益為 10。R_{in2} 與 R_3 為放大器平衡 R_{in1} 與 R_f 之用，當輸入為 0 V 時，讓輸出也接近為 0 V。

第三章　運算放大器與乘法器　79

　　訊號產生器的選用，如圖 3-19 所示。**M2K** 有 2 個獨立的訊號產生器，本實驗只需一個輸入訊號，不用的那一個 (Yellow/White) 可懸空，不可接地。有關 **Scopy** 軟體的使用程序中完成連線及電源控制部分，請參照第二章第 2-4-2 節，圖 2-16 至圖 2-17。

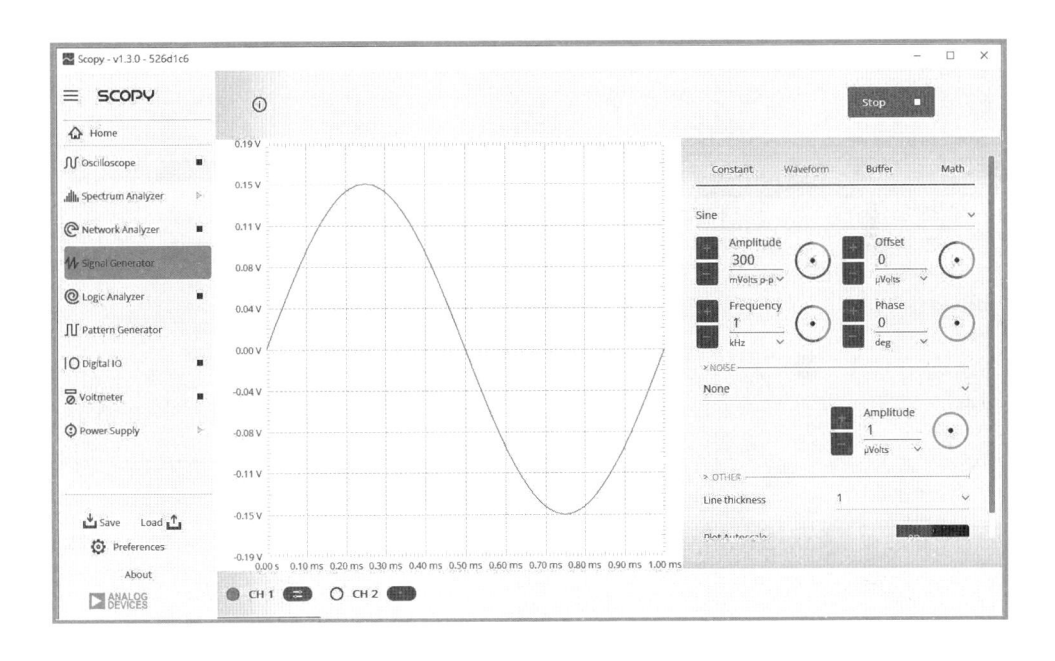

◦ 圖 3-19 ◦　　M2K 訊號產生器的選用

M2K 示波器有 2 個獨立的差動頻道，本實驗的輸入和輸出皆為單線，所以 (1–) Orange/White 和 (2–) Blue/White 與 (4×Black) 應接地。圖 3-20 為測試的結果，輸入約為 25 mV，輸出為 250 mV，增益為 10。

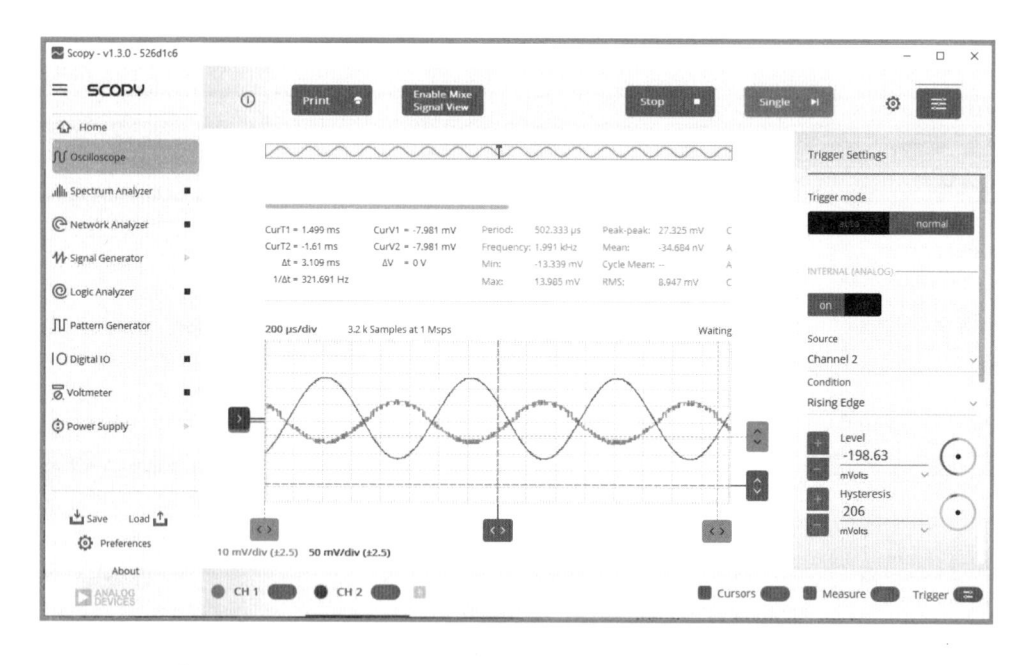

◉ 圖 3-20　　M2K 運算放大器電壓增益的測試與設定

M2K Network Analyzer 的 **Bode Plot**，如圖 3-21 所示。當增益 =10=20 dB，頻寬僅 400 kHz 左右。

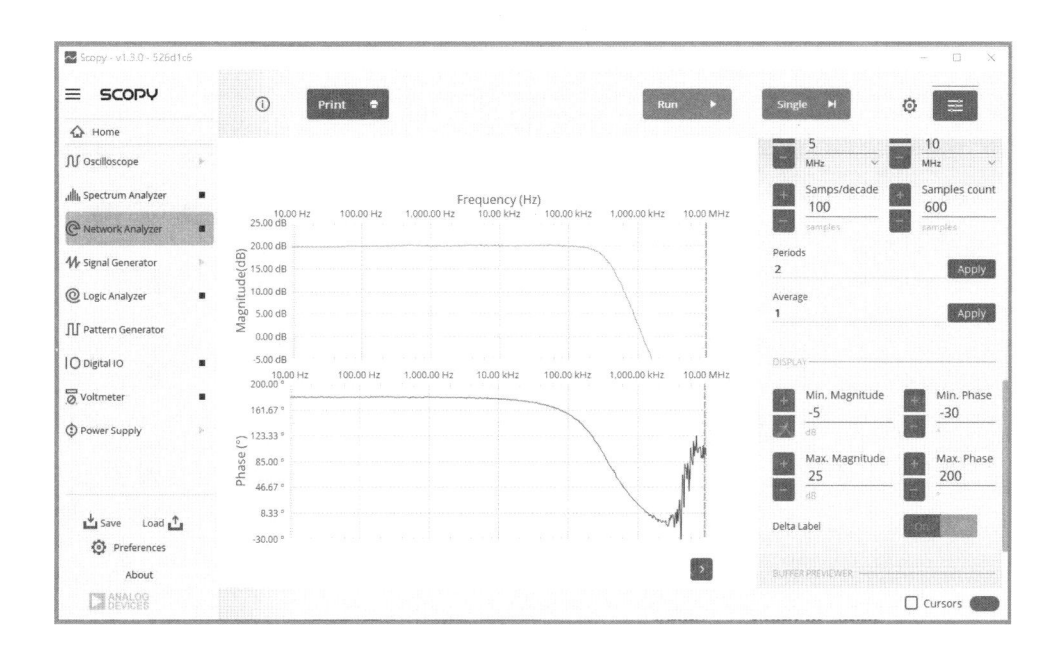

圖 3-21　M2K Network Analyzer 的 Bode Plot

M2K Spectrum Analyzer 的 Bode Plot，如圖 3-22 所示。**Spectrum Analyzer** 必須在 **Signal Generator** 運作下進行。圖左邊的 **Signal Generator** 和 **Power Supply** 的綠色箭頭圖示，即表示正在運作中。

圖 3-22　M2K Spectrum Analyzer 的 Bode Plot 測試結果及設定

3-4-3 AD633 乘法器 AM 電路的 M2K 硬體測試與 Scopy 軟體的使用程序

AM 電路使用 AD633 乘法器，如圖 3-23 所示。AD633 為新一代乘法器，除了將偏壓設計在內，輸入輸出可直接導入和導出，就像使用 Digital IC 一般，不需要另加電阻和電容器。

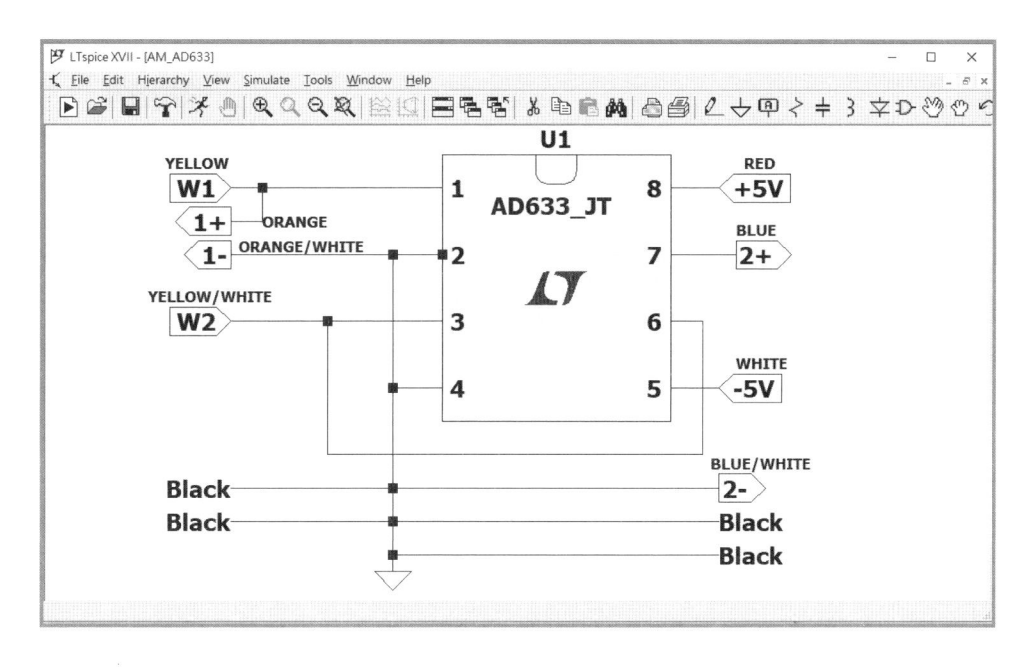

圖 3-23　AM 電路使用 AD633 乘法器與 M2K 的連接及測試

Scopy 的簡化測試程序從信號產生器開始。本實驗需使用 2 個信號產生器，W_1 作為 AM 的調幅產生器，W_2 作為 AM 的載波產生器。如果將 pin 6 接地，則輸出端可獲得 **Balance Modulator** 訊號，如圖 3-16 所示。若將 pin 6 也接載波產生器，即**調幅**(AM)波形，如圖 3-25 為示波器所顯示的波形。圖 3-24 為訊號產生器所產生的波形及其設定

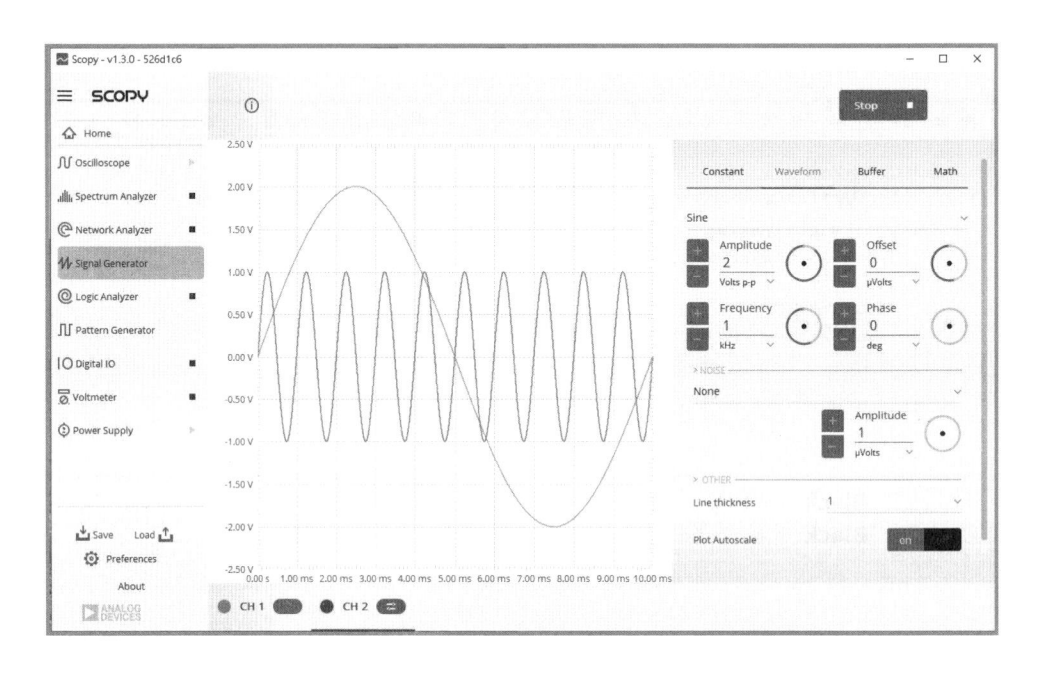

圖 3-24　訊號產生器所產生的波形及其設定

M2K 的示波器有 CH1 和 CH2 二個頻道。本實驗用 CH1 來監測 4 Vp-p 輸入的音頻訊號。CH2 則用來監測調幅輸出訊號，如圖 3-25 所示。

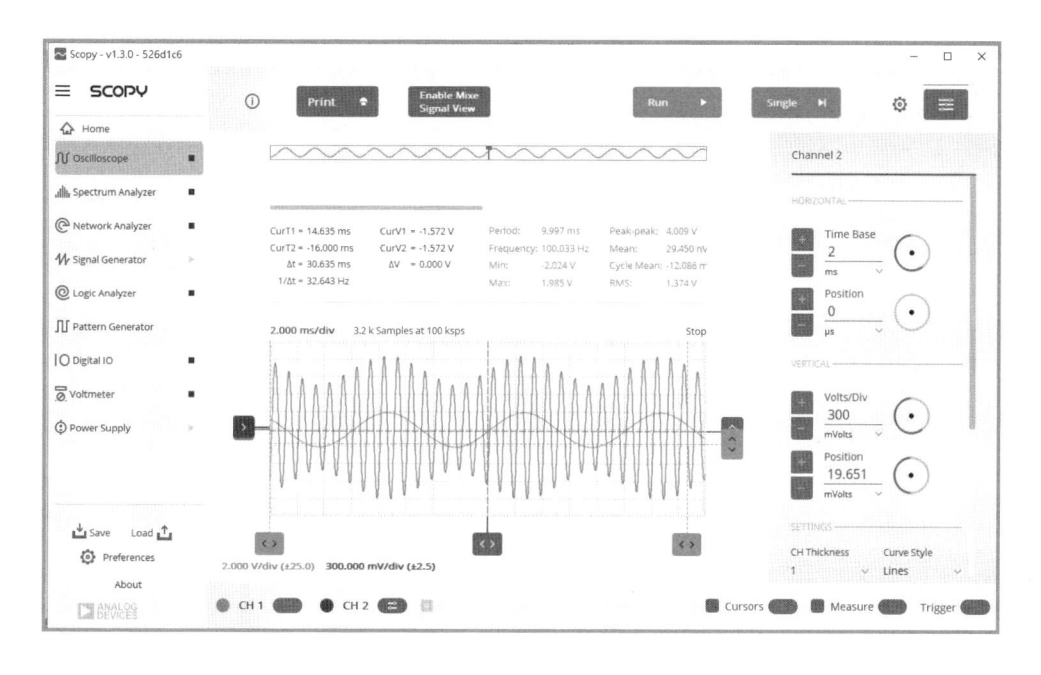

圖 3-25　M2K 示波器用 CH1 監測音頻輸入，CH2 監測調幅輸出

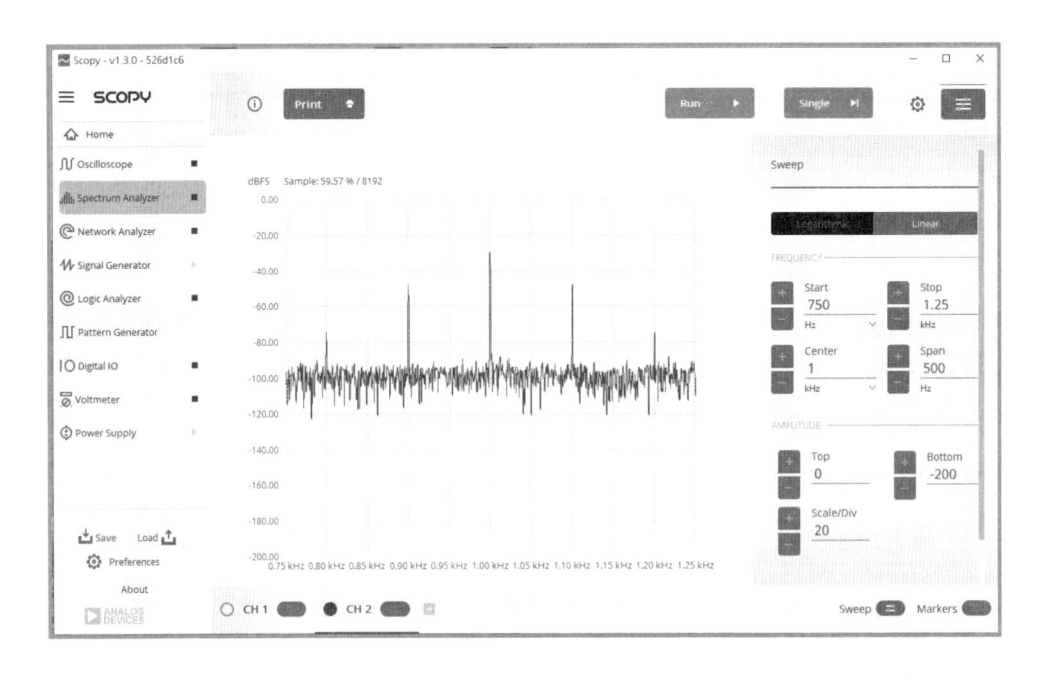

M2K 的頻譜分析器用來測量波形的頻率組成。本實驗的輸入為 100 Hz 的音頻和 1 kHz 的載波，數學上乘法器會產生 1,000 – 100 = 900 Hz 及 1,000 + 100 = 1,100 Hz 的 2 個頻率，再加上 pin 6 接上了 1,000 Hz 的訊號，所以頻譜分析器應該顯示這 3 個頻率，如圖 3-26 所示。至於 2 個多出來的 800 Hz 和 1,200 Hz 的頻率，那是音頻含有副波所造成。

圖 3-26　M2K 的頻譜分析器用來測量調幅波的頻率組成及設定

3-5 課外練習

1. 圖 3-27 是以電流源作為差動式放大器負載的電路，試用 LTspice 來測試它的 Bandwidth Product 值。

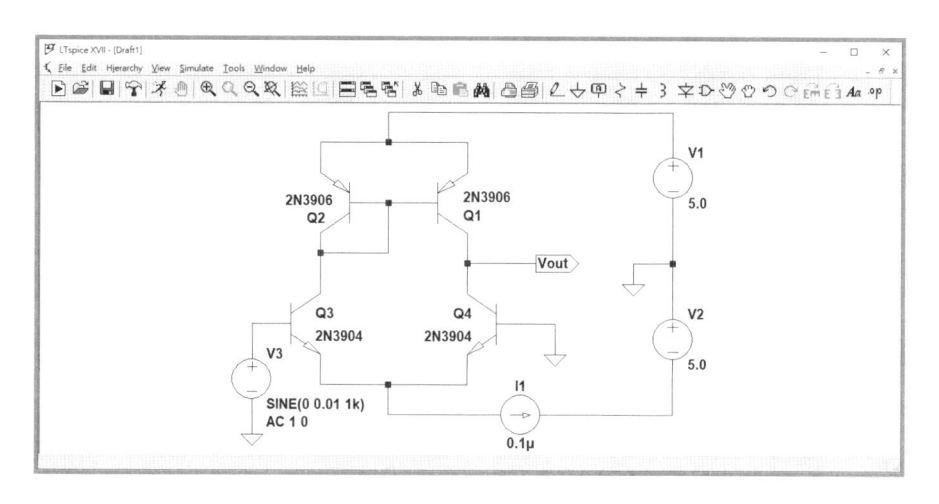

◦ 圖 3-27 ◦　　以電流源作為差動式放大器負載的電路

2. 運算放大器由於結構複雜,因此在動態性能方面受到限制,圖 3-28 便是一例。OP07 的輸入為正弦波 0.5V@20kHz,經 10 倍放大後輸出為鋸齒波。如圖 3-28 所示。這個現象該如何稱呼?它跟頻率和電壓的關係是什麼?

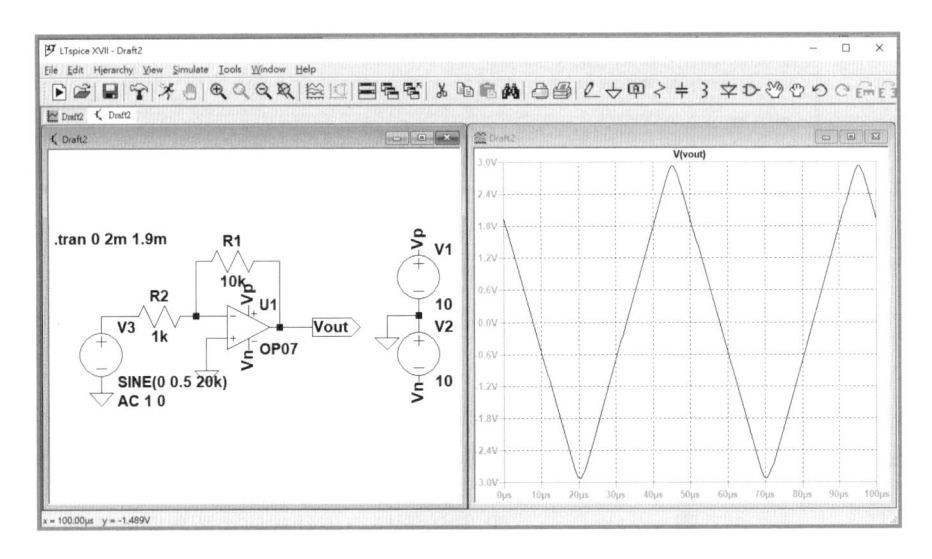

▣ 圖 3-28   運算放大器動態性能引起的失真

3. 圖 3-28 所發生的鋸齒波與正弦波的 FFT 有何顯著的不同?

4. 圖 3-1 如果不在 Q_3 的基極與集極間加入 3 pF 的 C_1,放大器可能會產生如圖 3-2 所產生的高頻寄生振盪。電晶體在麵包板上應如何安排?

第四章 回授與放大器及振盪器

前面三章所述的都是放大器,爲了放大器輸出的穩定,人們都用**反相回授** (Negative Feedback),從犧牲一小部分放大器的**增益** (Gain) 來達到輸入和輸出的改善和穩定度的提升。振盪器則不同,它是使用**正相回授** (Positive Feedback),滾動式地增加放大器的增益,一直到電路產生振盪爲止。所以振盪器是由放大器、頻率設定電路、正相回授電路等三組結合而成。振盪器的頻率,本章將涉及的僅爲音頻範圍內,其中音頻範圍的頻率設定器,是用電阻 R 和電容器 C 來組成。頻率設定器的輸入和輸出間,有衰減的存在,放大器必須有足夠的增益能抵消其衰減,振盪才能維持。本章所涉及的頻率設定器,爲 180° 和 0° 的音頻頻率相移器,正相回授電路爲 OP07 運算放大器。組成的音頻振盪器爲相移式振盪器、Wien Bridge 相移器、**正交** (Quadrature) 振盪器等三種。

4-1 180° 音頻頻率相移器

爲了配合 OP07 運算放大器,它的輸入和輸出相差,必須爲 180°。使用電阻 R 和電容器 C,來組成的音頻頻率設定器,它的輸入和輸出也必須有 180° 的相差,則 180°+180° 才會造成 0° 的正向回授。單級的 RC 電路,它的輸入和輸出,最多能產生 90° 相差。照理說,串聯二級 RC 電路便可獲得 180° 的相差,其實不然,所以需要三級 RC 電路才能獲得 180° 的相差,如圖 4-1 所示。電路的 180° 相差頻率與 RC 的關係是

$$f_r = \frac{1}{2\pi RC\sqrt{2N}}$$

f_r 為輸出頻率，單位是赫茲 (Hz)；
R 為電阻，單位是歐姆 (Ω)；
C 為電容，單位是法拉 (F)；
N 為 RC 的級數 (N = 3)。

由於 R 的選擇比 C 的要來得多。一般設計，是先固定 f_r 和 C，再來計算 R 的歐姆值。例如

令 f_r = 1 kHz, C = 0.01 μF

則 $$R = \frac{1}{15.38 \times 1E3 \times 0.01E-6} = 6.5 \text{ K}\Omega$$

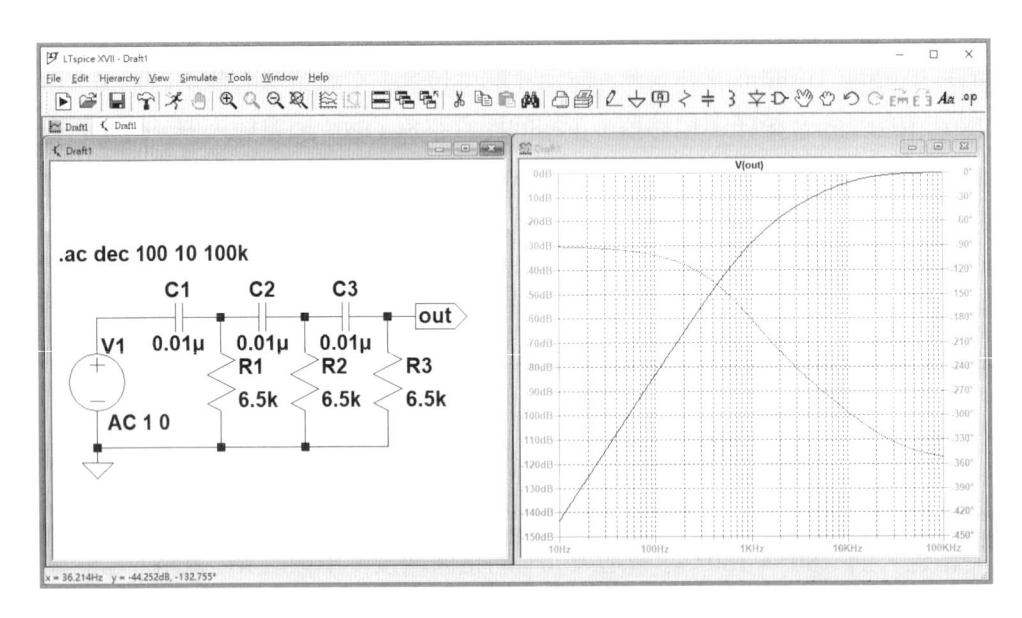

☘ 圖 4-1 ⎯⎯⎯ 3 級 RC 電路輸出端的相移、衰減與頻率的關係

從圖 4-1 可看到電路輸出端在相移 180° 時的頻率為 1 kHz，衰減約為 –30 dB 左右 (數學計算為 –29 dB)。

4-2　OP07 運算放大器的正回授相移式振盪器

因此，如果使用 OP07 運算放大器，把它的增益 R_f/R_{in} 設定在 +30 dB，以抵消 –30 dB 的衰減，如圖 4-2 所示。正向回授的結果，必將產生連續的 1 kHz 正弦波振盪。電路中的 V_k 是一個觸發電壓源，用來代替實體 OP07 本身的雜訊，因為 OP07out 的 **Spice** 模式中，不含這樣的雜訊，如果不加這個 V_k，可能產生不了振盪。圖 4-2 為其從開始到產生的 1 kHz 波形。

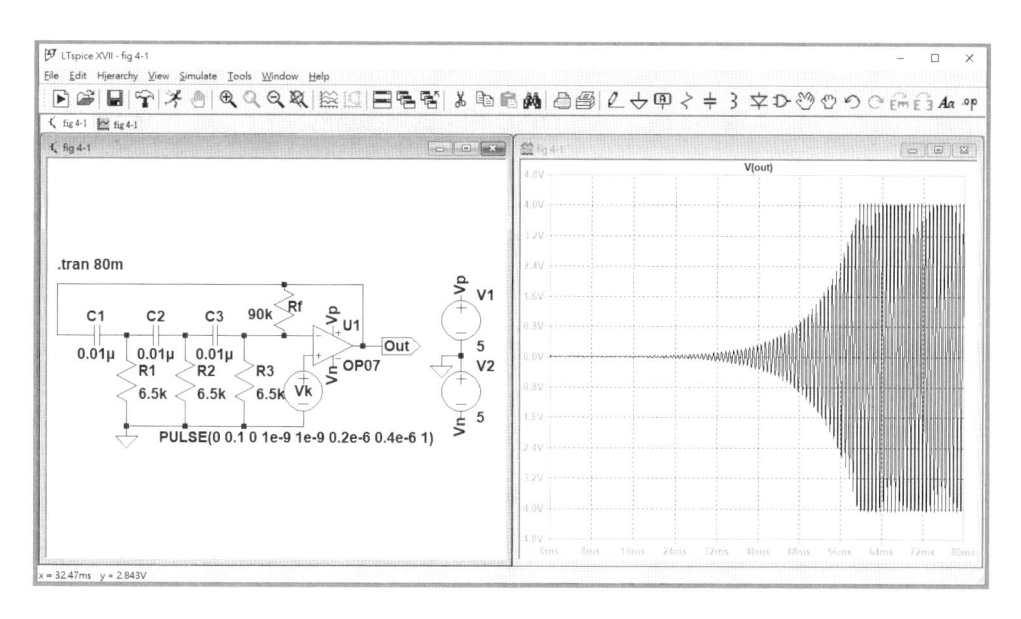

◎ 圖 4-2　OP07 正回授相移式振盪器及其波形

這個 1 kHz 波形，是一個失眞的正弦波形，從圖 4-3 的 **FFT** 來看，它的頻率也不穩定。失眞度低要靠電路的閉路增益恰好為 1 來維持，頻率穩定要靠 RC 數值的不變來維持，對於設計簡單的 RC 相移式振盪器來講，相當具挑戰性。

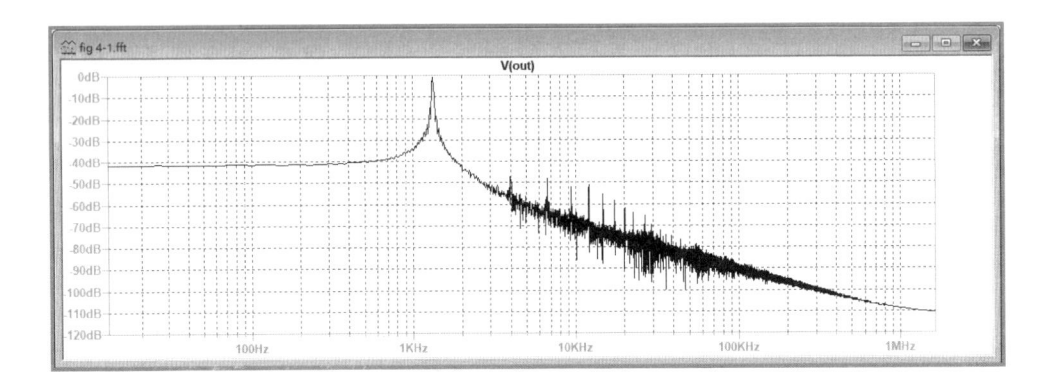

圖 4-3　OP07 相移式振盪器的 FFT

4-3　Wien Bridge 相移器電路

Wien Bridge 是一個 0° 的相移器，它的 RC 組成如圖 4-4 所示。相差 0° 時，頻率與 RC 的關係是

$$f_r = \frac{1}{2\pi RC}$$

f_r 為輸出頻率，單位是赫茲 (Hz)；
R 為電阻，單位是歐姆 (Ω)；
C 為電容，單位是法拉 (F)。

一般也是先固定 f_r 和 C，再來計算 R 的歐姆值。例如

令 $\qquad f_r = 1\text{ kHz}, C = 0.01\text{ μF}$

則 $\qquad R = \dfrac{1}{6.28 \times 1\text{E}3 \times 0.01\text{E}-6} = 15.92\text{ k}\Omega$

把計算得到的 RC 值，置入圖 4-4 **Wien Bridge** 電路，再做 **AC Analysis**。

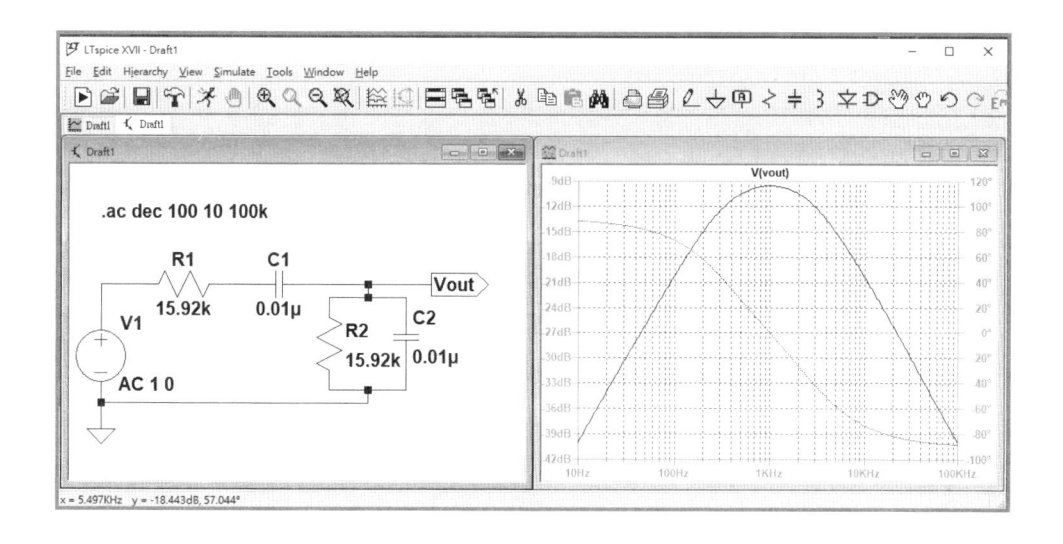

◎ 圖 4-4　　1 kHz Wien Bridge 電路及其特性圖

　　圖 4-4 中可看到輸出端在相移 0° 時的頻率為 1 kHz，增益為 –10 dB 左右。

4-4 TL081 運算放大器組成的 Wien Bridge 振盪器

因此，如果使用 TL081 運算放大器，把它的增益 R_f/R_{in} 設定在 +10 dB，以抵消那 −10 dB 的衰減，如圖 4-5 所示。必將產生 1 kHz 的振盪波形。電路中的 I_k 是一個觸發電流源，用來代替實體 TL081 本身的雜訊，因為 TL081 的 **Spice** 模式中，不含這樣的雜訊，如果不加這個 I_k，可能產生不了振盪波形。電流源不同於電壓源，當電流為 0 時，內阻為無限大，能夠跟電路並聯，當觸發完成之後，不會再影響電路，圖 4-5 為電路所產生的 1 kHz 波形。

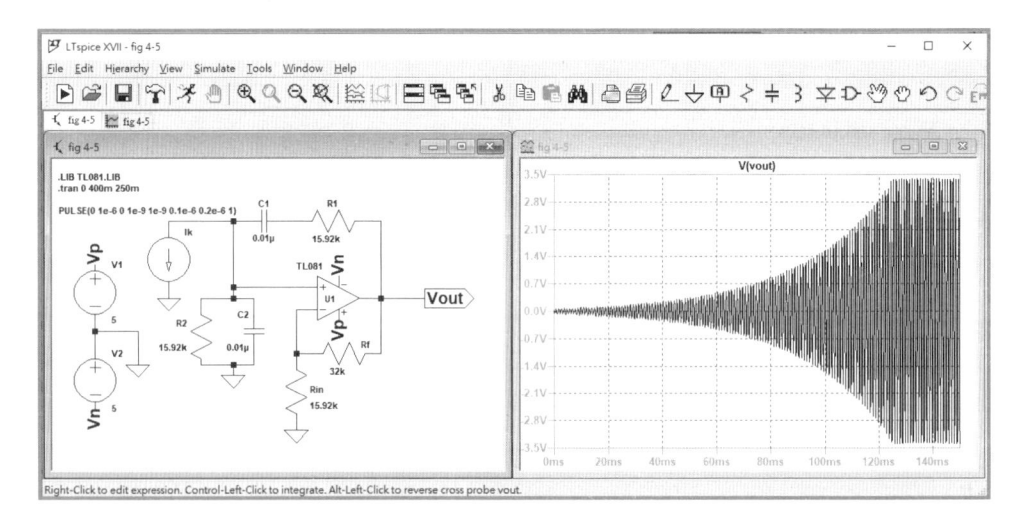

圖 4-5　TL081 Wien Bridge 電路及其所產生的 1 kHz 波形

Wien Bridge 振盪器所產生的 1 kHz 波形的 **FFT**，如圖 4-6 所示。要比圖 4-3 相移式振盪器所產生的 1 kHz 波形的失真率，好得不多。

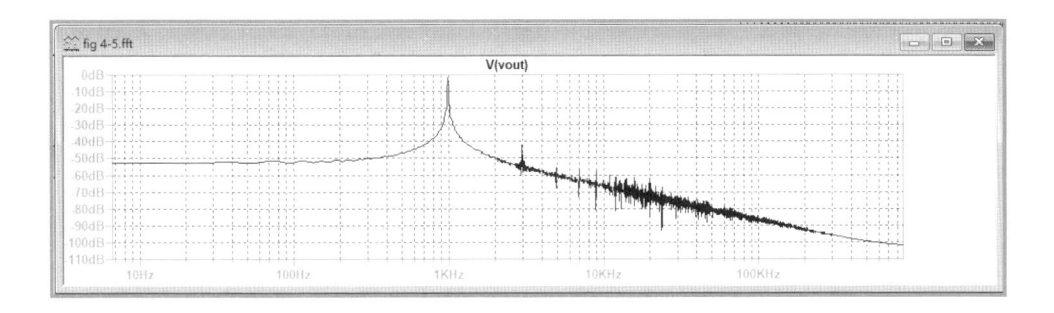

圖 4-6　Wien Bridge 振盪器所產生的 1 kHz 波形的 FFT

4-5　正交振盪器電路

正交振盪器 (Quadrature Oscillator) 是由 2 個積分器串聯回授而成，是用類比計算機來對二次微分方程式求解的一種方法，它的電路如圖 4-7 所示。3 組 RC 形成的積分電路，每組都提供 90° 相移，所以 U_1 和 U_2 的輸出，一為正弦波，另一為餘弦波。這種電路多用在電子通信的電路上，電路的閉路增益寫成方程式

$$A\beta = \left(\frac{1}{R_1 C_1 s}\right)\left(\frac{R_3 C_3 s + 1}{R_3 C_3 s (R_2 C_2 s + 1)}\right)$$

當 $R_1 C_1 = R_2 C_2 = R_3 C_3$ 時，則

$$A\beta = \frac{1}{(RCs)^2}$$

當 $\omega = \dfrac{1}{RC}$; $A\beta = 1\angle -180°$

而
$$\omega = 2\pi f = \frac{1}{RC}$$

則
$$f = \frac{1}{2\pi RC}$$

選擇
$$f = 1 \text{ kHz}, C = 15 \text{ nF}$$

則
$$R = \frac{1}{6.28 \times 1E3 \times 15E-9} = 10.6 \text{ k}\Omega$$

圖 4-7 為正交振盪器的 **Sine** 和 **Cosine** 輸出波形，從波形的上下對稱，可以判斷其不含太多的副波，失真也少。

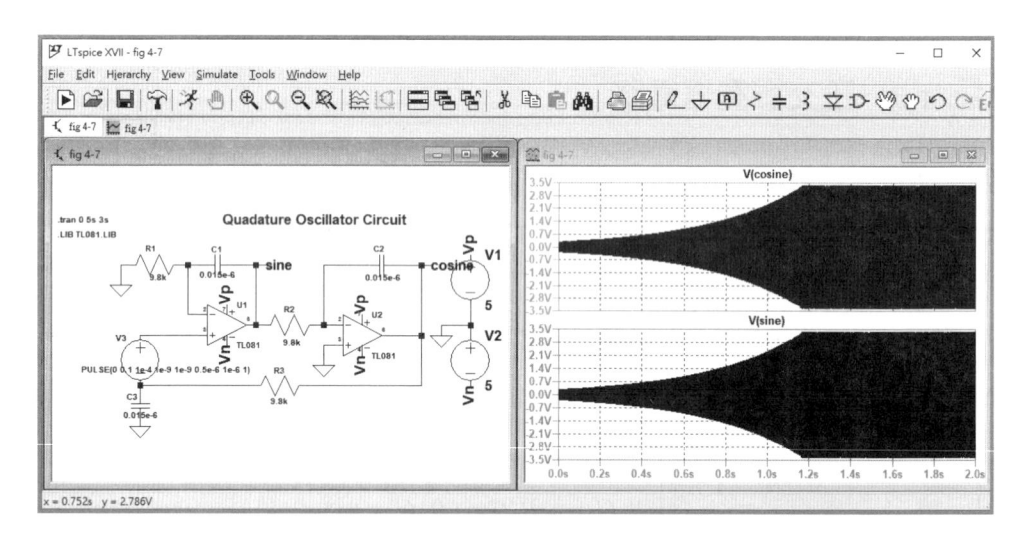

◎ 圖 4-7 ◎　2 只 TL081 組成的正交振盪器與其輸出波形

圖 4-8 為正交振盪器的 **Sine** 波形 **FFT**，證實了上面的判斷。從較窄的 1 kHz 尖峰，也可以判斷其輸出頻率的穩定度。

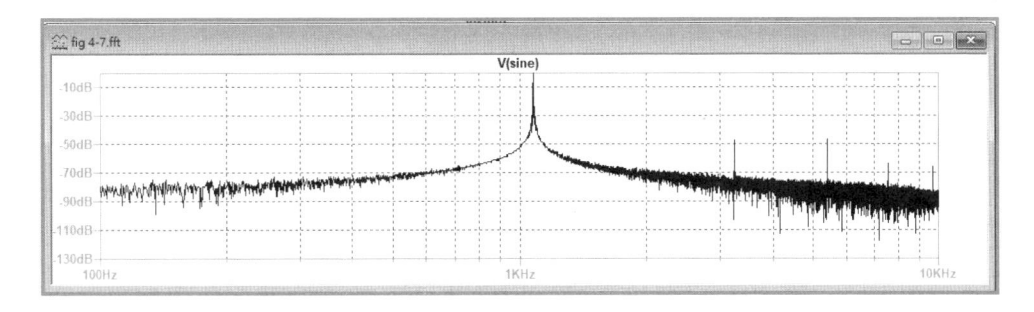

◦ 圖 4-8 ◦　　正交振盪器輸出 Sine 波形的 FFT

4-6　Wien Bridge 電路的 M2K 連接與測試

圖 4-9 為圖 4-5 Wien Bridge 振盪器的 M2K 連接，振盪器的本身為訊號產生器，所以測試集中在示波器對波形的觀察，與波形的頻譜之 **FFT**。

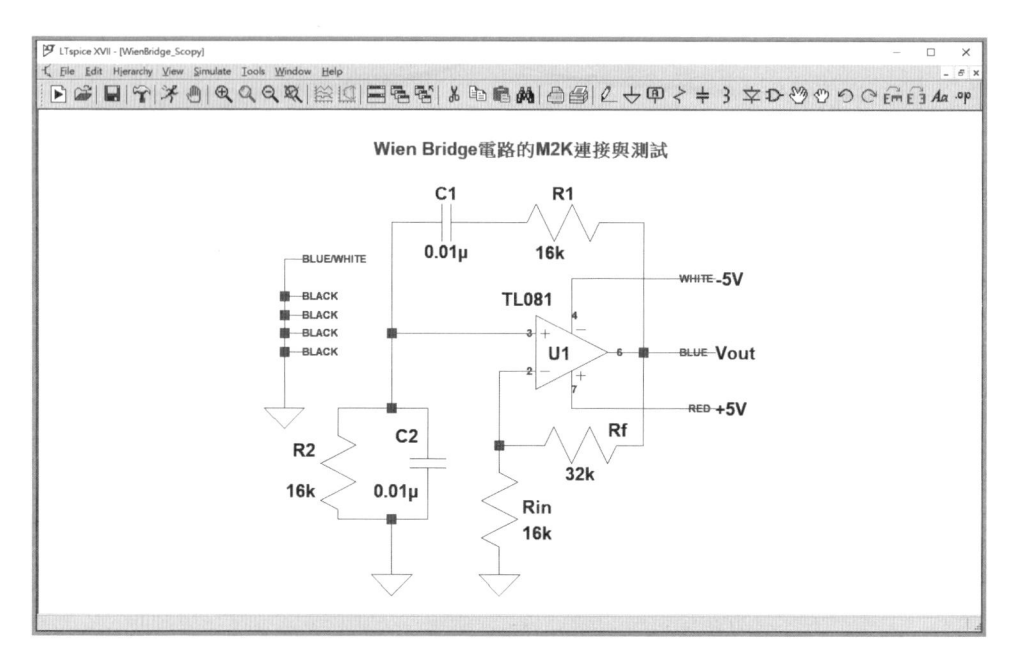

圖 4-9　Wien Bridge 振盪器的 M2K 連接

Wien Bridge 振盪器的頻率受到 C_1R_1 和 C_2R_2 所控制，電路 C_1R_1 和 C_2R_2 的 −10 dB 插入損耗是由 R_f/R_{in} 來補償。補償過多會引起正弦波的失真，補償不足會停止振盪。要維持長時間的穩定和高品質的正弦波，為電路製作者的挑戰！圖 4-10 為振盪器所顯示的示波器輸出。

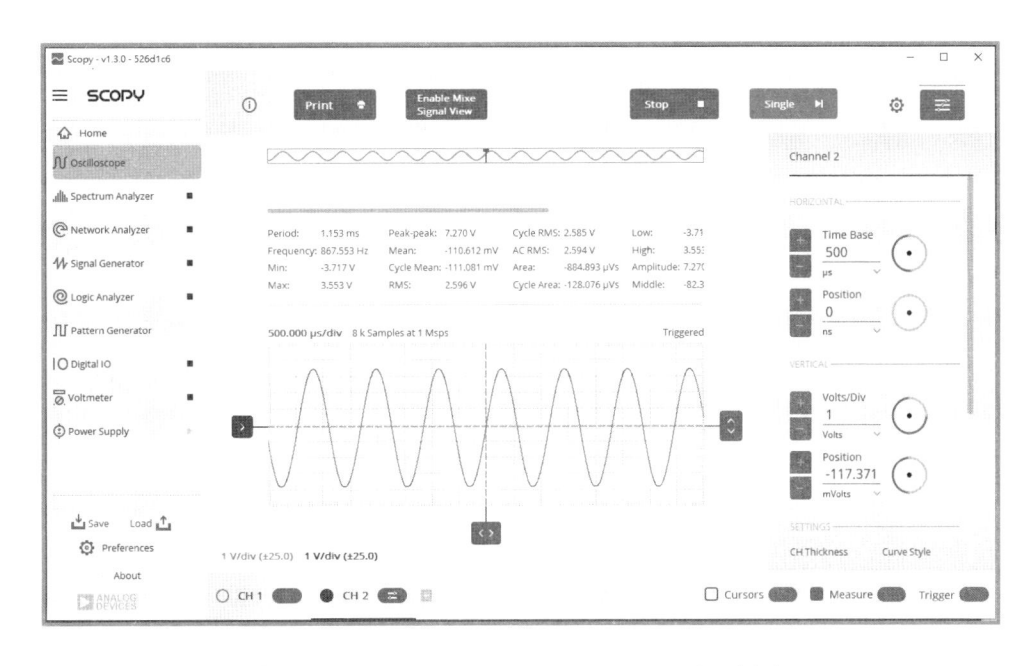

圖 4-10　振盪器所顯示的示波器輸出

Wien Bridge 振盪器的輸出頻率及失真度可用 **M2K** 的 **Spectrum Analyzer** 來觀測，圖 4-11 所測得之頻率為 867.748 Hz，與目標的 1000 Hz 相差甚遠，原因為電容器 C_1 和 C_2 的誤差率太大。

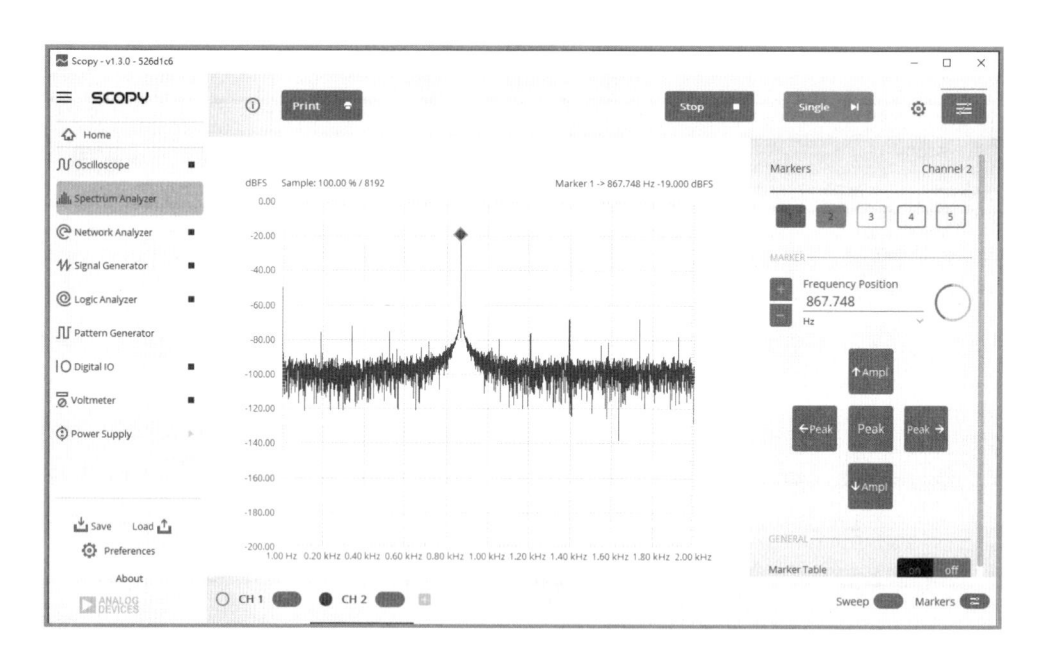

圖 4-11　頻譜儀所測得之 Wien Bridge 振盪器的輸出頻率為 867.748 Hz

音頻振盪器的失真，大多是由其 2 次及 3 次諧波所造成，圖 4-11 中並沒有強勁的 2 次諧波出現。

4-7 課外練習

1. 試畫出圖 4-7 由 2 只 TL081 組成的正交振盪器與 M2K 的連接圖，並用 Scopy 來做正交振盪器所需的各項測試。

2. 試比較頻率相移、Wien Bridge 和正交振盪器的 FFT 正弦波形失真與控制效能。

3. 試用第二章中的 Differential Amplifier，在 current source 為 1 mA 情況下，結合 Wien Bridge 為 1 kHz 的頻率控制，設計成一個低失真的正弦波振盪器電路。(提示：控制 Differential Amplifier 的 Gain 關係失真率)

4. 試用第二章中的 Differential Amplifier，在 current source 為 1 mA 情況下，結合 Phase Shift 頻率控制電路，設計成一個低失真的 1 kHz 正弦波振盪器電路。(提示：控制 Common Emitter Amplifier 的 Gain 關係失真率)

第五章　A2D D2A 類比與數位的轉換

　　過去的數十年間，由於電腦和數位訊號處理的普及，許多原來屬於類比電子領域的電路，都漸漸被數位電子所取代。類比與數位訊號處理的連接，基本上靠的是 **A2D** 類比進、數位出的轉換器，和 **D2A** 數位進、類比出的轉換器 2 種。軟體方面，類比電路大多數用的是 **Spice**，數位電路則使用 **VHDL** 和 **Verilog**。**Linear Technology** 的 **LTspice** 除了支援大部分的類比電路零件之外，還提供小部分的數位電路零件，以便於在設計時能做模擬測試之用。

◎ 5-1　電阻組成的 R2R 階梯式 D2A 轉換器

　　D2A 數位進、類比出的轉換器，種類很多，最簡單的當屬由電阻組成的 **R2R** 階梯式 **D2A** 轉換器，如圖 5-1 的電路所示。

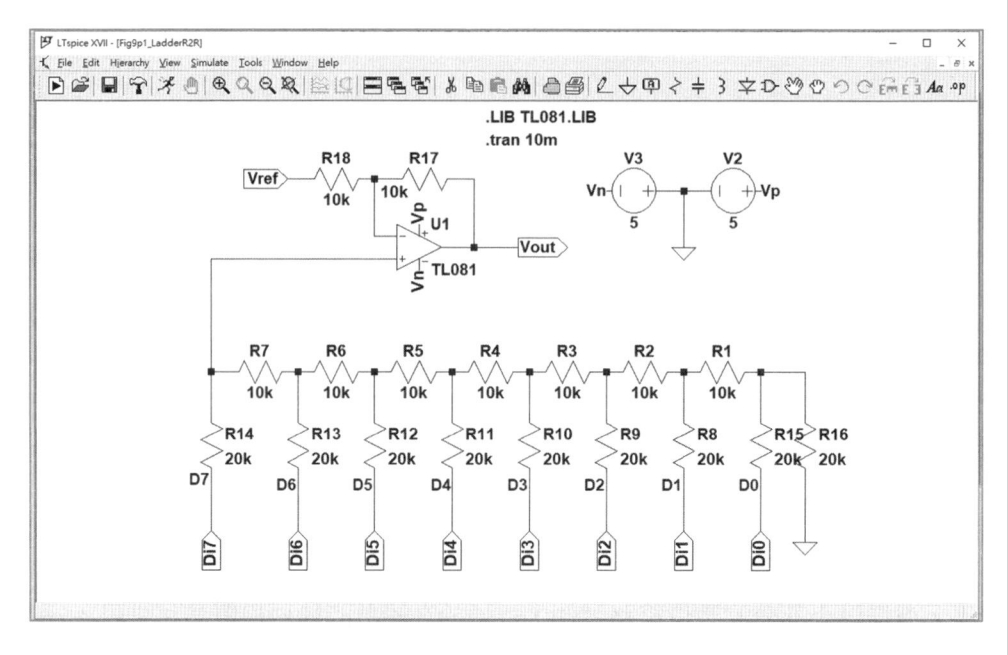

◉ 圖 5-1 ◉　　電阻組成的 R2R 階梯式 8 bit D2A 轉換器電路

　　這個 8 bit 的 **D2A** 它的數位輸入是由 $Di_0 \sim Di_7$ 所組成，V_{ref} 用來控制類比輸出電壓的大小。如果 $V_{ref} = 1.0\,V$，$Di_0 \sim Di_7$ 的 '1' 為 $1.0\,V$、'0' 為 $0\,V$，那麼 V_{out} 的輸出範圍為 $-1.0 \sim +1.0\,V$。倘若把 V_{ref} 和 R_{18} 移除，那麼 V_{out} 的輸出範圍為 $0 \sim +1.0\,V$。圖 5-2 為 R2R 階梯式 **D2A** 轉換器電路的測試。

第五章　A2D D2A 類比與數位的轉換　105

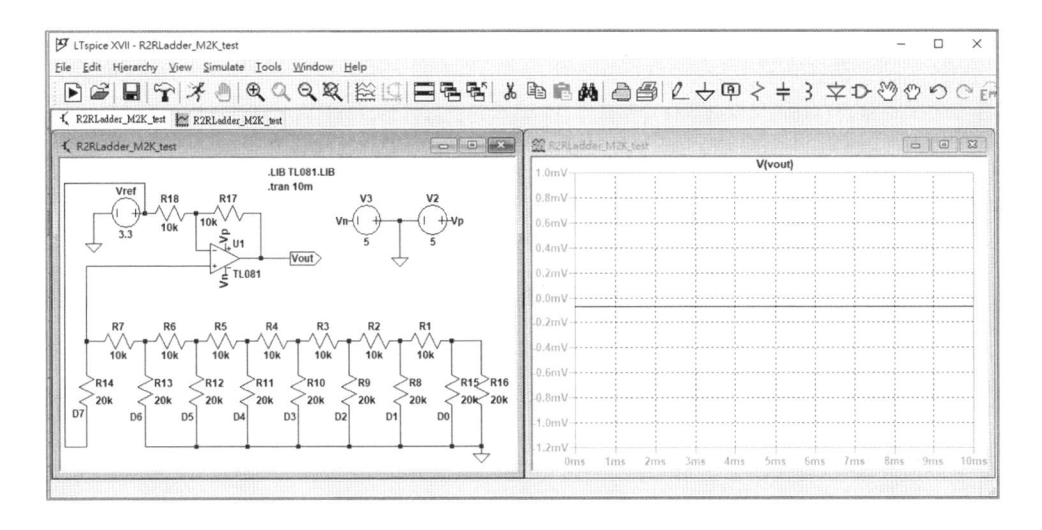

☜ 圖 5-2 ☞　　　當輸入為 "10000000" 時 R2R 8bit 轉換器的輸出

　　測試 R2R 8 bit D2A 最好的方法，是把 $Di_0 \sim Di_7$ 連接到一個 8 bit **計數器** (Counter) 的輸出 $D_0 \sim D_7$ 上，如圖 5-3A 用 **LTspice** 零件 Digital 中的 Dflop 組成的 4 bit Up Counter，它的輸入和輸出波形如圖 5-3B 所示。

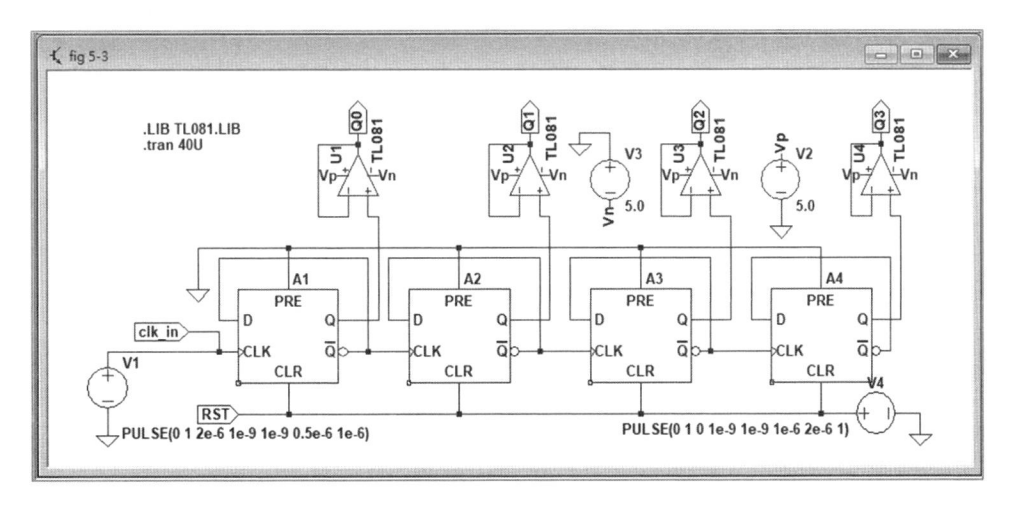

☜ 圖 5-3A ☞　　　用 LTspice Digital/flop 組成的 4 bit Up Counter 的電路

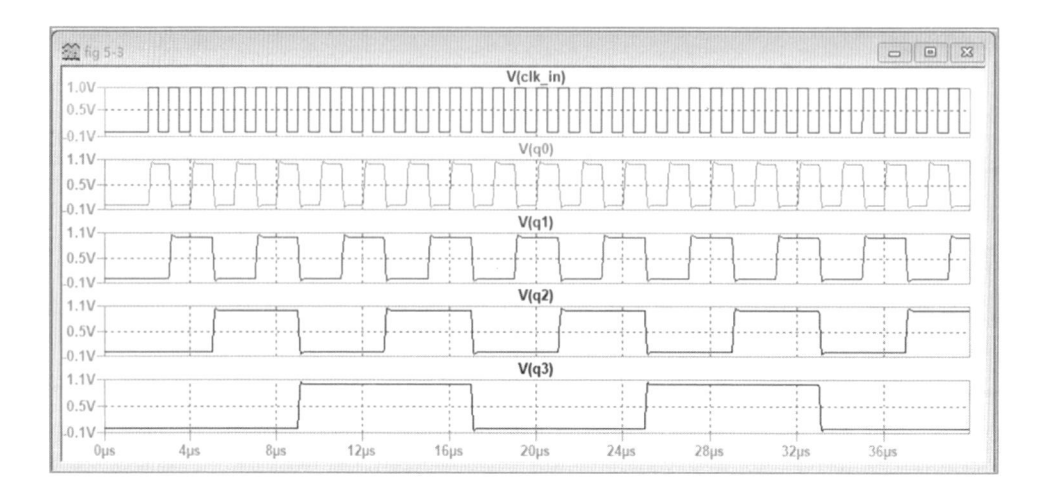

圖 5-3B　　用 LTspice Digital/flop 組成的 4 bit Up Counter 的輸入及輸出波形

測試 8 bit R2R D2A 最好的方法，是把 $Di_0 \sim Di_7$ 連接到一個 8 bit 計數器的輸出 $D_0 \sim D_7$ 上。而 8 bit 計數器可用 2 個 4 bit Down Counter 來組成。利用 **LTspice** 能將電路簡化成 subckt 的功能，可使摸擬測試更為容易及快速。

第五章　A2D D2A 類比與數位的轉換　107

圖 5-4 用 **LTspice** 零件 Digital 中的 Dflop 所組成的 4 bit Down Counter，它的 subckt 如圖 5-5 所示。把電路圖轉換成 subckt 的步驟將在附錄 C 中詳細說明。

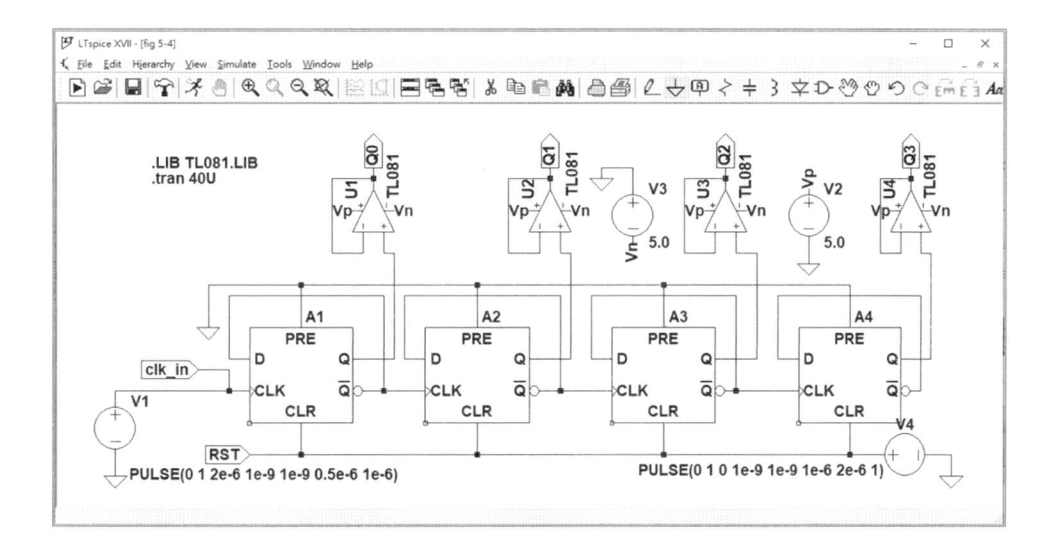

圖 5-4　用 LTspice/Digital 零件中的 Dflop 組成的 4 bit Down Counter

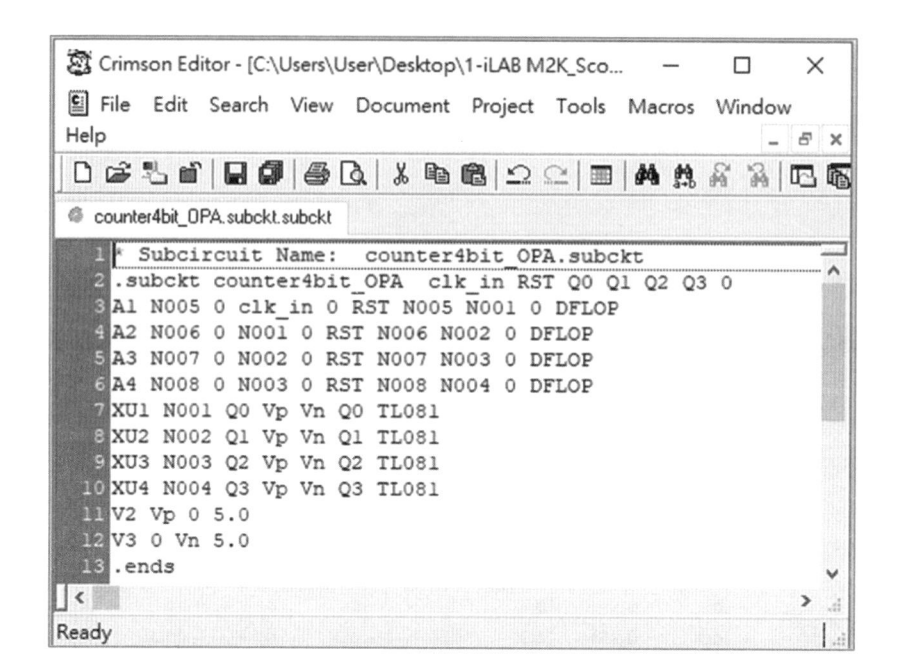

```
* Subcircuit Name:   counter4bit_OPA.subckt
.subckt counter4bit_OPA  clk_in RST Q0 Q1 Q2 Q3
A1 N005 0 clk_in 0 RST N005 N001 0 DFLOP
A2 N006 0 N001 0 RST N006 N002 0 DFLOP
A3 N007 0 N002 0 RST N007 N003 0 DFLOP
A4 N008 0 N003 0 RST N008 N004 0 DFLOP
XU1 N001 Q0 Vp Vn Q0 TL081
XU2 N002 Q1 Vp Vn Q1 TL081
XU3 N003 Q2 Vp Vn Q2 TL081
XU4 N004 Q3 Vp Vn Q3 TL081
V2 Vp 0 5.0
V3 0 Vn 5.0
.ends
```

圖 5-5　4 bit Down Counter 的 subckt

第五章　A2D D2A 類比與數位的轉換　109

圖 5-1 的 8 bit R2RLadder D2A 轉換器電路的 subckt 如圖 5-6 所示。

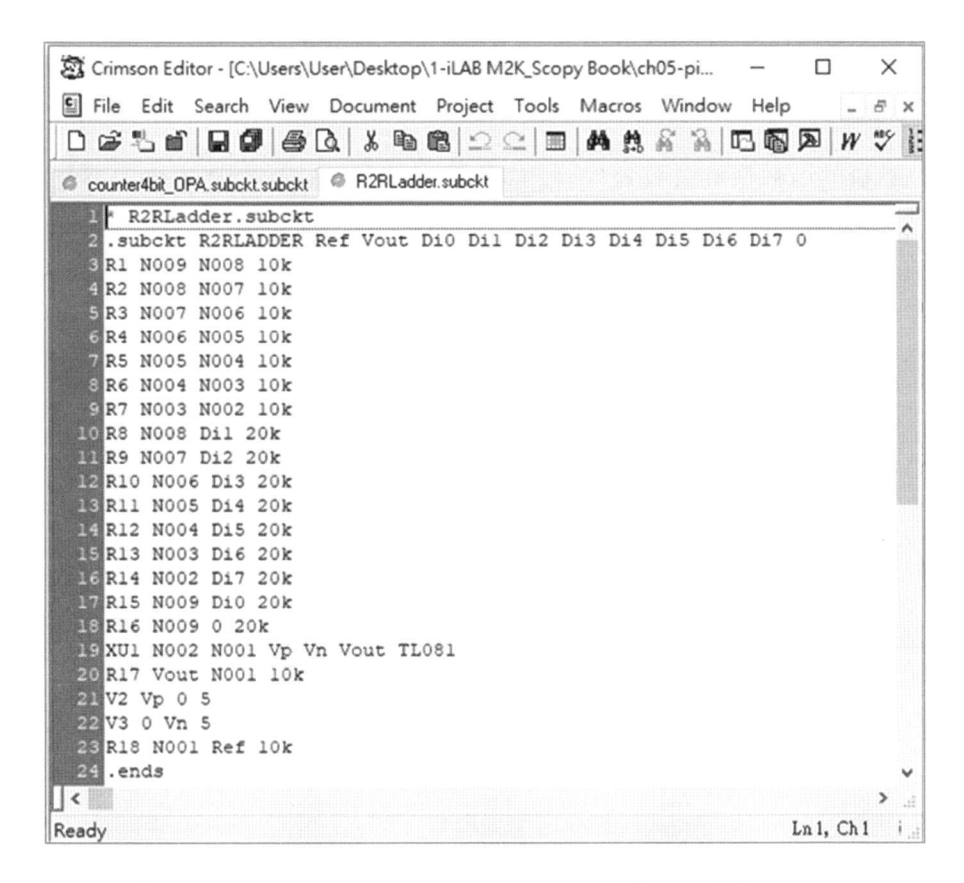

```
* R2RLadder.subckt
.subckt R2RLADDER Ref Vout Di0 Di1 Di2 Di3 Di4 Di5 Di6 Di7 0
R1 N009 N008 10k
R2 N008 N007 10k
R3 N007 N006 10k
R4 N006 N005 10k
R5 N005 N004 10k
R6 N004 N003 10k
R7 N003 N002 10k
R8 N008 Di1 20k
R9 N007 Di2 20k
R10 N006 Di3 20k
R11 N005 Di4 20k
R12 N004 Di5 20k
R13 N003 Di6 20k
R14 N002 Di7 20k
R15 N009 Di0 20k
R16 N009 0 20k
XU1 N002 N001 Vp Vn Vout TL081
R17 Vout N001 10k
V2 Vp 0 5
V3 0 Vn 5
R18 N001 Ref 10k
.ends
```

圖 5-6　8 bit R2RLadder D2A 轉換器電路的 subckt

再將二個 4 bit Down Counter.subckt 和 R2RLadder.subckt 組合起來，如圖 5-7 所示，名為 Counter4bitx2 and R2RLadder。

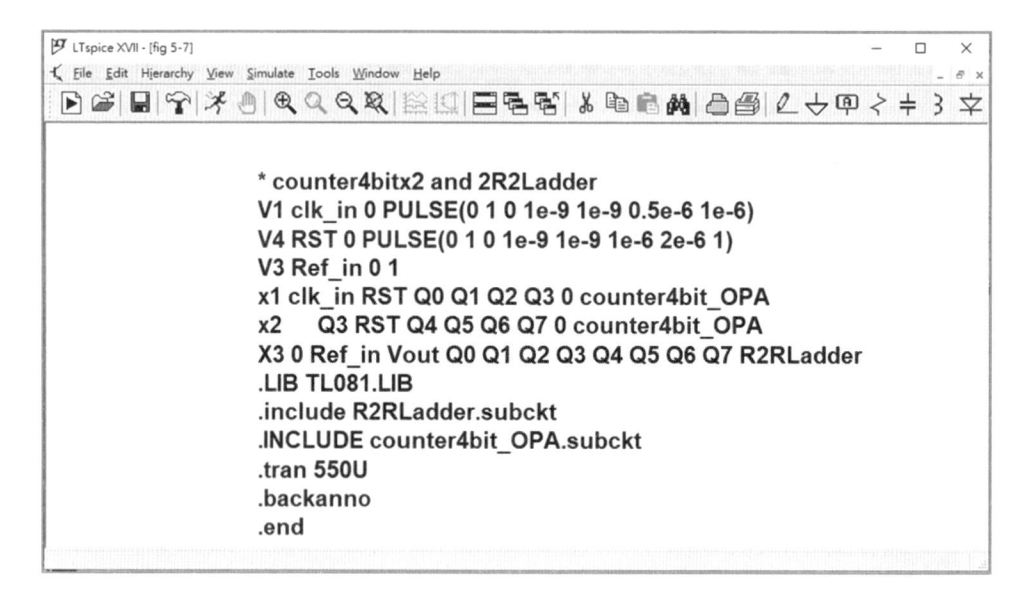

```
* counter4bitx2 and 2R2Ladder
V1 clk_in 0 PULSE(0 1 0 1e-9 1e-9 0.5e-6 1e-6)
V4 RST 0 PULSE(0 1 0 1e-9 1e-9 1e-6 2e-6 1)
V3 Ref_in 0 1
x1 clk_in RST Q0 Q1 Q2 Q3 0 counter4bit_OPA
x2    Q3 RST Q4 Q5 Q6 Q7 0 counter4bit_OPA
X3 0 Ref_in Vout Q0 Q1 Q2 Q3 Q4 Q5 Q6 Q7 R2RLadder
.LIB TL081.LIB
.include R2RLadder.subckt
.INCLUDE counter4bit_OPA.subckt
.tran 550U
.backanno
.end
```

圖 5-7　　Test Counter4bitx2 and R2RLadder file

第五章　A2D D2A 類比與數位的轉換　111

　　模擬測試 Counter8bit and R2RLadder file 的結果，如圖 5-8 所示。$Q_0 \sim Q_7$ 為 Counter 8 bit 的輸出，也就是 8 bit R2RLadder 的輸入，V_{out} 為其輸出。R2RLadder 的 V_{out} 顯示出 256 階的逆向連續鋸齒狀波形，由 +1.0 V 下降到 −1.0 V 代表電路的工作正常，設計可行。

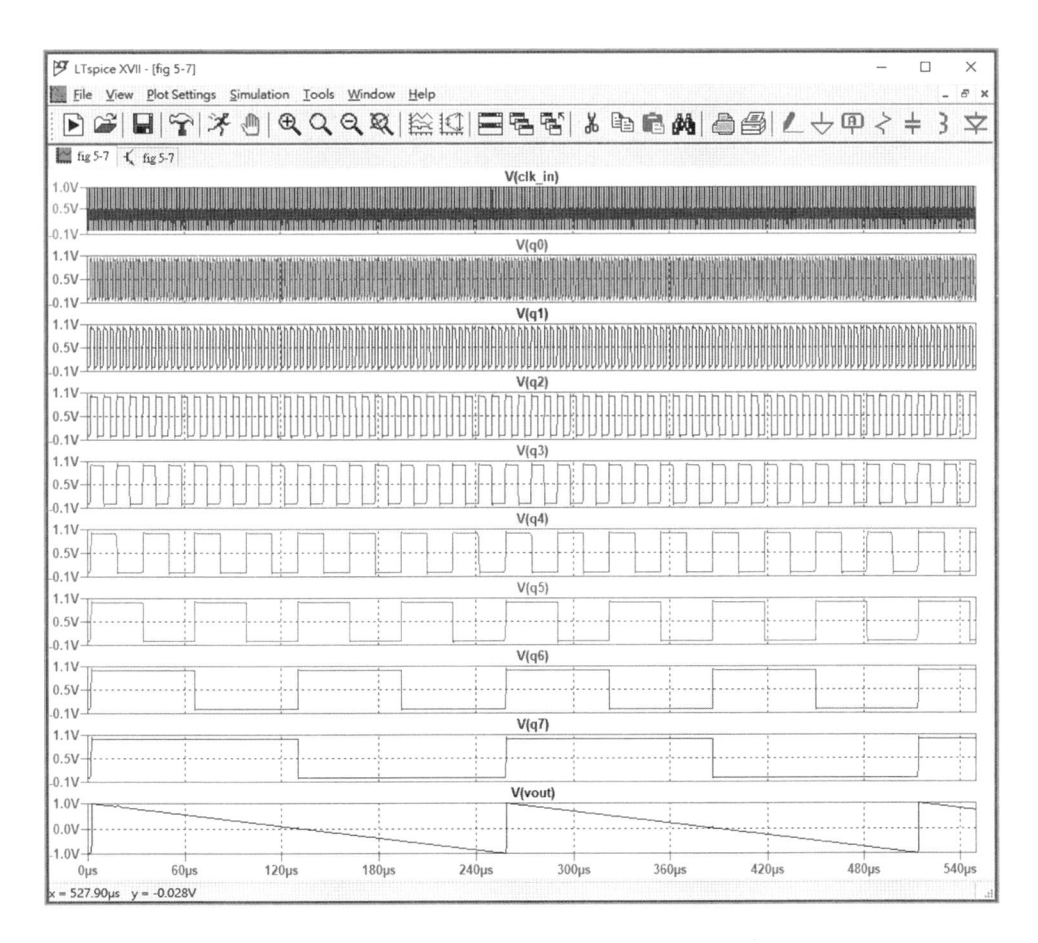

圖 5-8　模擬測試 Counter8bit and R2RLadder file 的結果

5-2　DAC0808 積體電路 D2A 轉換器

積體電路的 8 bit D2A 轉換器，由於無法製出 **R2R** 電路所需的精密電阻，設計上改用電流開關來達到相同的效果，圖 5-9 為 DAC0808 結構示意圖 [註1]。

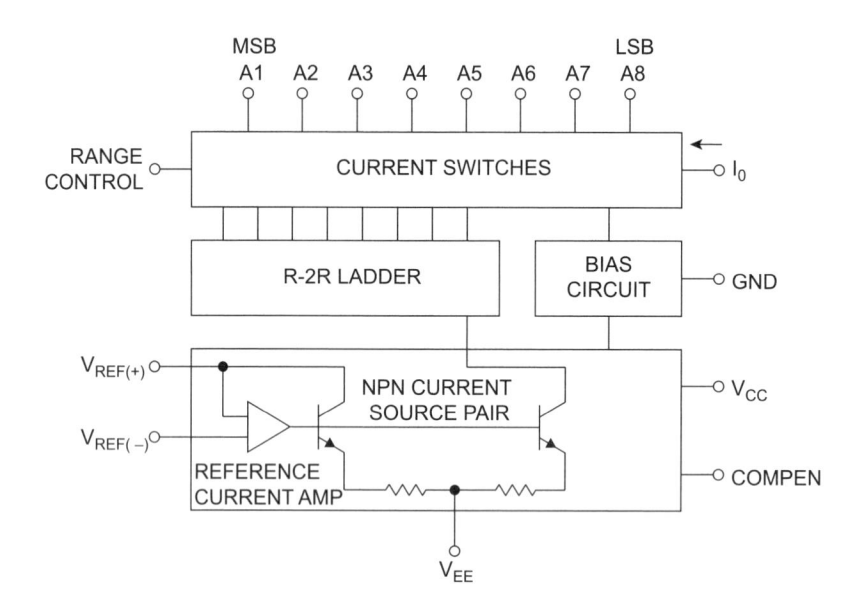

圖 5-9　積體電路 DAC0808 結構示意圖

[註1] 詳圖請參考下載 DAC0808 的規格特性。

圖 5-10 為 DAC0808 積體電路的測試裝置，數位訊號 '1' 或 '0' 加到 $A_1 \sim A_8$ 接腳上，輸出電流 I_0 和數位訊號輸入的關係如下

$$I_0 = k(\frac{A_1}{2} + \frac{A_2}{2} + \frac{A_3}{2} + \frac{A_4}{2} + \frac{A_5}{2} + \frac{A_6}{2} + \frac{A_7}{2} + \frac{A_8}{2})$$

其中 $k = V_{\text{ref}}/R_{14}$，電路圖中 R_{15} 作為溫度補償之用。

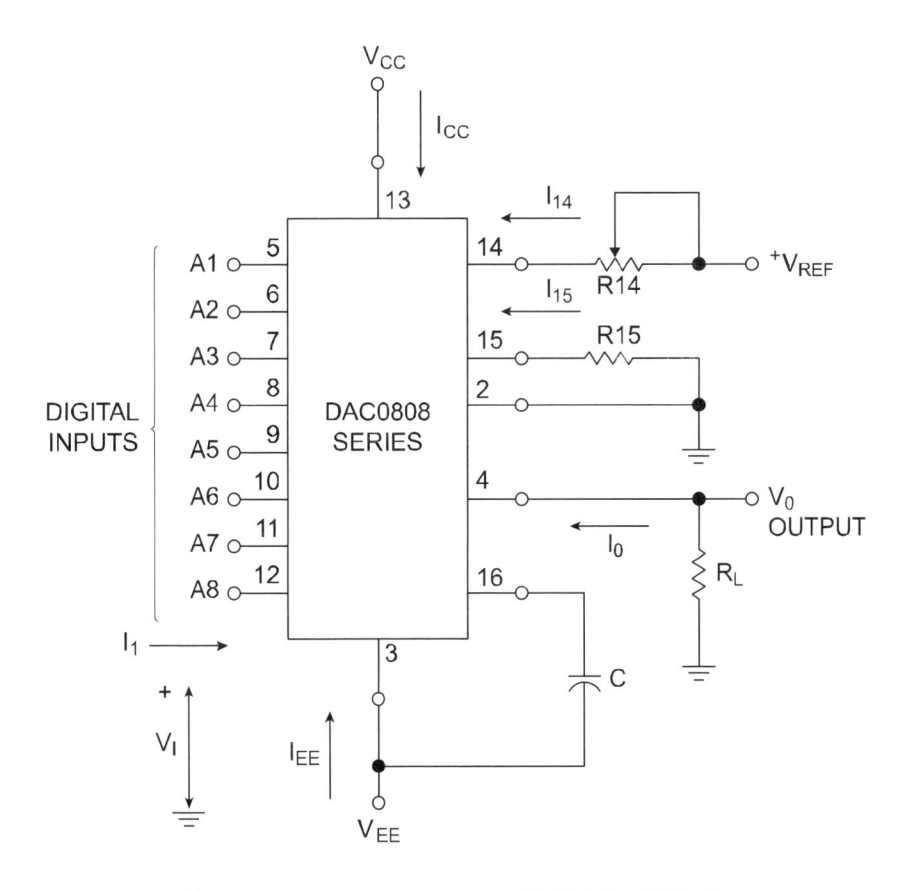

圖 5-10　DAC0808 積體電路的測試裝置

5-3　ADC0804 積體電路 A2D 轉換器

圖 5-11 為 ADC0804 結構示意圖 [註2]。

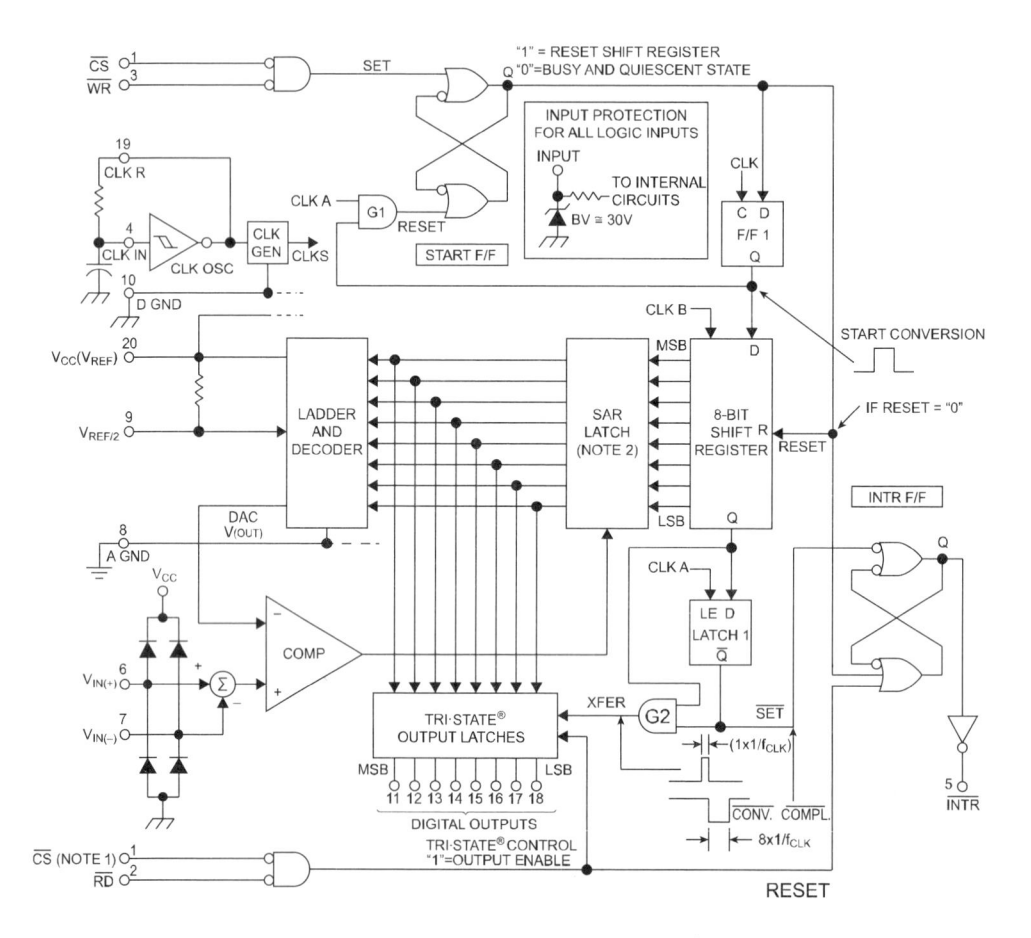

圖 5-11　ADC0804 積體電路結構示意圖

[註2] 清晰的圖片請參考下載 ADC0804 的規格特性。

第五章　A2D D2A 類比與數位的轉換　115

測試 ADC0804，從複雜程度來分有很多種。圖 5-12 是最基本的 ADC0804 積體電路的測試裝置，它的 pin 6 輸入一個已知的直流電壓，輸出 pin 11～pin 18 連上 LEDs，pin 9 應為 $V_{ref}/2 = 2.560\ V$，pin 20 的 V_{cc} 應為 5.120 V，這樣的設定結果，ADC0804 的 LSB 數位相當於 20 mV。

如果要做**滿度** (Full Scale) 調整的話，則 pin 6($+V_{in}$) 應輸入一 5.090 直流電壓，pin 7($-V_{in}$) 接地，調整 $V_{ref}/2$ 電壓到輸出數位碼由 "11111110" 改變成 "11111111" 為止，這個 $V_{ref}/2$ 就是所有測試時的標準值。

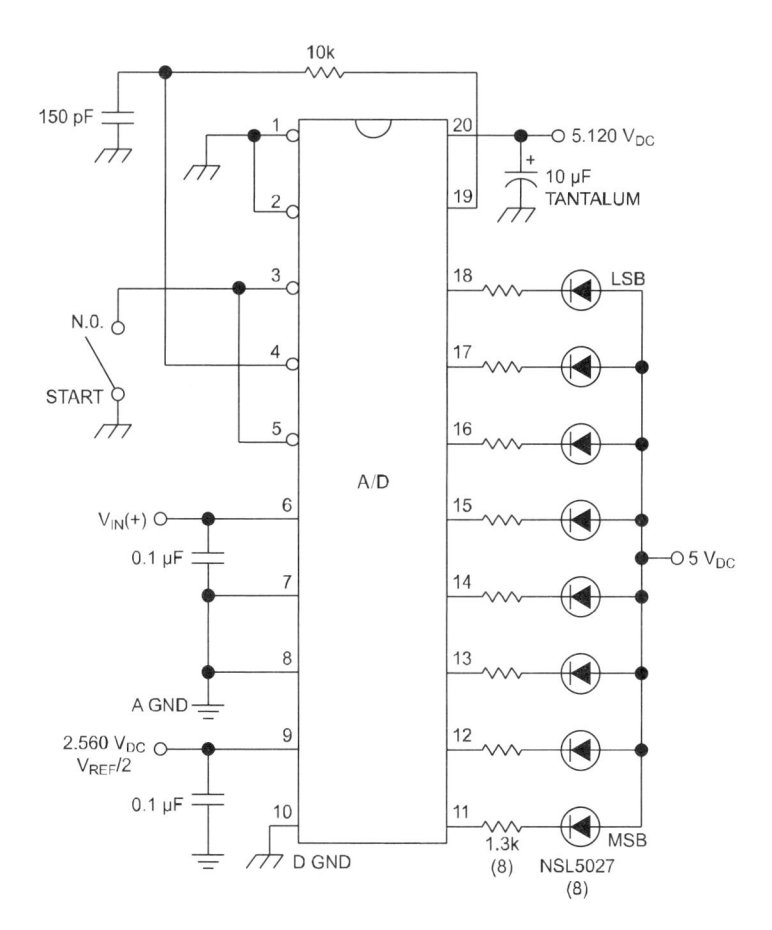

◎ 圖 5-12 ◎　　基本的 ADC0804 積體電路的測試裝置

5-4　ADC0804 和 DAC0808 轉換器的硬體實作

圖 5-13 為 ADC0804 和 DAC0808 的聯合測試電路。其中 U_1 為 **D2A**，U_2 為 **A2D**，U_3 為輸出運算放大器，U_4 為輸入運算放大器。輸入電壓經 U_4 緩衝後來到 U_2 **A2D** 的輸入端，U_2 的數位輸出再接到 U_1 的輸入，**D2A** 的 **Analog** 電流輸出再經由 U_3 的電流轉變成電壓，最後從 pin 6 輸出到示波器 2+。實作的目標是輸出的波形跟輸入的波形相似。

電路和 **M2K** 之間的連線如下列所示

W_1	→	U_4 pin 3
W_2	→	U_2 pin 9
2+	→	U_3 pin 6
2–	→	GND
GND	→	GND
+5 V	→	U_1 pin 13、U_2 pin 20、U_3 pin 7、U_4 pin 7
–5 V	→	U_1 pin 3、U_3 pin 4、U_4 pin 4
DIO 0	→	U_2 pin 3、U_2 pin 5

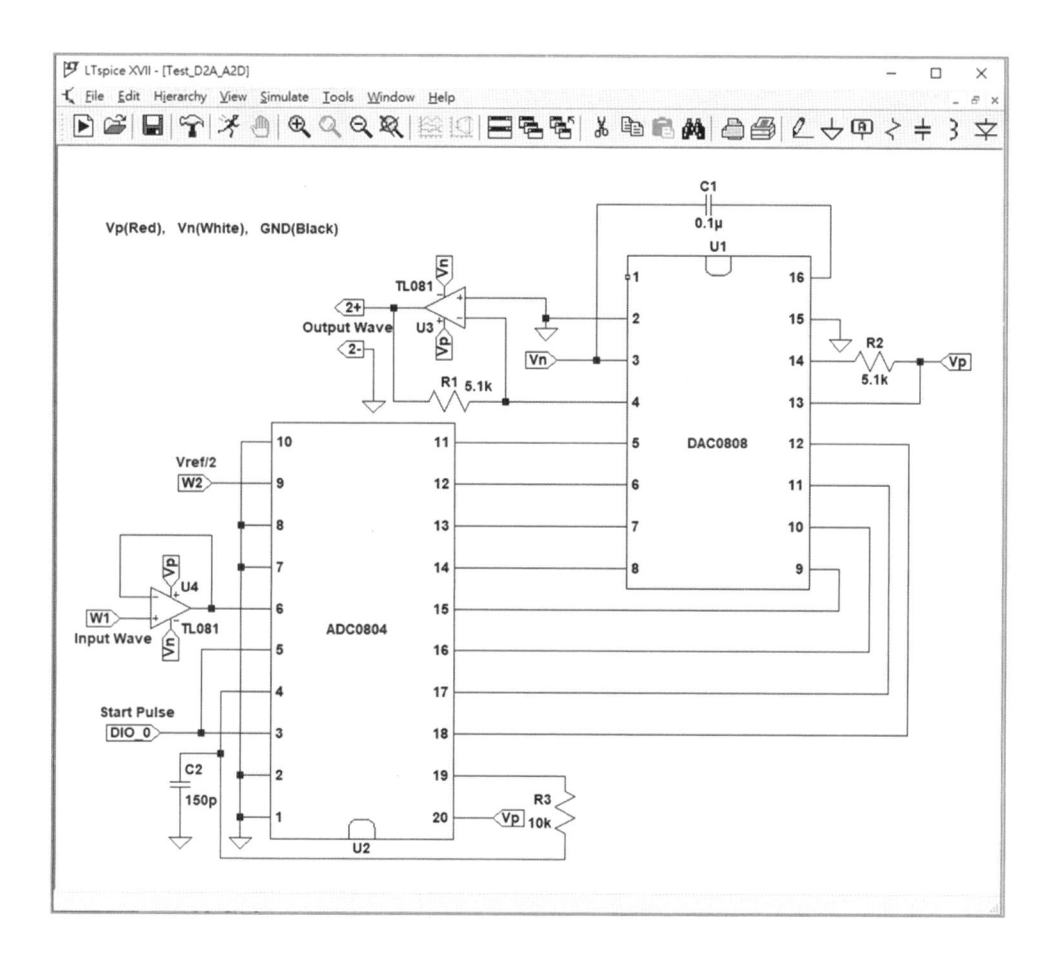

圖 5-13　積體電路 ADC0804 和 DAC0808 的聯合測試

5-5　R2R 階梯式 D2A 轉換器電路的 M2K 連接與測試

R2R 階梯式 D2A 轉換器電路的 M2K 連接，如圖 5-14 所示。由於 D2A 的輸入為 8 bit 數位訊號，可以用 M2K 的 Pattern Generator 來供給。Patter Generator 所產生的信號，當邏輯 '1' 時為 3.3 V，因此提供運算放大器 W_1 的參考電壓也應該調整到 3.3 V。如此就可以獲得 –3.3 V～3.3 Vp-p 的電壓輸出。

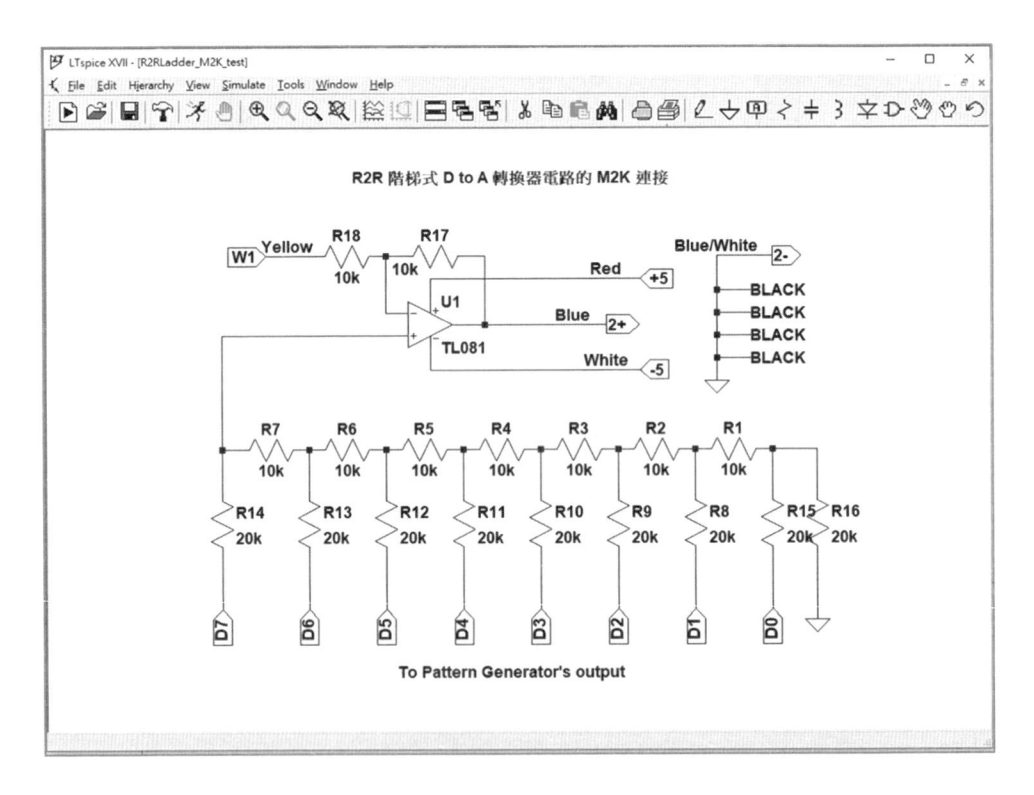

圖 5-14　R2R 階梯式 D2A 轉換器電路的 M2K 連接

圖 5-15 為 W_1 電壓調整到 3.3 V 的設定。要注意的是 W_1 不同於電源供應器，W_1 只能供給最大為 2 mA 的負載電流。

◎ 圖 5-15 W_1 電壓調整到 3.3 V 的設定

Pattern Generator 的設定先從 **Group**，也就是通稱的 **Bus** 組合起來，從圖 5-14 的 $D_0 \sim D_7$ 選用 8 bit Binary Pattern，頻率為 1 kHz，如圖 5-16 所示。對於 8 bit 計數器來說，完成一個週期當為 256 mS。

Pattern Generator 可以提供的 **Patterns** 有 **Clock**、**Number**、**Random**、**Binary Counter**、**Pulse Pattern**、**UART**、**SPI**、**I2C**、**Gray Counter** 等 **Patterns** 和從外界輸入的 *.CSV Pattern。有關*.CVS Pattern 的製作，將在第七到十二章中有更詳細的介紹。

120　M2K SCOPY：電路設計、模擬測試、硬體裝置與除錯

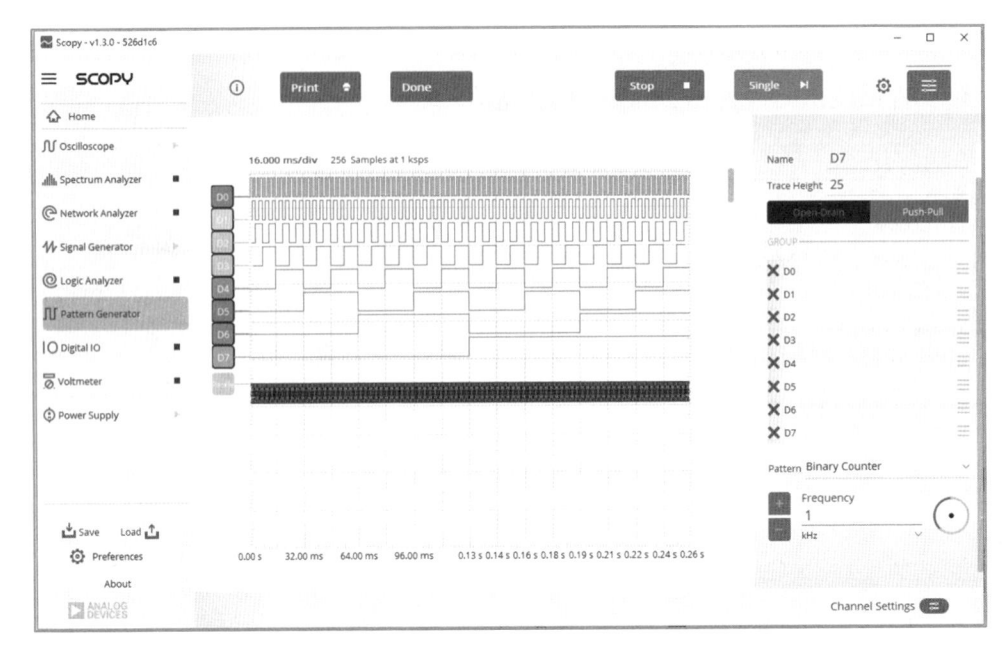

🔆 圖 5-16 🔆　　　Pattern Generator 的設定之一

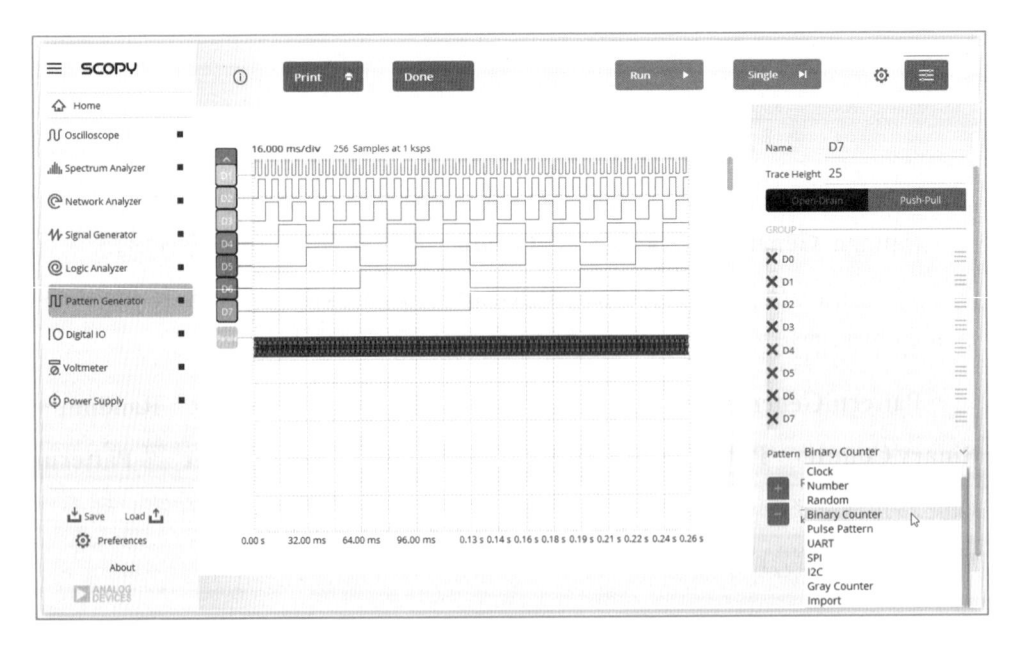

🔆 圖 5-17 🔆　　　Pattern Generator 的設定之二

第五章　A2D D2A 類比與數位的轉換　121

　　完成以上的設定步驟之後，接下來就可以用 **M2K** 的示波器來觀測如圖 5-18 TL081 的輸出波形。週期為 8 bit @ 1 mS，也就是 256 mS 上升鋸齒波圖形。

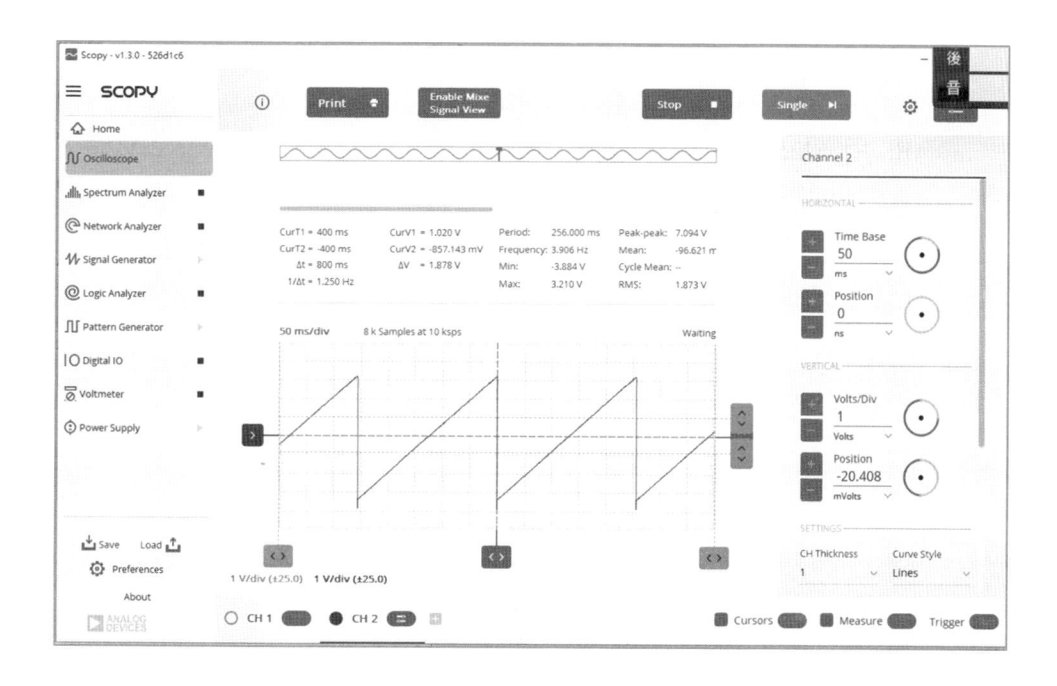

☾ 圖 5-18 ☽　　A2D_D2A 在 TL081 的輸出週期為 256 mS 上升鋸齒波圖形

5-6 課外練習

1. 試用 M2K/Scopy 來對圖 5-13 積體電路 ADC0804 和 DAC0808 做必要的測試。

2. 試將圖 5-13 積體電路 ADC0804 和 DAC0808 的測試裝置起來。
   A. 令 M2K 的 W_1 輸入到 ADC0804 的電壓為 0.5 V、1 V、1.5 V、2V。
   B. 用 M2K 的 DVM 測量，當輸入為 0.5 V、1 V、1.5 V、2 V 時，TL081 V_{out} 之相對值。

3. 試用 LM34 IC 設計一電路，以配合圖 5-13 的電路，目標為測量 0 ～ 100 °C 的溫度。

4. M2K 內所用的 A2D 有多少個 bits？編號是什麼？設計電路板時最需要考慮到的是什麼？原因何在？

第六章　有源濾波器

　　有源濾波器，主要的是使用運算放大器和 RC 來組成的濾波器。運算放大器對濾波器來說，除了所有的數學功能外，它的主要功能是隔離，因為一個無源低通濾波器和一個無源高通濾波器串連，假如沒有適當的隔離，就不能成為頻通濾波器。本章將介紹：低通、高通、頻通、**缺口** (Notch) 濾波器的設計和實作。

6-1　低通濾波器

　　最簡單只用一組 RC 的一階低通濾波器，如圖 6-1 所示。它的隔斷頻率 f_c，也就是比 0 dB 低，即 –3 dB 的頻率。

這個頻率跟 RC 的關係為
$$f_c = \frac{1}{2\pi RC}$$

如果將 f_c 選為 1 kHz，C_1 選為 0.033 μF

則
$$R_1 = \frac{1}{6.28 \times 1E3 \times 0.033E-6} = 4,825\ \Omega$$

選用最接近的 4.7 kΩ。

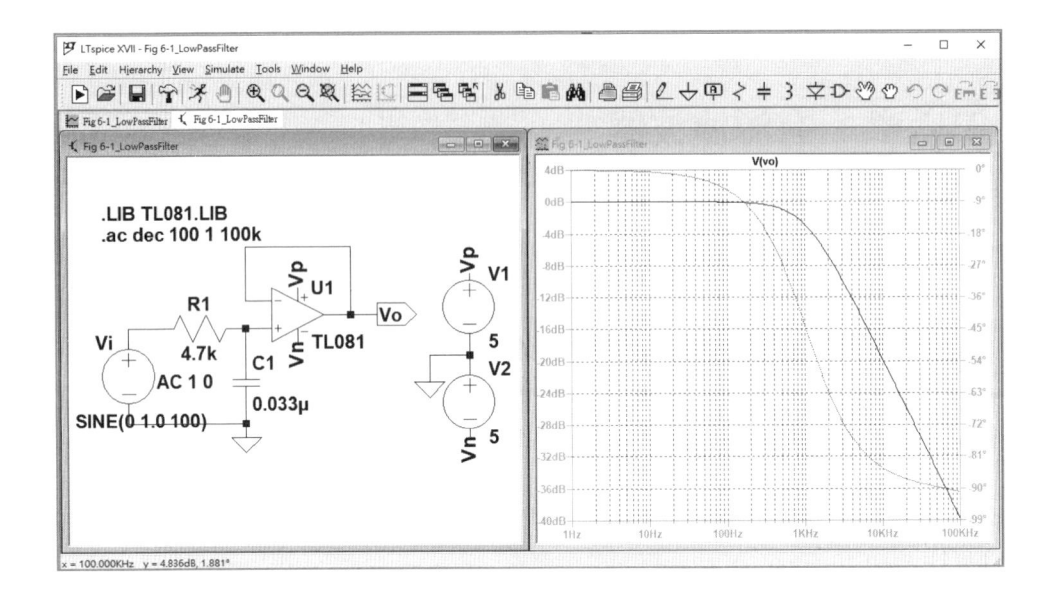

◎ 圖 6-1　　一階低通濾波器電路圖和它的 AC Analysis 結果

從 **AC Analysis** 的結果可以看出，一階低通濾波器的衰減率每 Decade 為 –20 dB，也就是 f_c = 1 kHz 時為 –3 dB，到 10 kHz 便為 –20 dB 了。圖 6-2 為一階到十階，不同階次的衰減率示意圖。

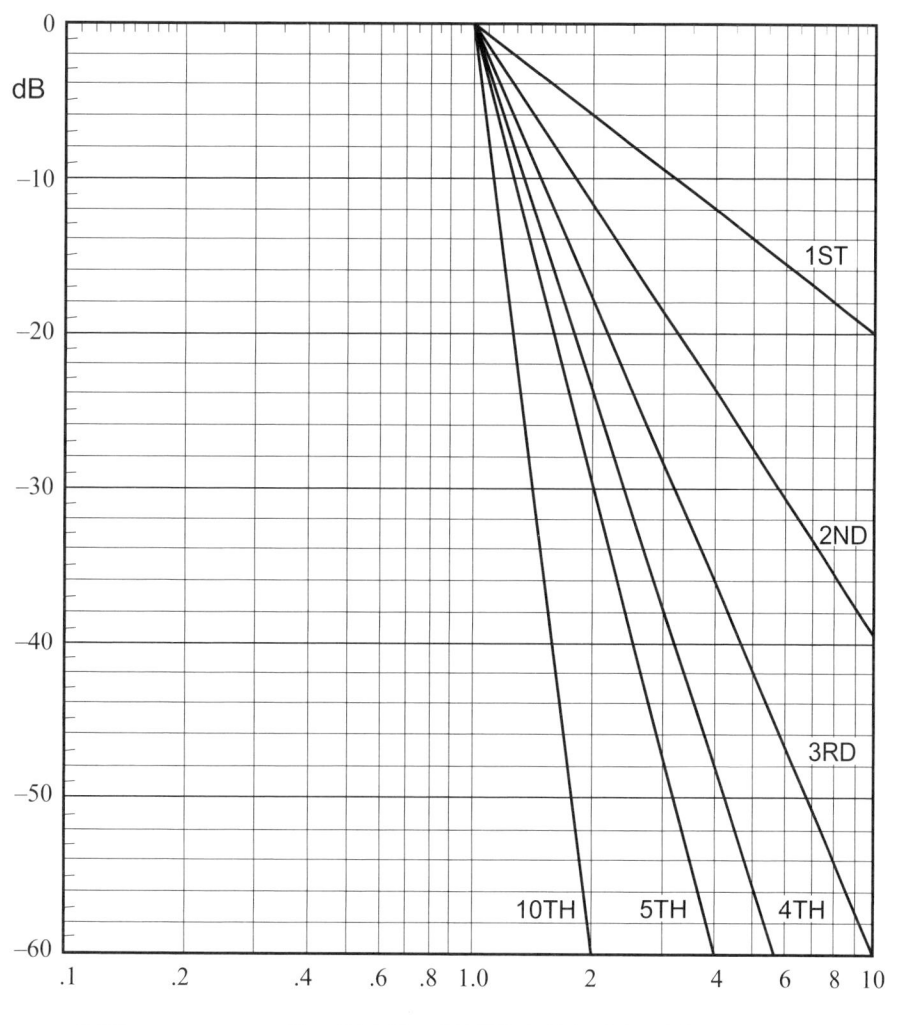

◎ 圖 6-2　從一到十階，不同階次的頻率相對衰減率示意圖

6-2 二階低通濾波器

用 2 組 RC 的一階低通濾波器，如圖 6-3 所示。它的隔斷頻率 f_c，也就是比 0 dB 要低，即 –3 dB 的頻率。

這個頻率跟 RC 的關係為 $f_c = \dfrac{1}{[2\pi\sqrt{(R_1 R_2 C_1 C_2)}]}$

其中 $R_1 = R_2$，$C_1 = 2C_2$

故 $f_c = \dfrac{1}{[2\pi\sqrt{(R_2 R_2 2 C_2 C_2)}]} = \dfrac{1}{[2\pi\sqrt{2}(R_2 C_2)]}$

如果將 f_c 選為 1 kHz，C_2 選為 0.0112 μF，C_1 = 0.0225 μF

則 $R_2 = \dfrac{1}{[2\pi\sqrt{2}(F_c C_2)]} = \dfrac{1}{8.88 \times 1\text{E}3 \times 0.112\text{E}-6} = 10 \text{ k}\Omega$

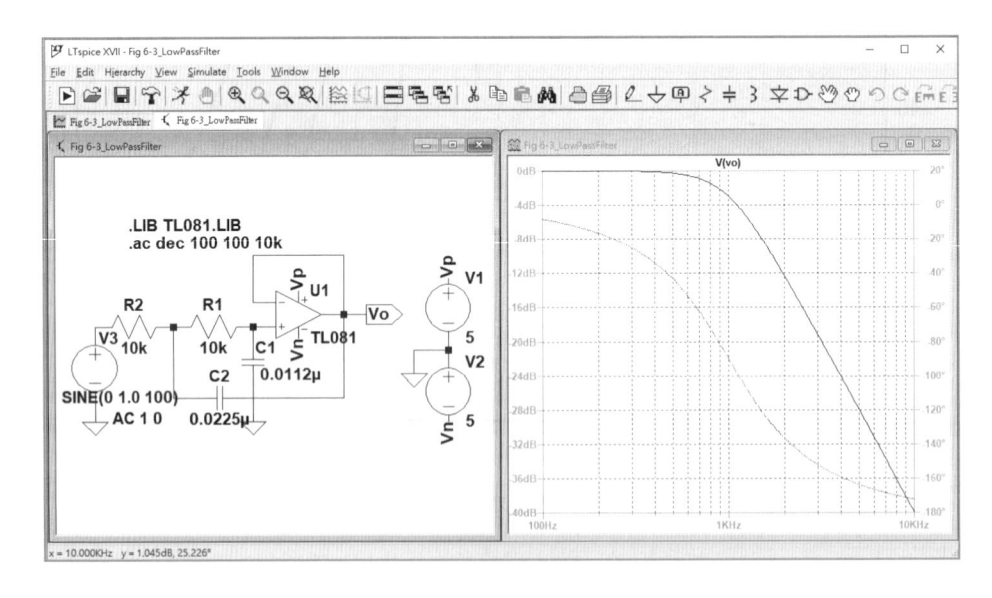

圖 6-3　二階低通濾波器電路圖和它的 AC Analysis 結果

從 **AC Analysis** 的結果可以看出，二階低通濾波器的衰減率每 Decade 確實為 −40 dB，也就是 f_c = 1 kHz 時為 −3 dB，到 10 kHz 便為 −40 dB 了。

6-3　一階高通濾波器

將圖 6-1 一階低通濾波器電路中的 C_1 和 R_1 的位置「對調」，如圖 6-4 所示，那就成了一階高通濾波器。它的 −3 dB f_c 仍為 1 kHz，−20 dB 的頻率則為 100 Hz。

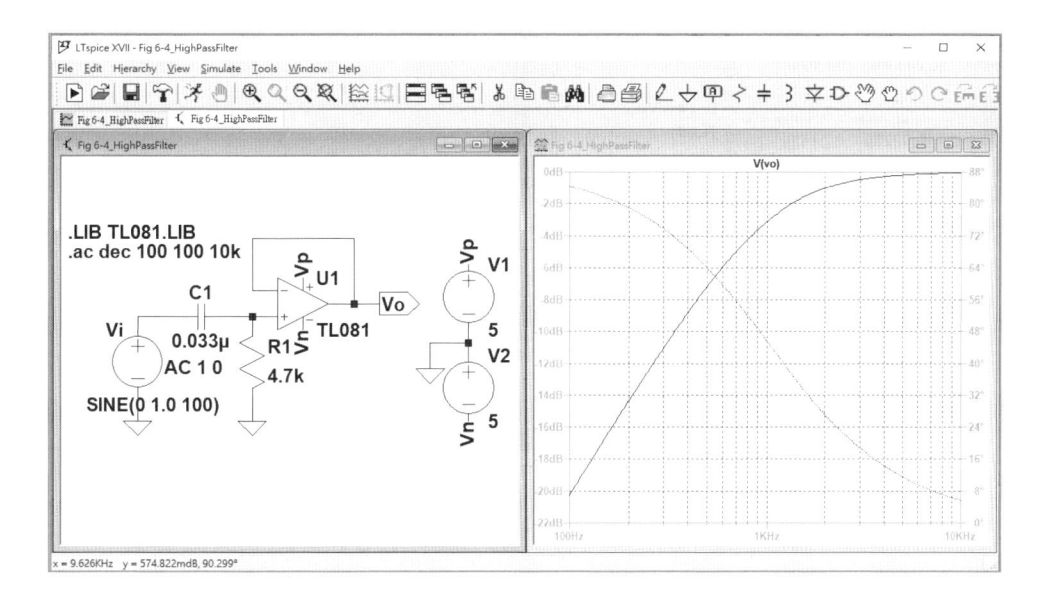

圖 6-4　一階高通濾波器電路圖和它的 AC Analysis 結果

6-4 二階高通濾波器

同理，把圖 6-3 二階低通濾波器的 C 和 R 的位置相交換，如圖 6-5 所示，那就成了二階高通濾波器。它的 f_c 仍為 1 kHz，100 Hz 的頻率衰減為 –40 dB。

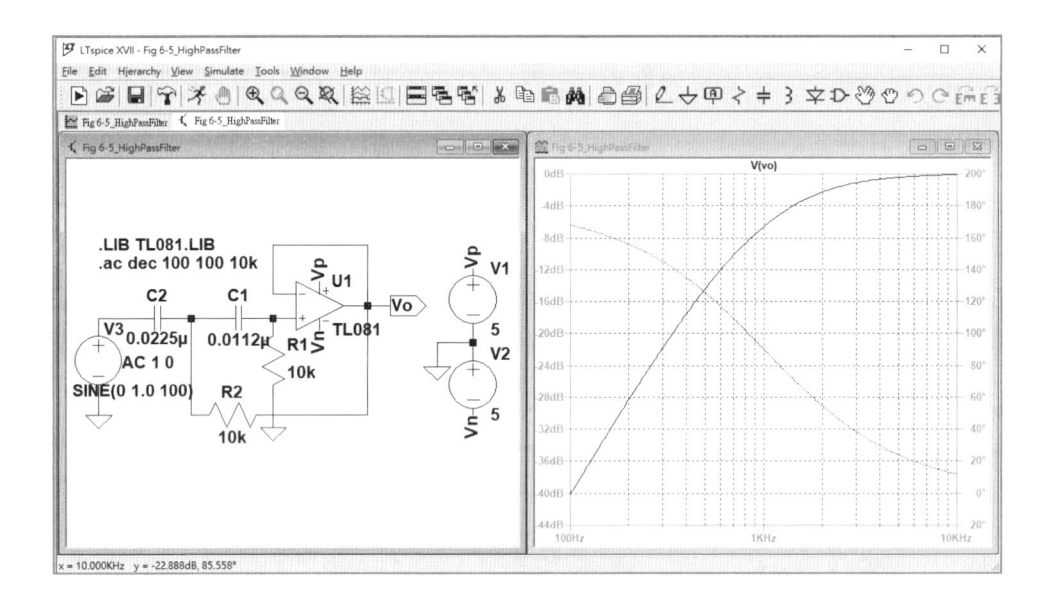

圖 6-5　二階低通濾波器電路圖和它的 AC Analysis 結果

6-5 多個回授的頻通濾波器

圖 6-8 為多個回授的 750 Hz 頻通濾波器電路，濾波器的設計，先固定頻率和電容器的數值。頻通濾波器還多了 2 項：頻寬和增益。圖 6-6 是求解頻通濾波器電路中的 R_1、R_3 和 R_5 的 **C/C++ Program** 程式。圖 6-7 為 **Run C/C++ Program** 獲取答案的步驟。

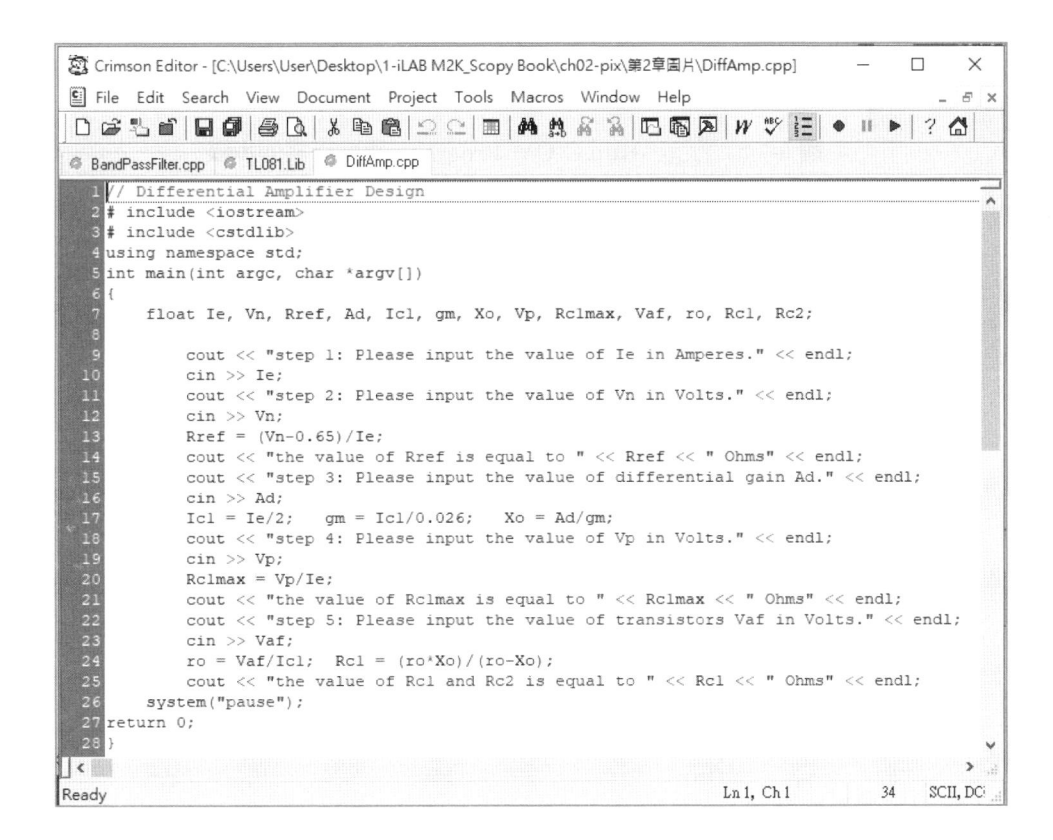

```cpp
// Differential Amplifier Design
# include <iostream>
# include <cstdlib>
using namespace std;
int main(int argc, char *argv[])
{
    float Ie, Vn, Rref, Ad, Icl, gm, Xo, Vp, Rclmax, Vaf, ro, Rc1, Rc2;

    cout << "step 1: Please input the value of Ie in Amperes." << endl;
    cin >> Ie;
    cout << "step 2: Please input the value of Vn in Volts." << endl;
    cin >> Vn;
    Rref = (Vn-0.65)/Ie;
    cout << "the value of Rref is equal to " << Rref << " Ohms" << endl;
    cout << "step 3: Please input the value of differential gain Ad." << endl;
    cin >> Ad;
    Icl = Ie/2;   gm = Icl/0.026;   Xo = Ad/gm;
    cout << "step 4: Please input the value of Vp in Volts." << endl;
    cin >> Vp;
    Rclmax = Vp/Ie;
    cout << "the value of Rclmax is equal to " << Rclmax << " Ohms" << endl;
    cout << "step 5: Please input the value of transistors Vaf in Volts." << endl;
    cin >> Vaf;
    ro = Vaf/Icl;   Rc1 = (ro*Xo)/(ro-Xo);
    cout << "the value of Rc1 and Rc2 is equal to " << Rc1 << " Ohms" << endl;
    system("pause");
return 0;
}
```

圖 6-6　求解頻通濾波器電路的 C/C++ Program 程式

```
C:\Users\User\Desktop\1-iLAB M2K_Scopy Book\ch06-pix\BandPassFilter.exe        —    □    ×
step 1: Please input the value of Band Pass Frequency freq in Hz.
750
step 2: Please input the value of OPA Gain.
1.32
step 3: Please input the value of Band Pass Filter Qf
4.2
step 4: Please input the value of C2=C4  Capacitor C4 in Farad.
0.01e-6
the value of R1 is equal to : 67554.5
the value of R3 is equal to : 2625.79
the value of R5 is equal to : 178344
請按任意鍵繼續 . . .
```

圖 6-7　　Run C/C++ Program 獲取答案的步驟

選用 5% 誤差之電阻 R_1 當為 68 k，R_3 為 2.7 k，R_5 為 180 k。**LTspice AC Analysis** 的結果，顯示 Gain 在 2.5 dB，與 2.4 dB 接近；但是 Q 則為 750/300 = 2.5，比設計時的 4.2 相差 40%。

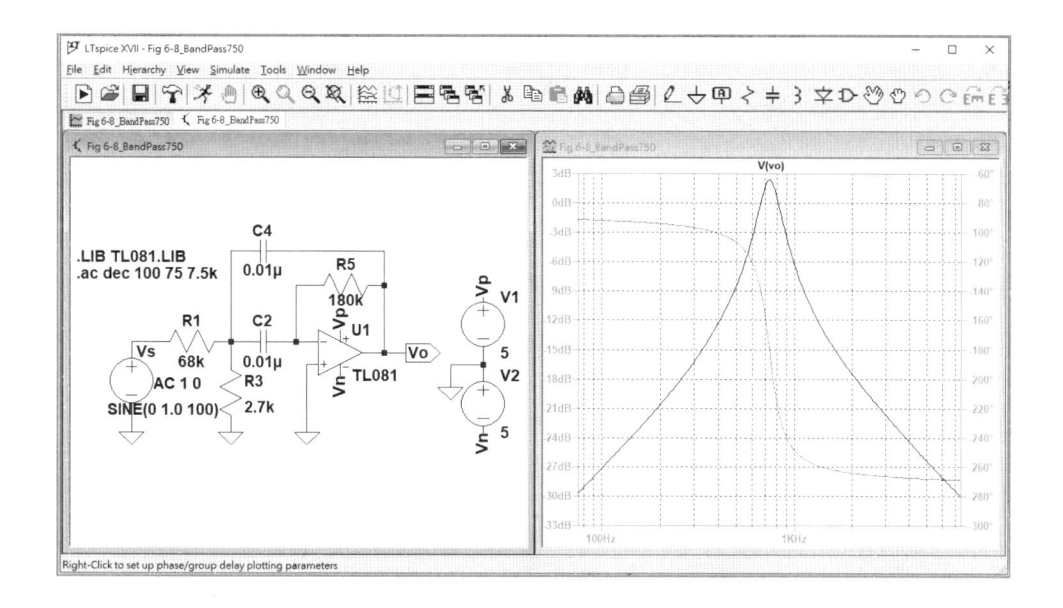

◎ 圖 6-8 多個回授的頻通濾波器電路和它的 AC Analysis 結果

◎ 6-6 頻拒濾波器

頻拒，又稱**缺口** (Notch) 濾波器，大多設計到音頻或儀器上，來排斥單一頻率 (如 60 Hz) 之用。圖 6-9 為頻拒濾波器電路，它的目標是 $F_r = 60$ Hz，$Q = 5$。

電路的頻控部分是由 C_1、C_2、C_3、C_4 和 R_1、R_2、R_3、R_4、R_5 所組成。其中 $C_1 = C_2$；$C_3 = 2C_1$；$R_1 = R_2$；$R_3 = 0.5R_1$；$R_4 = R_5$。

令
$$C_1 = 0.47 \ \mu F$$

故
$$R_1 = \frac{1}{6.28 \times 60 \times 0.47E-6} \doteqdot 5.6 \ k\Omega$$

又

$$Q = \frac{R_4}{2R_1} = \frac{C_1}{C_4}$$

故

$$R_4 = \frac{2R_1}{Q} = 2R_1 \times Q = 10 \times R_1 = 56\,\text{k}$$

同理

$$C_4 = \frac{C_1}{Q} = \frac{0.47}{5} \doteqdot 0.1\,\mu\text{F}$$

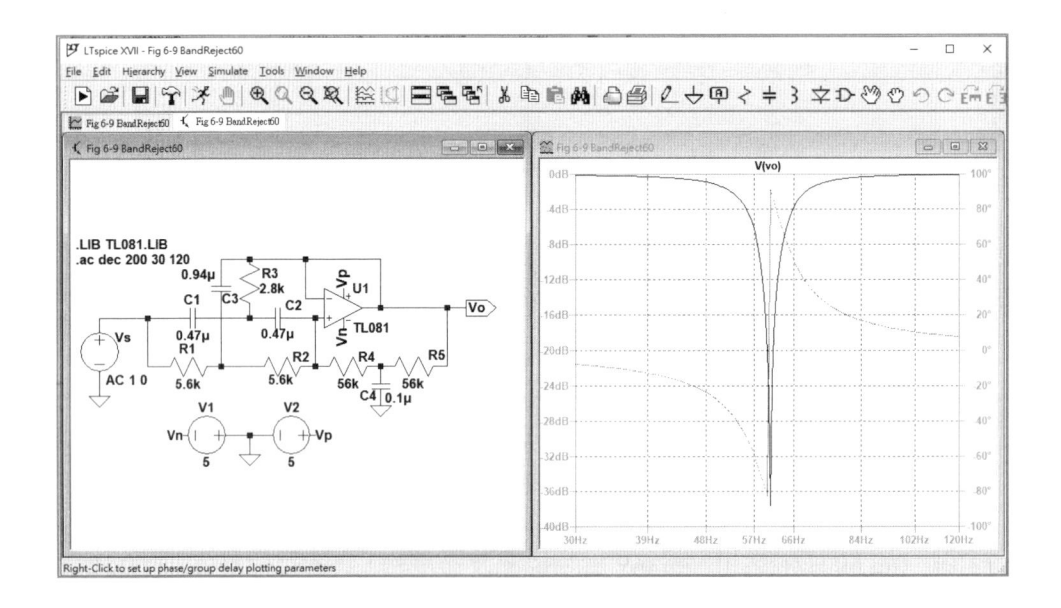

◎ 圖 6-9 ◎　　頻拒濾波器電路和它的 AC Analysis 結果

6-7　多個回授的頻通濾波器電路的 M2K 連接與測試

多個回授的頻通濾波器電路的 M2K 連接，如圖 6-10 所示。

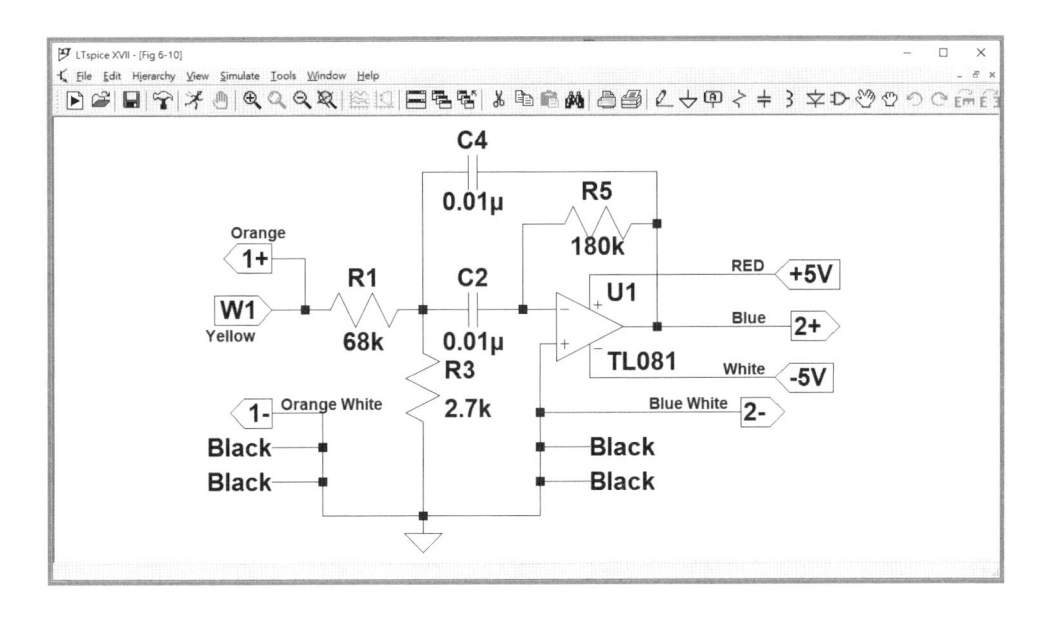

圖 6-10　多個回授的頻通濾波器電路的 M2K 連接

134　M2K SCOPY：電路設計、模擬測試、硬體裝置與除錯

　　頻通濾波器電路的 **M2K** 測試，首先要從 W_1 的設定開始，如圖 6-11 所示。它是依照圖 6-8 的 sine(0 1.0 100)，也就是正弦波 1.0 V/100 Hz。

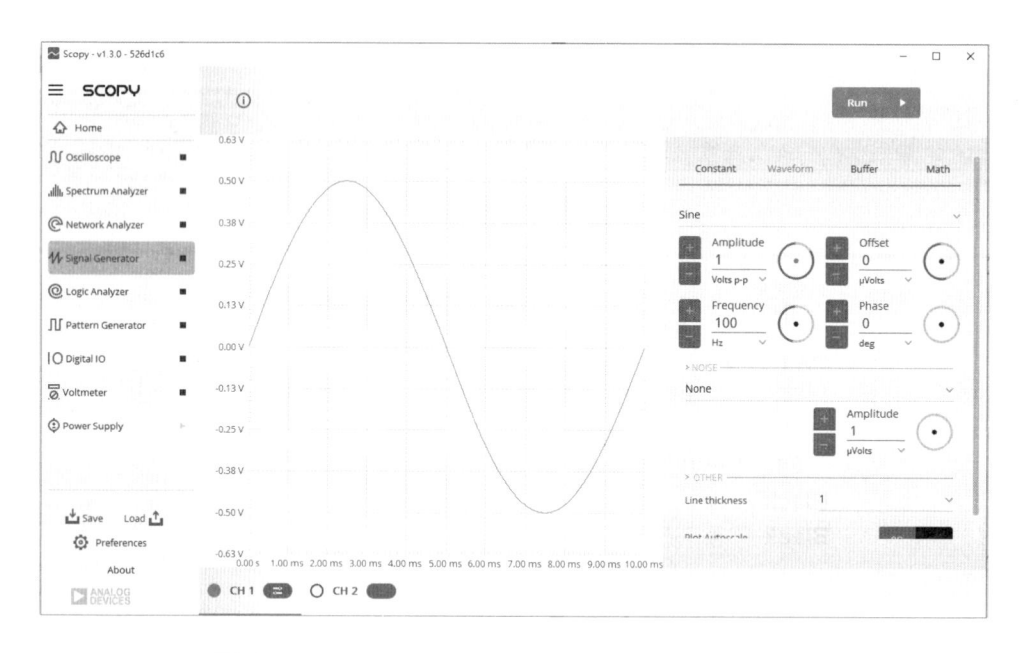

◎ 圖 6-11 ◎　　W_1 的設定為正弦波 1.0 V/100 Hz

第六章　有源濾波器　135

再來的是示波器的設定，雖然 2 個 **Channel** 都用上了，由於所測的電路為 750 Hz 頻通電路，訊號產生器的 100 Hz 不在頻通的範圍之內，所以不用去觀測，如圖 6-12 所示。

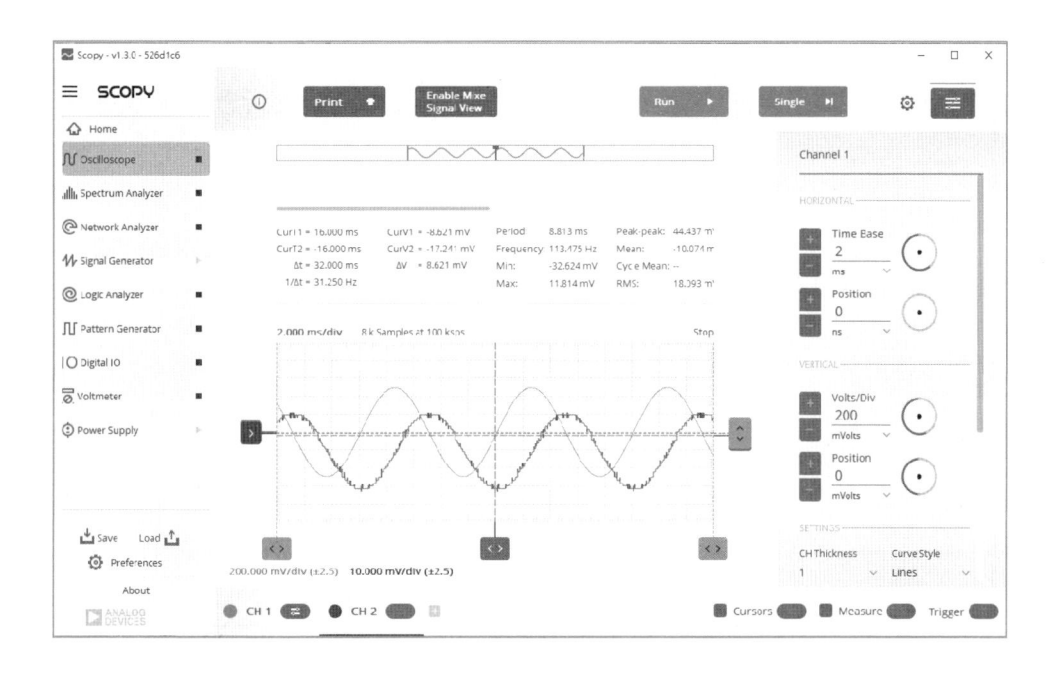

圖 6-12　訊號產生器的 100 Hz 不在 750 Hz 頻通電路範圍內

136　M2K SCOPY：電路設計、模擬測試、硬體裝置與除錯

　　測試 750 Hz 頻通電路須用 **Network Analyzer**，它的設定如圖 6-13 所示。其 **DISPLY** 中 **Magnitude** 的 –33～3 dB 和 –300º～–60º 是從圖 6-8 右邊的 **Bode Plot** 參照所得。

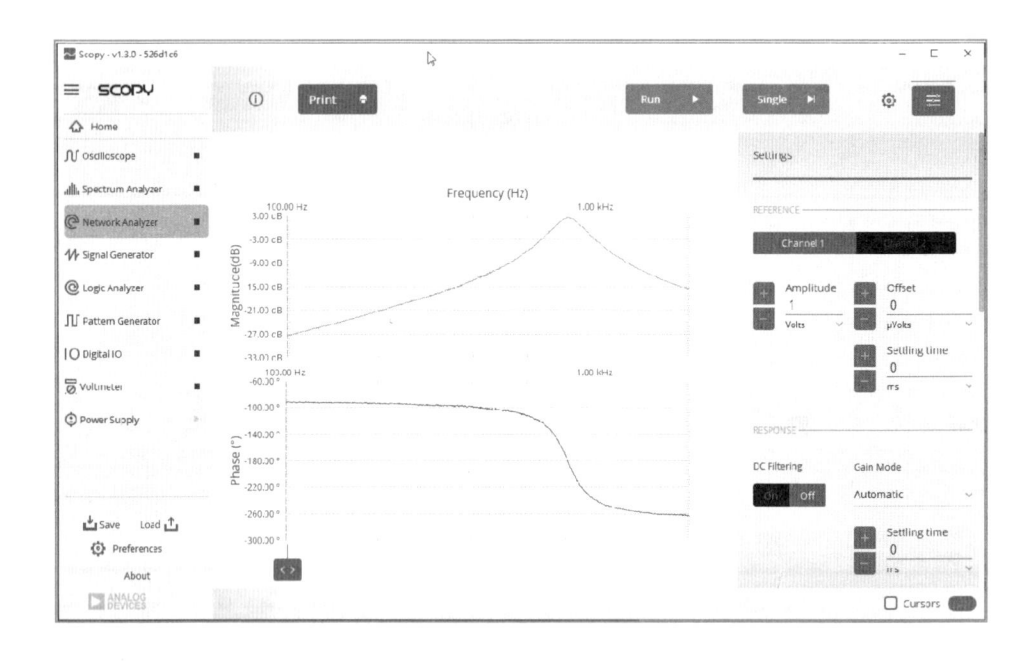

圖 6-13A　測試 750 Hz 頻通電路須用 Network Analyzer

組成圖 6-13A 的除了 **Setting** 之外，還有如圖 6-13B 的 **Sweep** 和 **DISPLAY**。

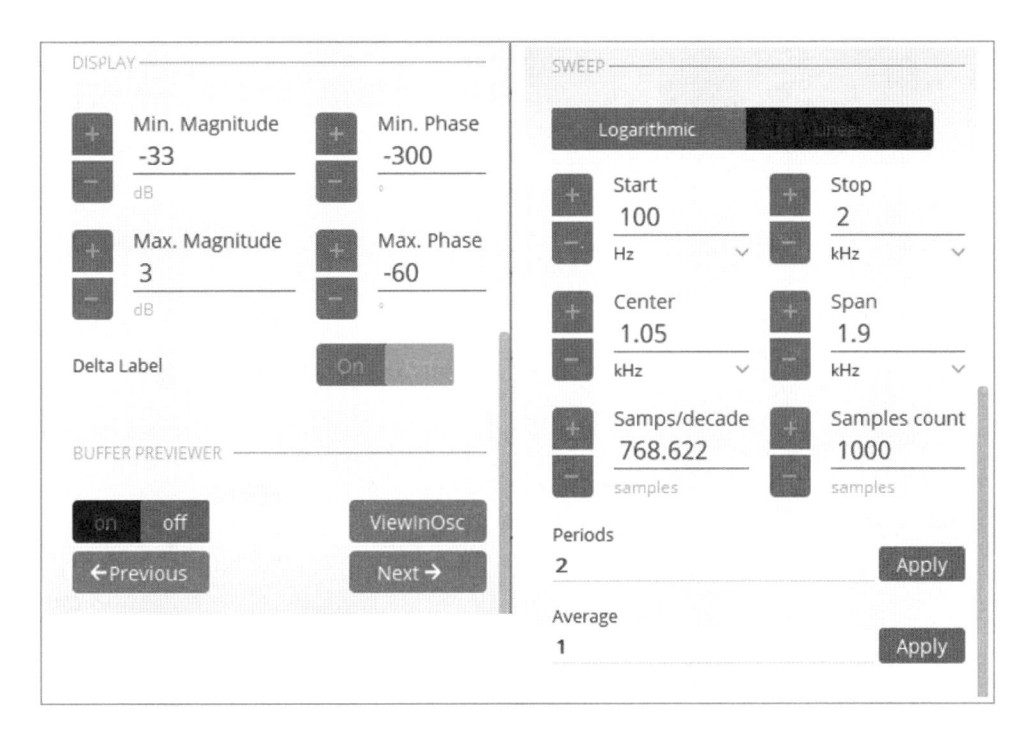

圖 6-13B　Network Analyzer 的設定有 Setting、Sweep 和 DISPLAY 等 3 項

理論上 750 Hz 頻通電路的中心點 750 Hz，它的相位差為 –180°，但由圖 6-14 測得 –180° 的中心點頻率為 808.9339，誤差為 7.86%。

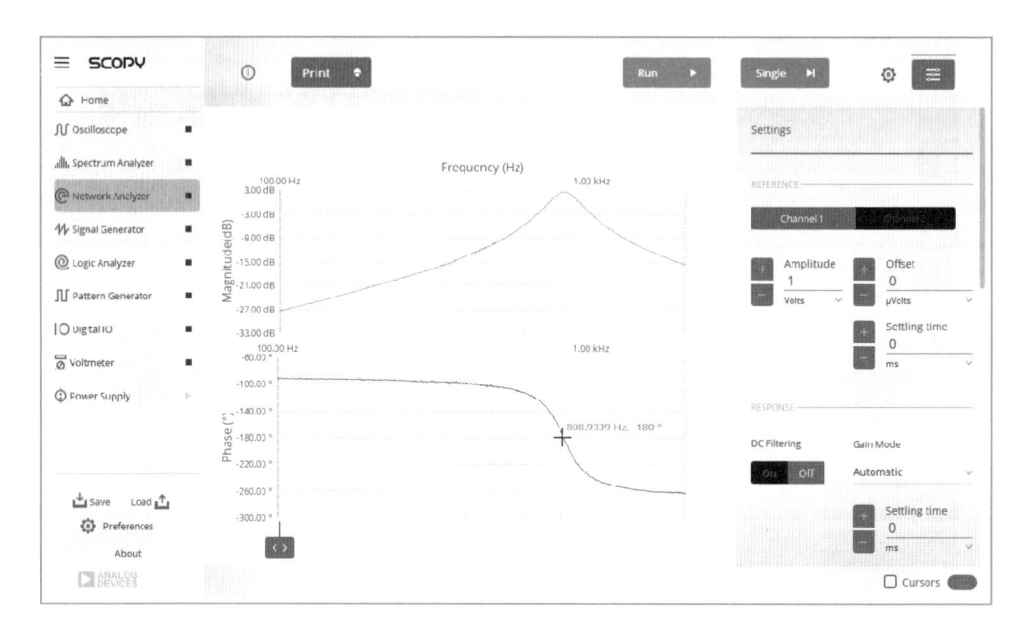

圖 6-14　Bode Plot 觀測到此設計之誤差率為 7.86%

6-8 課外練習

1. 試畫出圖 6-9 頻拒濾波器電路與 M2K/Scopy 的實體連接圖，並用 Scopy 做必要之測試。

2. 試實作圖 6-9 的 60 Hz 頻拒濾波器電路，並完成以下各項測試：
   A. 完成 LTspice 的 AC Analysis 測試。
   B. 完成 M2K 的 Bode Plot 測試。
   C. 比較 A、B 二項測試，如有相異處，試述其原因和改善的方法。

3. 何謂濾波器的頻率縮放 (Frequency Scaling)？
   A. 欲將圖 6-8 的 750 Hz 改成 1,500 Hz 的頻通濾波器，依據頻率縮放，該做何種變更？
   B. 何以實際上，多數保持 C 的不變而改變 R？

4. 圖 6-8 多個回授的頻通濾波器的 AC Analysis 結果 $Q = 2.5$，比設計的 4.2 相差甚遠，試找出其原因並修正之。

第七章　NAND 邏輯閘來合成其他 Logic gates

邏輯閘是構成一切數位電路的基本元件。邏輯閘屬於**並發邏輯** (Concurrent Logic)，它不同於**時序邏輯** (Sequential Logic)，依靠系統中的**時鐘** (Clock) 來行事。邏輯閘的種類很多，但卻互通。只須用任何一種含 **NOT** 的邏輯閘，便可以構成各種其他邏輯。

● 7-1　使用 2-input NAND 來構成其他 Logic gates 的電路

圖 7-1 是使用 2-input NAND 來構成其他 Logic gates 的電路。

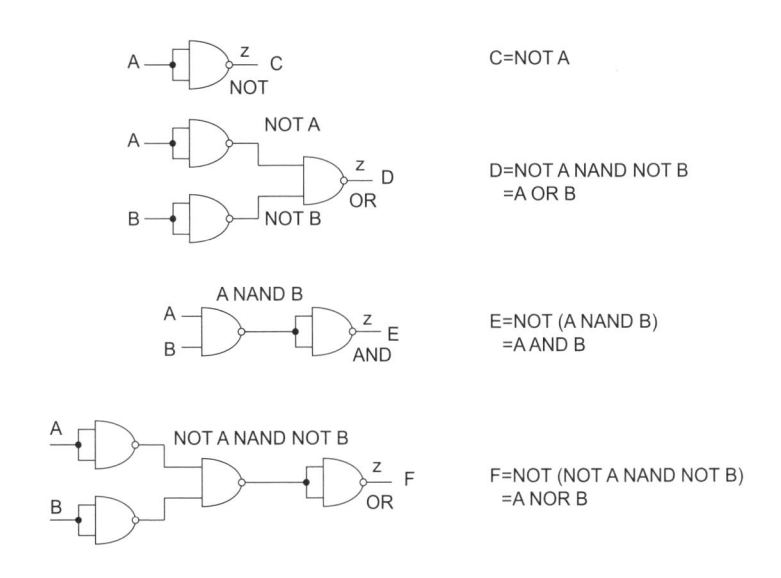

```
A ─▶○─ C            C = NOT A
      NOT

A ─▶○── NOT A
        ─▶○─ D      D = NOT A NAND NOT B
        OR            = A OR B
B ─▶○── NOT B

    A NAND B
A ─▶○────▶○─ E      E = NOT (A NAND B)
B           AND       = A AND B

A ─▶○── NOT A NAND NOT B
        ─▶○─ F      F = NOT (NOT A NAND NOT B)
        OR            = A NOR B
B ─▶○──
```

◎ 圖 7-1　使用 2-input NAND 來構成其他 Logic gates 的電路

141

7-2　使用 VHDL 來描述電路的結構和電路的模擬測試

圖 7-2 為圖 7-1 的 **VHDL** 電路的結構描述 (請參考附錄 A)。

```
-- testbench for SN74LS00 ---------
Library ieee;
Use ieee.std_logic_1164.all;
-----------------------------------------
Entity testbench IS
End testbench;
-----------------------------------------
Architecture stimulus of testbench IS
    component SN74LS00 IS
        PORT (A, B: IN std_logic;
              C_NOT, D_OR, E_AND, F_NOR: OUT std_logic);
    END component;
-----------------------------------------
SIGNAL A, B: std_logic := '0';
SIGNAL  C_NOT, D_OR, E_AND, F_NOR: std_logic;
Begin
    DUT: SN74LS00 PORT MAP( A, B, C_NOT, D_OR, E_AND, F_NOR);
        A <= NOT A AFTER 100 ns;
        B <= NOT B AFTER 200 ns;
END stimulus;
```

圖 7-2　VHDL 電路的結構描述

圖 7-3 為圖 7-2 的 **VHDL** 測試檔 (請參考附錄 B)。

```vhdl
1  -- testbench for SN74LS00 ---------
2  Library ieee;
3  Use ieee.std_logic_1164.all;
4  ----------------------------------------
5  Entity testbench IS
6  End testbench;
7  ----------------------------------------
8  Architecture stimulus of testbench IS
9      component SN74LS00 IS
10         PORT (A, B: IN std_logic;
11               C_NOT, D_OR, E_AND, F_NOR: OUT std_logic);
12     END component;
13 ----------------------------------------
14 SIGNAL A, B: std_logic := '0';
15 SIGNAL  C_NOT, D_OR, E_AND, F_NOR: std_logic;
16 Begin
17     DUT: SN74LS00 PORT MAP( A, B, C_NOT, D_OR, E_AND, F_NOR);
18         A <= NOT A AFTER 100 ns;
19         B <= NOT B AFTER 200 ns;
20 END stimulus;
```

圖 7-3　圖 7-2 的 VHDL 測試檔

如果使用 **ModelSim Simulator**,將圖 7-2 和圖 7-3 做模擬測試,可以獲得如圖 7-4 信號的時序圖,來驗證設計的結果 (請參考附錄 E)。

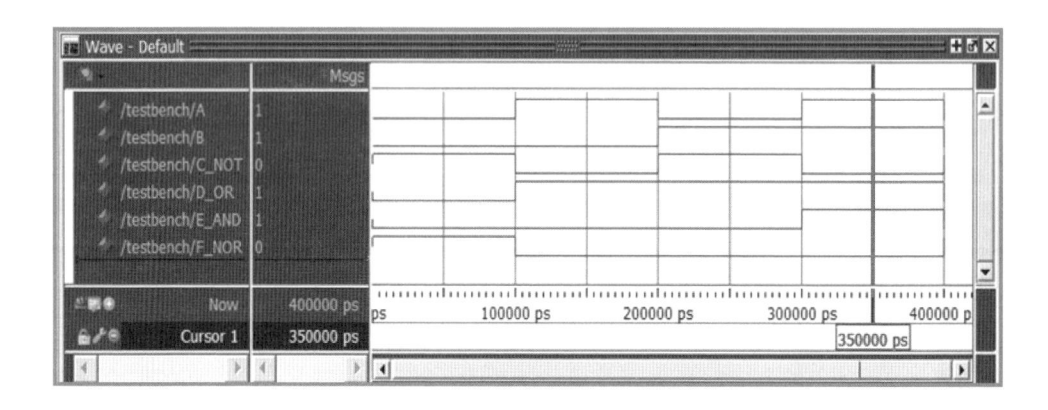

圖 7-4　電路信號的時序圖

波形的解讀:如圖 7-4 所示,以 1,000,000 ps (1 mS) 作為時間的單位,則 A、B、C、D、E、F 等 6 個訊號以 **Binary** 橫向來表示當為:

輸入
A : 0, 1, 0, 1 ➔ A
B : 0, 0, 1, 1 ➔ B

輸出
C : 1, 0, 1, 0 ➔ NOT A
D : 0, 1, 1, 1 ➔ A OR B
E : 0, 0, 0, 1 ➔ A AND B
F : 1, 0, 0, 0 ➔ A NOR B

7-3 硬體實作

TTL 的 74LS00 是一只含有 4 個 2-input 的 NANDs，使用 2 只 74LS00 中的 6 個 2-input 的 NANDs，就可以完成圖 7-1 的工作，如圖 7-5 所示。

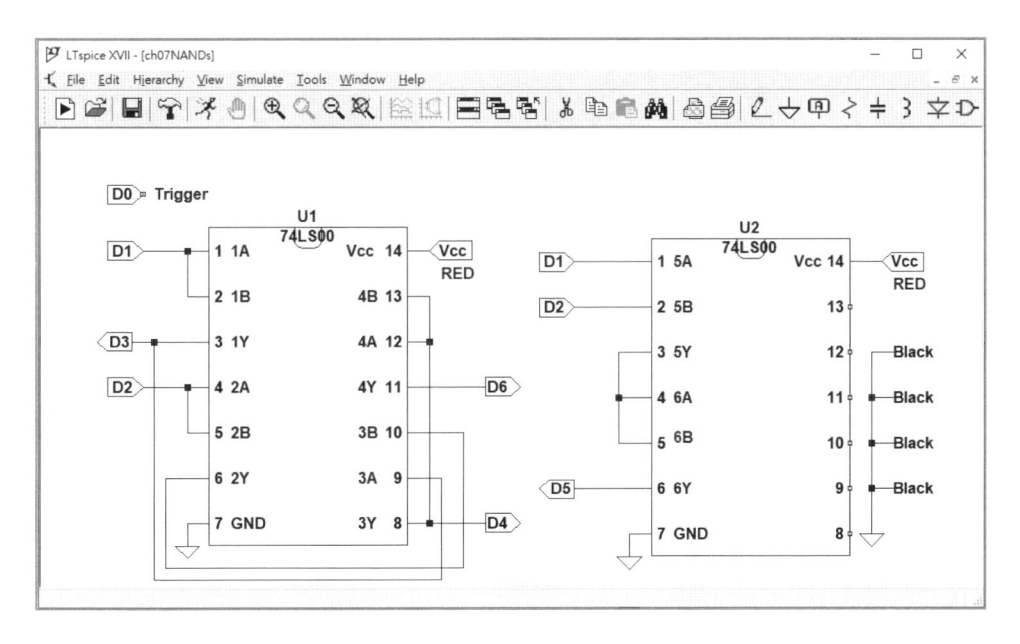

圖 7-5　M2K 將 74LS00 NANDs 組成其他 Gates 的連接

7-3-1　CSV 測試檔的製作

首先要用到 **Microsoft Excel**，把 **Test Pattern** 的 '0' 跟 '1' 寫進去，如圖 7-6 所示。圖中 A 行代表 **Trigger**，B 行代表輸入 D_0，C 行代表輸入 D_1。

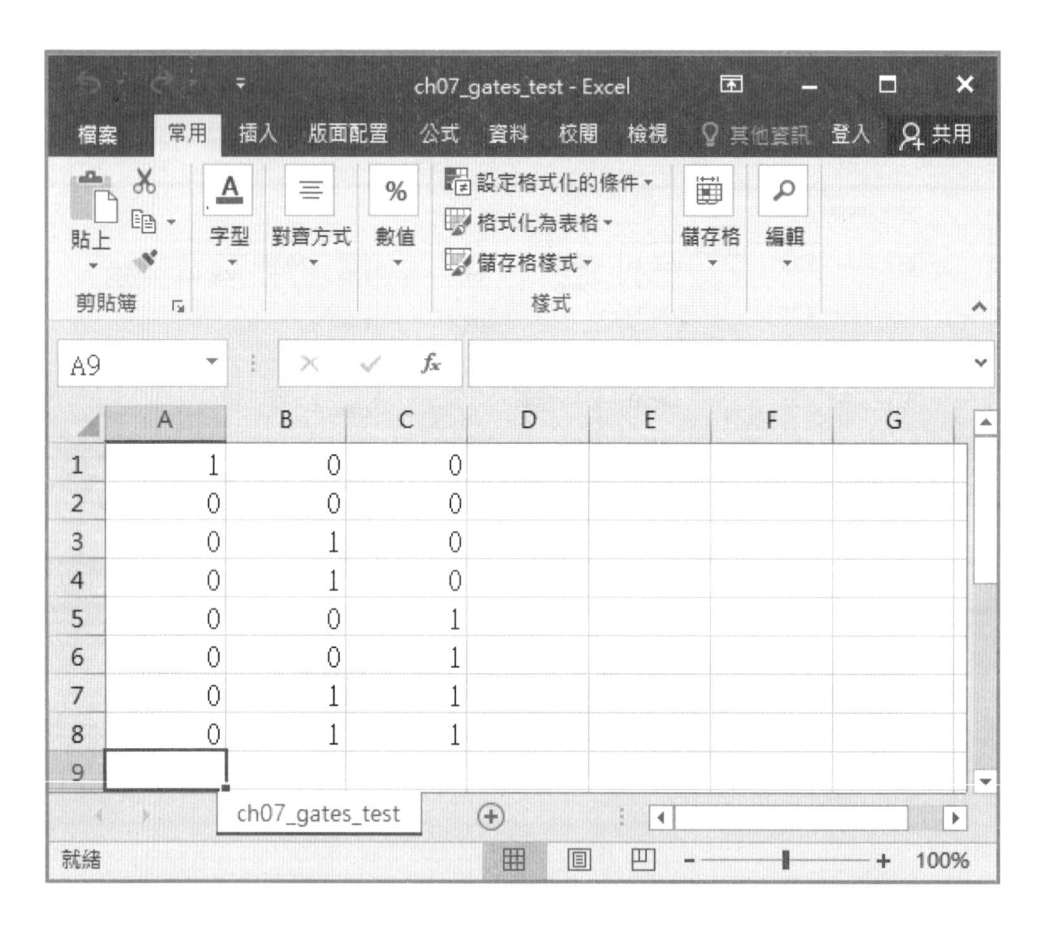

圖 7-6　把 Test Pattern 的 '0' 跟 '1' 寫進 Microsoft Excel

Microsoft Excel 存檔的種類繁多，如圖 7-7 所示。**Pattern Generator** 須選 **CSV** 檔。

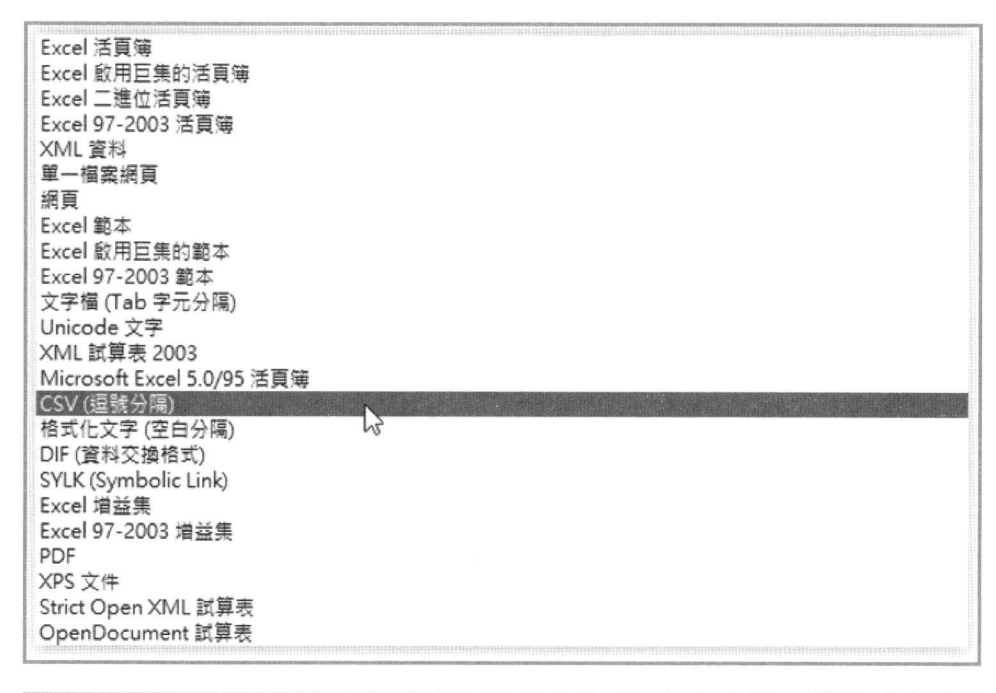

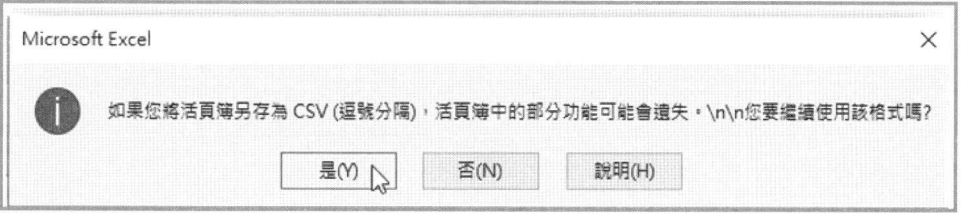

◦ 圖 7-7 ◦ Microsoft Excel 存檔的種類繁多，Pattern Generator 須選用 CSV 檔

7-4　M2K/Scopy 的 74LS00 NANDs 組成其他 Gates 的硬體測試

大部分的 Analog 電路需要用到 2 個電源，**TTL Digital** 電路只需 1 個 5 V 電源，如圖 7-8 所示。

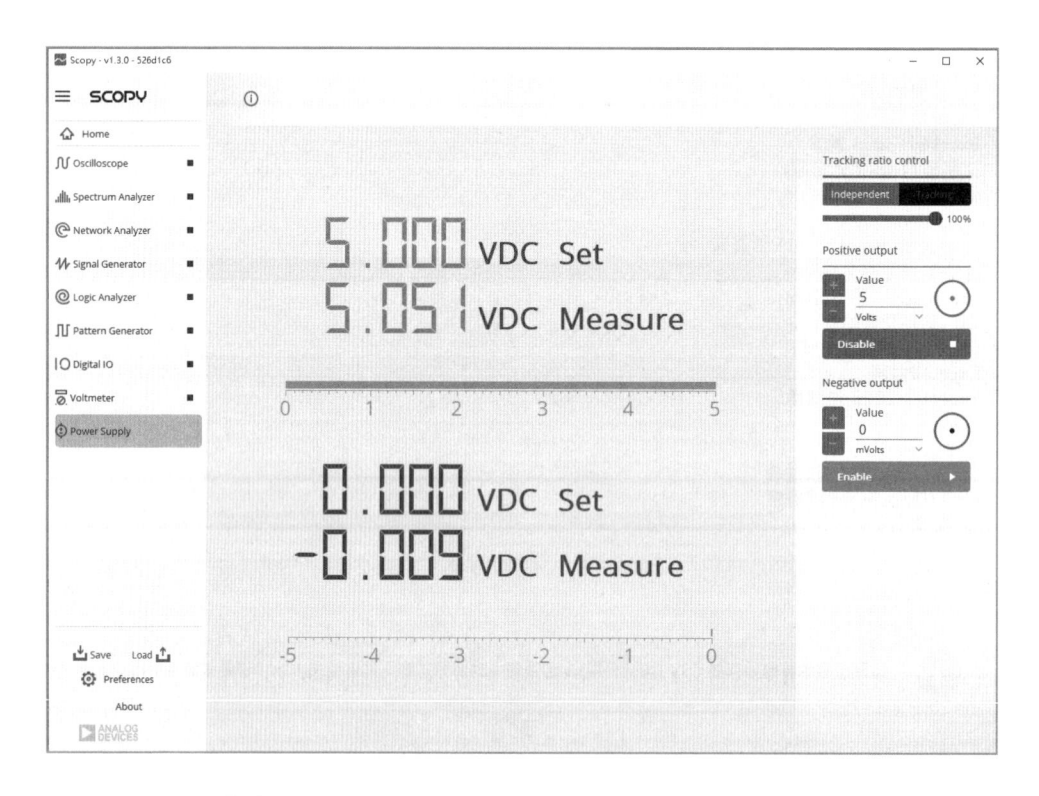

圖 7-8　TTL Digital 電路只需 1 個 5 V 電源

7-4-1　Pattern Generator 的設定與運作

接下來就是 **Pattern Generator** 的設定，如圖 7-9 所示。D_0 改名為 **Trig**，D_1 改名為 A，D_2 改名為 B，如圖 7-9 所示。

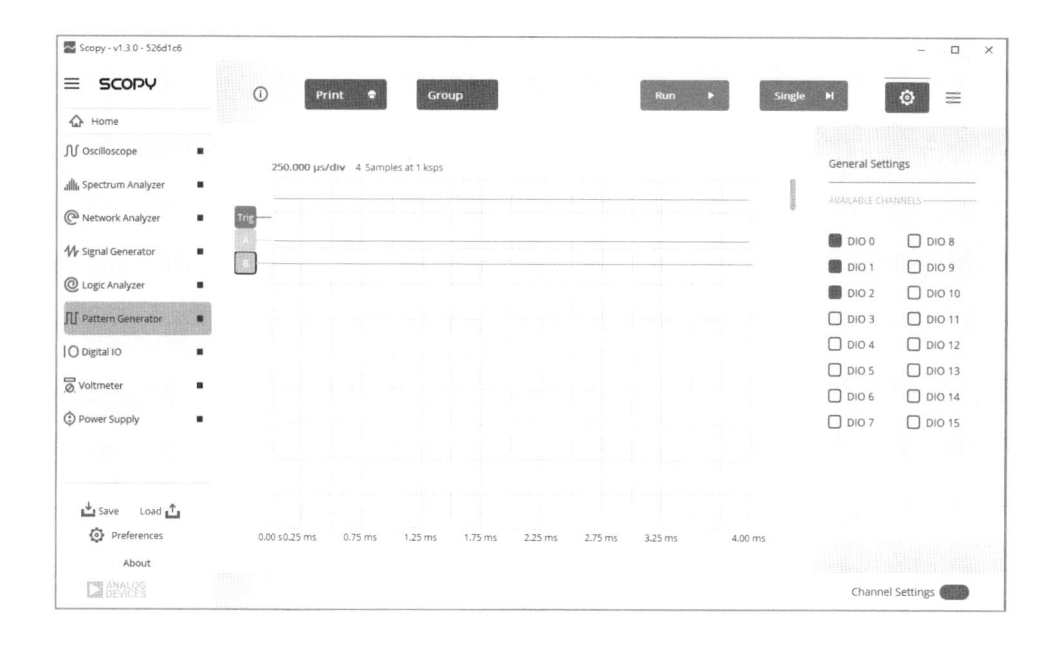

▎圖 7-9　　Pattern Generator 頻道的設定

這 3 個頻道須 **Group** 在一起以接受 CSV import 檔的信號圖案，如圖 7-10 所示。

◦ 圖 7-10 ◦　　該 3 個頻道須 Group 化以接受 CSV import 檔的信號圖案

第七章　NAND 邏輯閘來合成其他 Logic gates　151

接下來為提供給 **Pattern Generator** 測試檔 CSV 的位置，單擊 **Import selected channels** 即可獲得測試的信號圖案，如圖 7-11 所示。

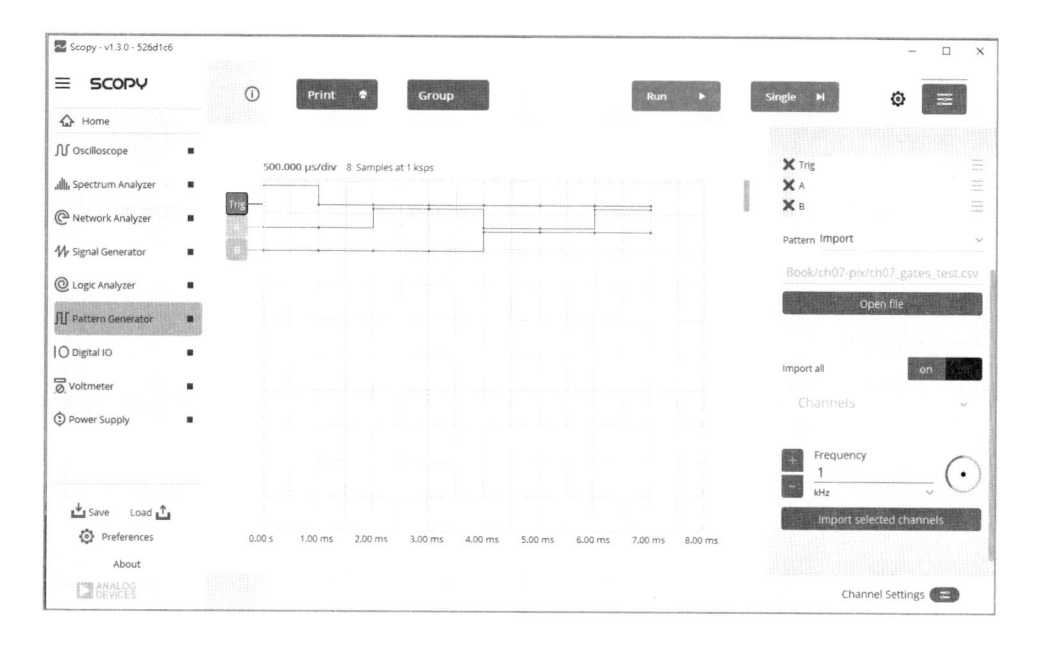

圖 7-11　完成 Pattern Generator 的設定及運作

7-4-2　Logic Analyzer 的設定與運作

Logic Analyzer 的頻道設定，如圖 7-12 所示。其中 DIO 0～DIO 2 此 3 個頻道為輸入，DIO 3～DIO 6 此 4 個頻道為輸出。

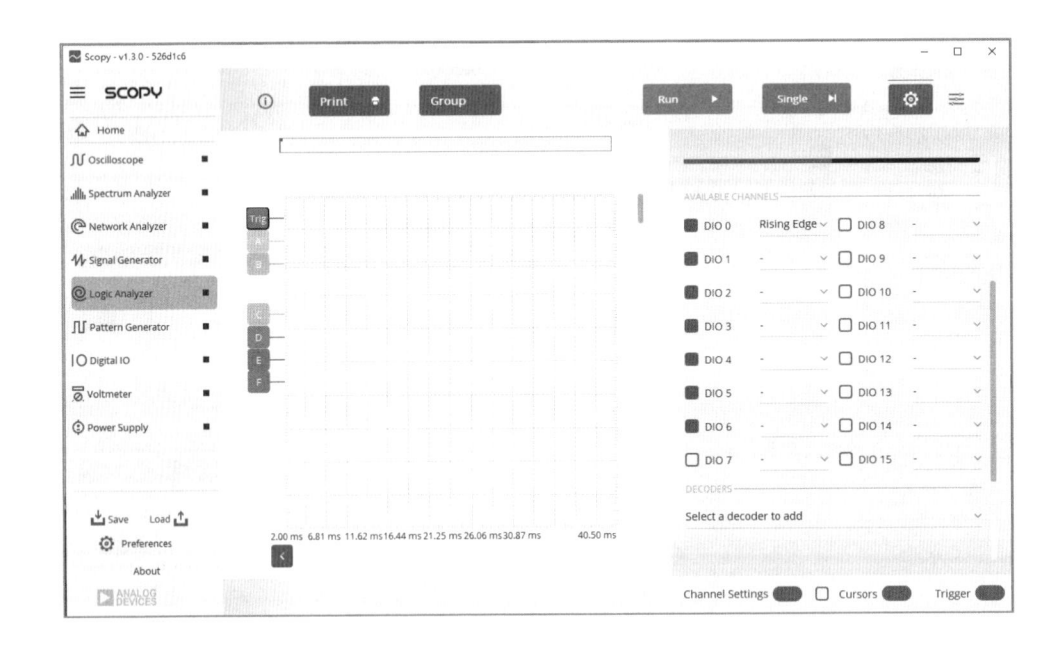

圖 7-12　Logic Analyzer 的頻道設定之一

第七章　NAND 邏輯閘來合成其他 Logic gates　153

接下來把輸入訊號 **Group** 起來，如圖 7-13 所示。

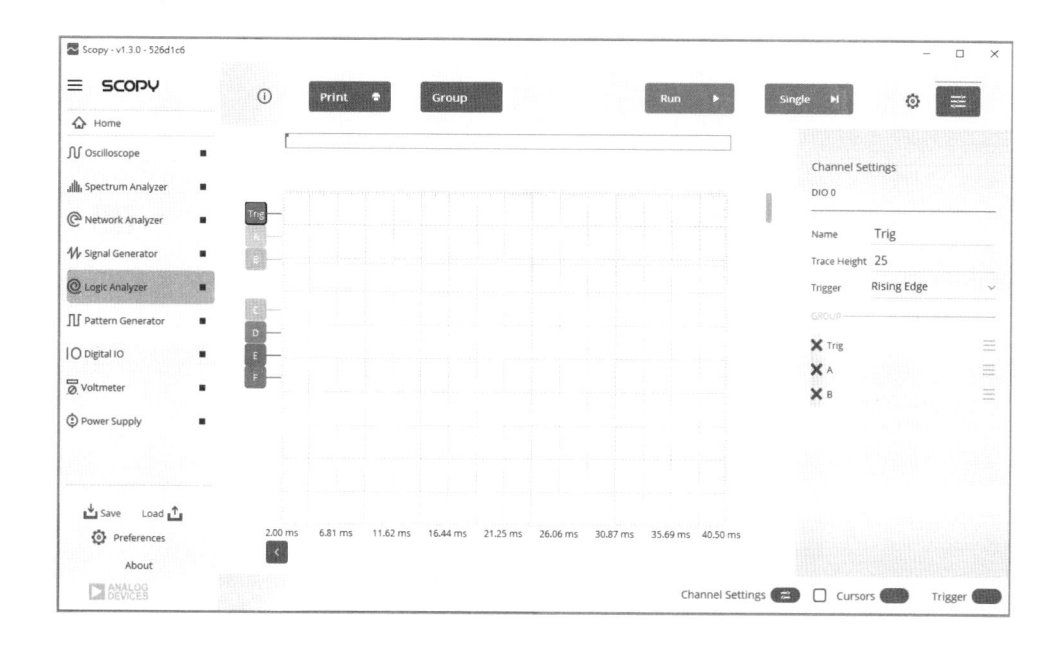

圖 7-13　Logic Analyzer 輸入訊號 Group 起來

然後是對觸發訊號的設定。**mode** 選用 **normal**，**Logic** 選用 **OR**，再單擊 **Single**。注意 **Single** 變為 **Stop**，圖形視窗的右上角會有 **Waiting** 的出現，如圖 7-14 所示。

圖 7-14　Logic Analyzer 在等待 DIO 0 Trigger 訊號的來到

第七章　NAND 邏輯閘來合成其他 Logic gates　155

重新打開 **Pattern Generator**。並單擊 **Single** 使 **Logic Analyzer** 能夠得到 DIO 0 的 **Trigger** 訊號，如圖 7-15 所示。

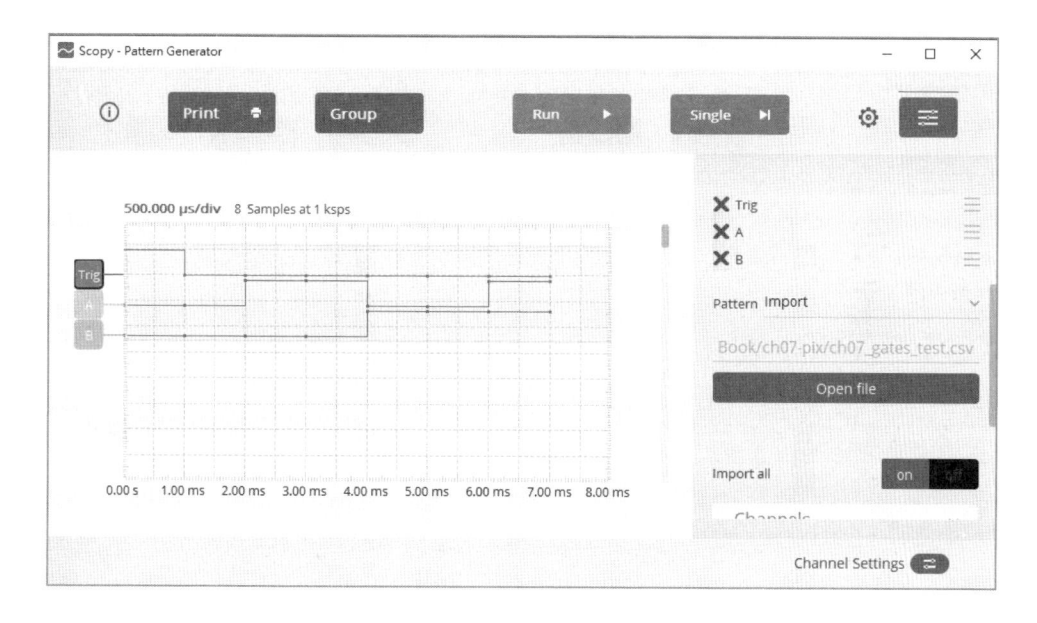

圖 7-15　開啟 Pattern Generator 使 Logic Analyzer 能夠得到 Trigger 訊號

與圖 7-15 同時，**Logic Analyzer** 得到 **Trigger** 訊號後，將 **Waiting** 改變為 **Stop**，並顯示所測試之輸出圖形。如圖 7-16 所示，與圖 7-4 **ModelSim Simulator** 所測得的圖形完全相同。

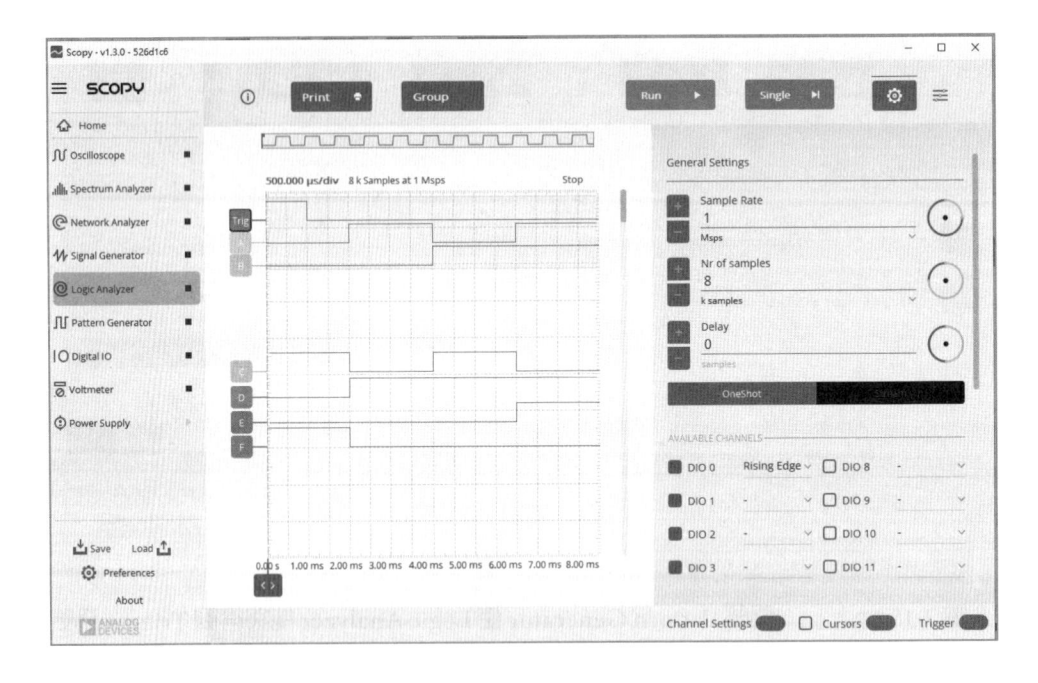

圖 7-16　完成 Logic Analyzer 的設定及運作

7-5　課外練習

1. CD4001 是由 4 個 2-input NOR gate 所組成的 IC，試用 2 只 CD4001 來構成其他 Logic gates 的電路，畫出其連接電路圖。

2. 試將問題 1 之連接電路圖與 M2K 連接起來，畫出其連接電路圖。

3. 試將問題 2 之連接電路圖，用 M2K/Scopy 來測試之，並記錄其 Pattern Generator 與 Logic Analyzer 的結果。

4. 試述無法用 AND 或 OR 來構成其他 Logic gates 的電路之原因。

第八章　Data Selectors 與 Multiplexers

　　邏輯電路中能歸納成 **Data Selectors** 與 **Multiplexers/Demultiplexers** 一類，並成為代表性的有以下幾種：

　　SN74LS257　　2-line to 1-line Data Selectors/Multiplexers
　　SN74LS153　　4-line to 1-line Data Selectors/Multiplexers
　　SN74LS138　　3-line to 8-line Decoder/Demultiplexers
　　SN74LS148　　8-line to 3-line Priority Encoder

　　本章介紹它們的組成、**VHDL Coding**、**Simulation** 和使用 **M2K/Scopy** 來做硬體測試的方法。

8-1　4-line to 1-line Data Selectors/Multiplexers

　　圖 8-1 是 SN74LS153 4-line to 1-line Data Selectors/Multiplexers 電路圖，簡稱 **MUX**，圖的右方是它的簡化方塊圖。

Connection Diagram

Dual-In-Line Package

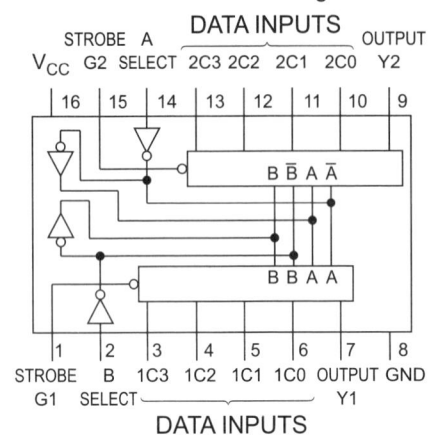

```
         STROBE  A   DATA INPUTS   OUTPUT
    V_CC  G2  SELECT  2C3 2C2 2C1 2C0  Y2
    |16| |15| |14| |13| |12| |11| |10| |9|
                      B  B̄   A  Ā
                      B  B   A  A
    |1|  |2|  |3|  |4|  |5|  |6|  |7|  |8|
    STROBE  B   1C3  1C2  1C1  1C0  OUTPUT  GND
     G1   SELECT                      Y1
                  DATA INPUTS
```

Function Table

Select Inputs		Data Inputs				Strobe	Output
B	A	C0	C1	C2	C3	G	Y
X	X	X	X	X	X	H	L
L	L	L	X	X	X	L	L
L	L	H	X	X	X	L	H
L	H	X	L	X	X	L	L
L	H	X	H	X	X	L	H
H	L	X	X	L	X	L	L
H	L	X	X	H	X	L	H
H	H	X	X	X	L	L	L
H	H	X	X	X	H	L	H

Select inputs A and B are common to both sections.
H = High Level, L = Low Level, S = Don't Care

圖 8-1　SN74LS153 邏輯電路圖

圖 8-2 為其邏輯型 VHDL code，這種型式的敘述適用於簡單的邏輯電路。有關 **VHDL** 電路和 Testbench 的構成，請參考本書附錄 A 和附錄 B；**ModelSim** 的 **Simulation** 步驟，請參考附錄 E。

```vhdl
1  LIBRARY ieee;
2  USE ieee.std_logic_1164.all;
3  ----------------------------------------
4  ENTITY mux IS
5      PORT ( a, b, c, d, s0, s1: IN STD_LOGIC;
6             y: OUT STD_LOGIC);
7  END mux;
8  ----------------------------------------
9  ARCHITECTURE pure_logic OF mux IS
10 BEGIN
11     y <= (a AND NOT s1 AND NOT s0) OR
12          (b AND NOT s1 AND s0) OR
13          (c AND s1 AND NOT s0) OR
14          (d AND s1 AND s0);
15 END pure_logic;
```

◎ 圖 8-2 ◎　　　敘述 MUX 的邏輯型 VHDL code

8-2　3-line to 8-line Decoder/Demultiplexers

圖 8-3 是 SN74LS138 3-line to 8-line Decoder/Demultiplexers 電路圖，簡稱 **ENCODER**，圖的下方是它的簡化方塊圖。

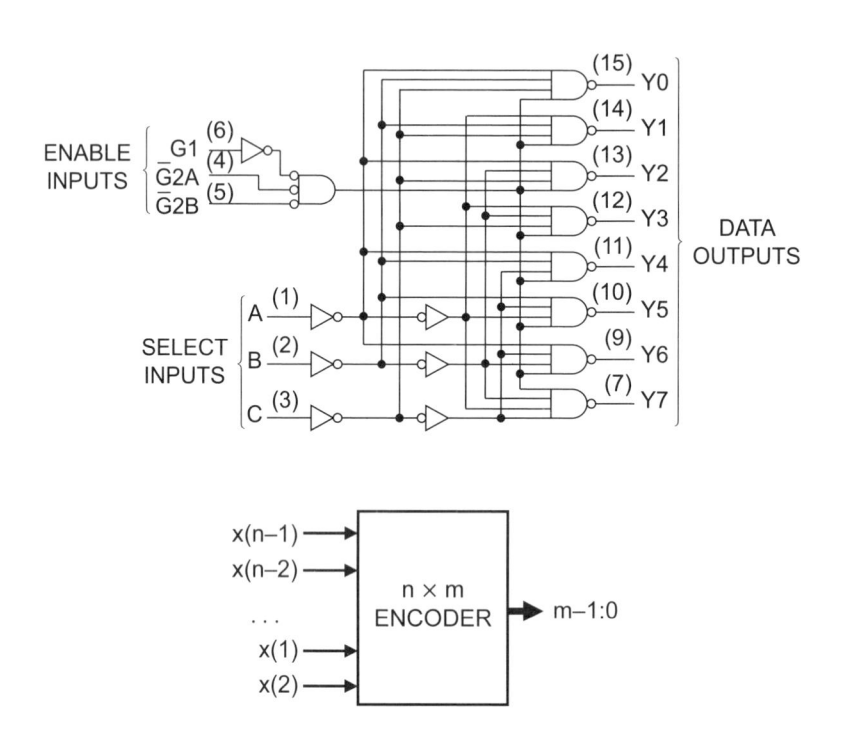

圖 8-3　ENCODER SN74LS138 電路

圖 8-4 為其**行為型** (Behavior) VHDL code，這種型式的敘述適用於比較複雜的邏輯電路，敘述的過程中看不到任何邏輯的元件。

```
1  LIBRARY ieee;
2  USE ieee.std_logic_1164.all;
3  ENTITY encoder IS
4      PORT ( x: IN STD_LOGIC_VECTOR (7 DOWNTO 0);
5             y: OUT STD_LOGIC_VECTOR (2 DOWNTO 0));
6  END encoder;
7  ---------------------------------------------
8  ARCHITECTURE behavior OF encoder IS
9  BEGIN
10     y <= "000" WHEN x="00000001" ELSE
11         "001" WHEN x="00000010" ELSE
12         "010" WHEN x="00000100" ELSE
13         "011" WHEN x="00001000" ELSE
14         "100" WHEN x="00010000" ELSE
15         "101" WHEN x="00100000" ELSE
16         "110" WHEN x="01000000" ELSE
17         "111" WHEN x="10000000" ELSE
18         "ZZZ";
19 END behavior;
```

圖 8-4　SN74LS138 電路的 VHDL 敘述

8-3　MUX 和 ENCODER 的測試

MUX 和 ENCODER 的測試，分別如圖 8-5 和圖 8-7 的 Testbench 所示。

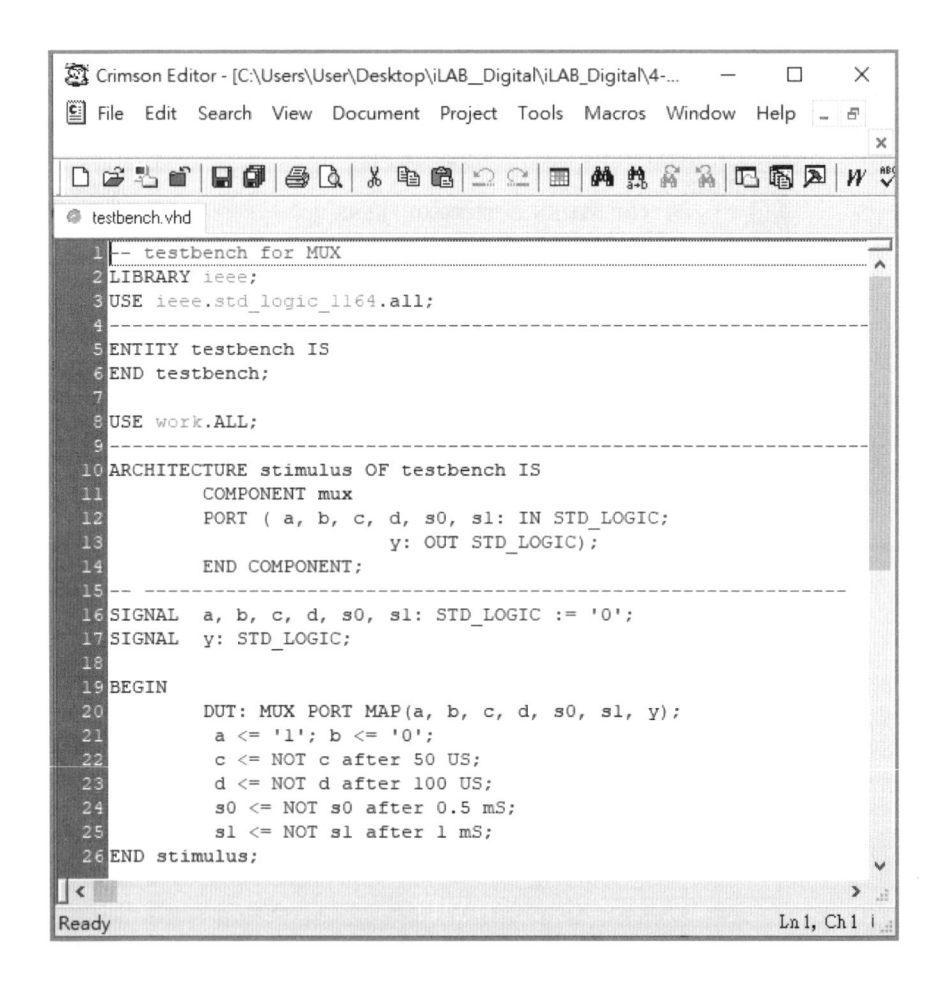

```vhdl
-- testbench for MUX
LIBRARY ieee;
USE ieee.std_logic_1164.all;
--------------------------------------------
ENTITY testbench IS
END testbench;

USE work.ALL;
--------------------------------------------
ARCHITECTURE stimulus OF testbench IS
        COMPONENT mux
        PORT ( a, b, c, d, s0, s1: IN STD_LOGIC;
                    y: OUT STD_LOGIC);
        END COMPONENT;
-- -----------------------------------------
SIGNAL   a, b, c, d, s0, s1: STD_LOGIC := '0';
SIGNAL   y: STD_LOGIC;

BEGIN
        DUT: MUX PORT MAP(a, b, c, d, s0, s1, y);
        a <= '1'; b <= '0';
        c <= NOT c after 50 US;
        d <= NOT d after 100 US;
        s0 <= NOT s0 after 0.5 mS;
        s1 <= NOT s1 after 1 mS;
END stimulus;
```

圖 8-5　測試圖 8-2 MUX 的 Testbench code

第八章　Data Selectors 與 Multiplexers　165

輸入訊號設定：a 為 '1'，b 為 '0'，c 為 100 μS 週期的方波，d 為 200 μS 週期的方波。選擇訊號：s_0、s_1 的方波週期為 100 mS 和 200 mS。

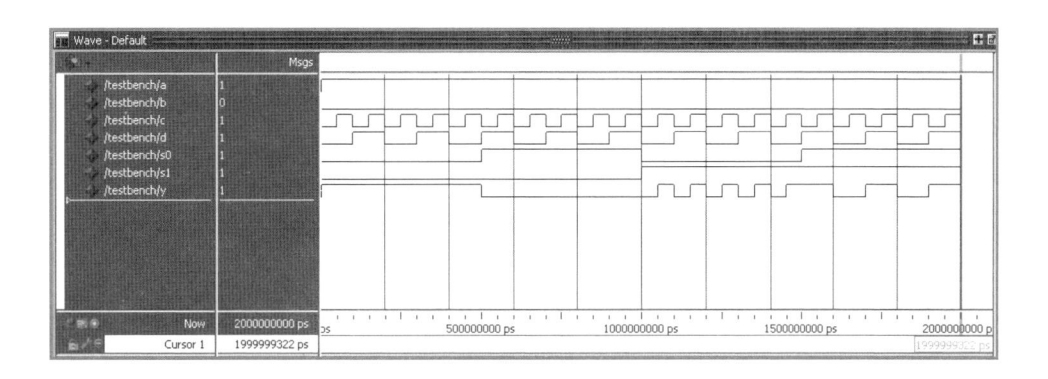

圖 8-6　Testbench 測試 MUX 的結果

```
-- testbench for encoder
LIBRARY ieee;
USE ieee.std_logic_1164.all;
------------------------------------------------------
ENTITY testbench IS
END testbench;

USE work.ALL;
------------------------------------------------------
ARCHITECTURE stimulus OF testbench IS
        COMPONENT encoder
            PORT ( x: IN STD_LOGIC_VECTOR (7 DOWNTO 0);
                   y: OUT STD_LOGIC_VECTOR (2 DOWNTO 0));
        END COMPONENT;
------------------------------------------------------
SIGNAL  x: STD_LOGIC_VECTOR (7 DOWNTO 0) := "00000000";
SIGNAL  y: STD_LOGIC_VECTOR (2 DOWNTO 0);

BEGIN
        DUT: encoder PORT MAP(x, y);

        x <= "00000001" after 100 ms, "00000010"after 200 ms,
             "00000100" after 300 ms, "00001000"after 400 ms,
             "00010000" after 500 ms, "00100000"after 600 ms,
             "01000000" after 700 ms, "10000000"after 800 ms;
END stimulus;
```

圖 8-7　　　　測試圖 8-4 ENCODER 的 Testbench code

如圖 8-8，輸入訊號 x 的設定用 STD_LOGIC_VECTOR (7 downto 0) 來顯示。

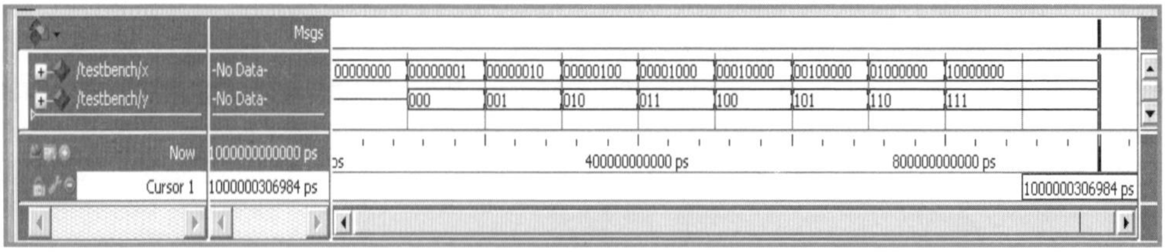

圖 8-8　　　　Testbench 測試 ENCODER 的結果

8-4　MUX 電路連接成 2-input gates 的做法

第七章裡有使用 NAND gate 來連接成其他 Gates 的敘述，**MUX** 電路裡更有使用 4 to 1 MUX 為基礎來連接成其他 Gates 的做法，而且似乎更為簡單，如圖 8-9 所示。

1. 將 a <= '0', b <='0', c <= '0', d <= '1'，則 s_0, s_1 和 y 便成 AND gate。
2. 將 a <= '1', b <='1', c <= '1', d <= '0'，則 s_0, s_1 和 y 便成 NAND gate。
3. 將 a <= '0', b <='1', c <= '1', d <= '1'，則 s_0, s_1 和 y 便成 OR gate。
4. 將 a <= '1', b <='0', c <= '0', d <= '0'，則 s_0, s_1 和 y 便成 NOR gate。
5. 將 a <= '0', b <='1', c <= '1', d <= '0'，則 s_0, s_1 和 y 便成 XOR gate。
6. 將 a <= '1', b <='0', c <= '0', d <= '1'，則 s_0, s_1 和 y 便成 XNOR gate。

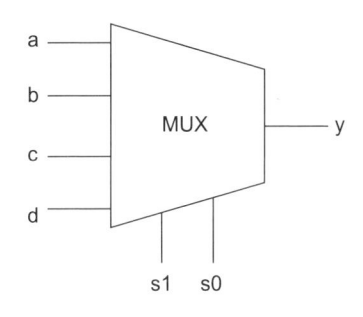

圖 8-9　4 to 1 MUX 示意圖

使用 4 to 1 MUX 來設定成其他 Gate 的優點除了簡單外，還有所有 Gates 的 Delay 完全相同。

◯ 8-5 硬體實作

圖 8-10 為 74LS153 Dual 4-Line to 1-Line Data Selectors 的電路圖，它的輸入為 $C_0 \sim C_3$，$s_0 \sim s_1$ 和 EN_N，輸出為 Y。這一個實作為第 4.4 節將 **MUX** 轉變為 2-input gates 的測試。

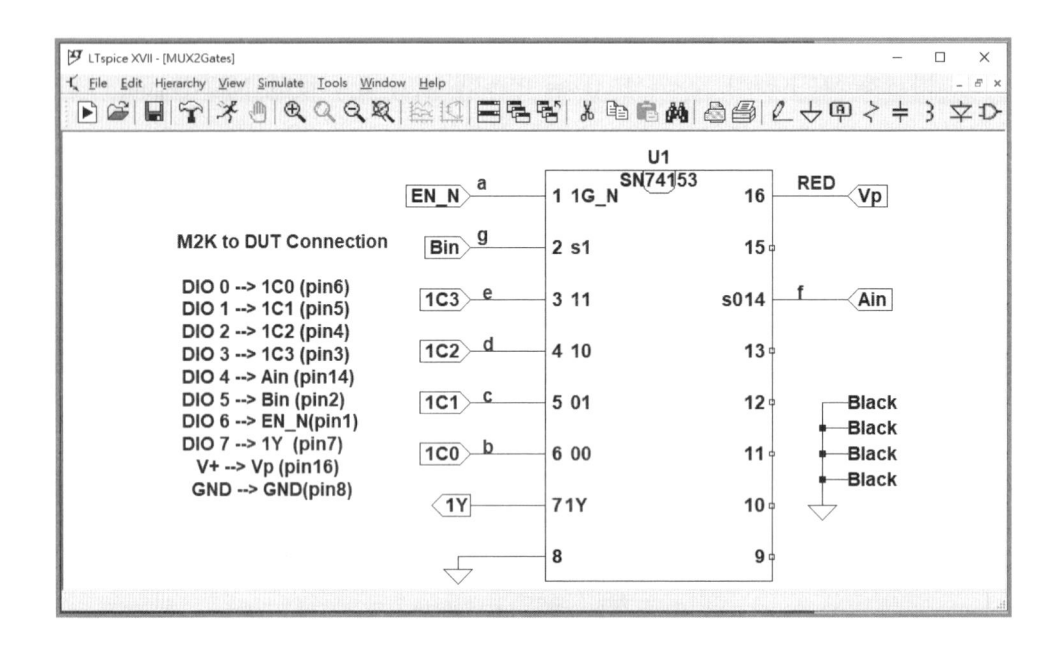

◦ 圖 8-10 ◦   74LS153 MUX 轉變為 2-input gates 的 M2K 測試

8-5-1　CSV 測試檔的製作

74LS153 MUX 轉變為 2-input Gates 的 **M2K** 測試，首要的是設計其 **.CSV** 測試檔，如圖 8-11 所示。其中 A 為 ENA_N；B、C、D、E 為 **MUX** 的 4 個輸入端；E、F 為 S_0 和 S_1，也就是 2-input gate 的 inputs；G 則為觸發訊號 EN_N。

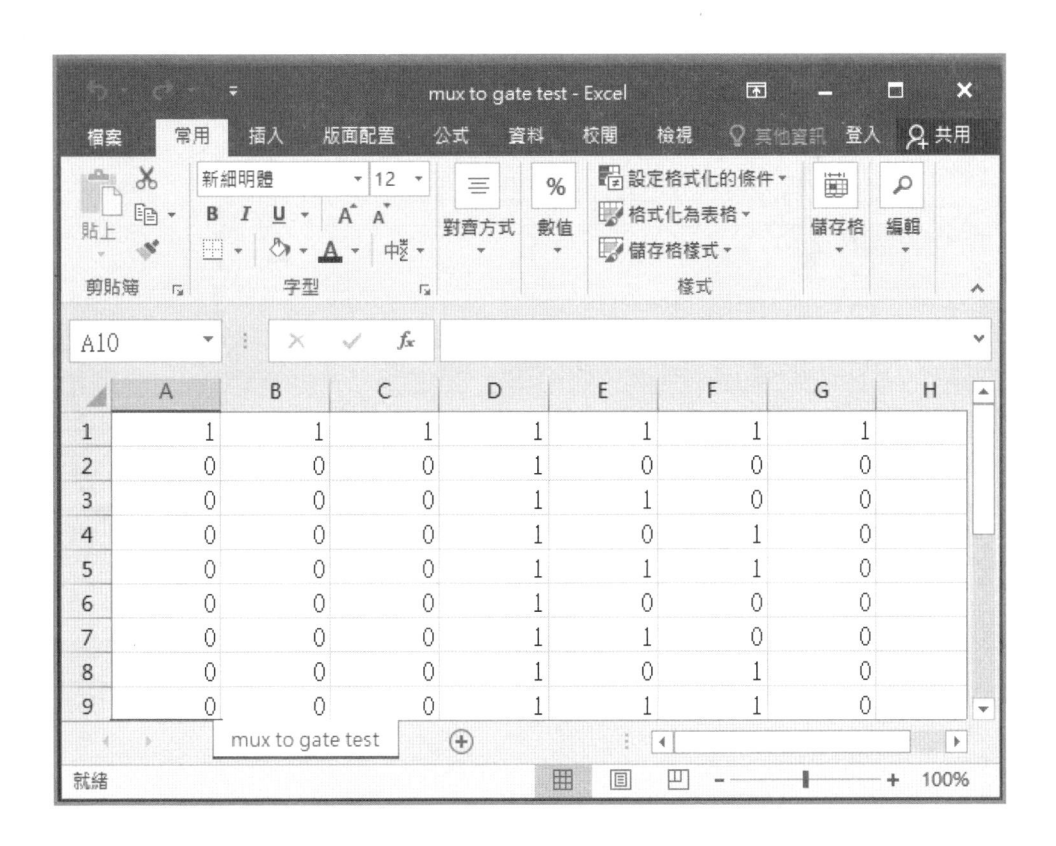

	A	B	C	D	E	F	G
1	1	1	1	1	1	1	1
2	0	0	0	1	0	0	0
3	0	0	0	1	1	0	0
4	0	0	0	1	0	1	0
5	0	0	0	1	1	1	0
6	0	0	0	1	0	0	0
7	0	0	0	1	1	0	0
8	0	0	0	1	0	1	0
9	0	0	0	1	1	1	0

圖 8-11　mux to gate test.csv test pattern 的設計

這個 mux to gate test.csv 只 test 6 個 Gates 中的 AND gate，其他 5 個留待課外練習時由讀者來完成。

接下來就是 **Pattern Generator** 的設定，首先在 **General Settings** 上選定參與的 DIOs，依照 CSV file 為 10 個，也就是 DIO 0～DIO 6，如圖 8-12 所示。

圖 8-12　Pattern Generator 的 General Settings 設定

第八章　Data Selectors 與 Multiplexers　171

　　如圖 8-13 所示。D_6 改名為 EN_N。這個 EN_N 除了在 '0' 時使 74LS153 執行任務，而且在訊號開始向 '1' 上升時觸發 **Pattern Generator** 輸出訊號。$D_0 \sim D_3$ 改名為 $1c_0 \sim 1c_3$，D_4 和 D_5 改名為 Ain 和 Bin，這 7 個訊號形成一個 **Group** 以紅色 x 來表示。

圖 8-13　Pattern Generator DIOs 名稱的改變和 CSV 檔的選定

172　M2K SCOPY：電路設計、模擬測試、硬體裝置與除錯

　　然後 **Pattern Import** 輸入 mux2gate.csv，再設定 **Pattern/Div** 的頻率為 1 kHz，最後單擊 **Impot selected channels**，就可獲得圖 8-14 所示的 **Pattern**。

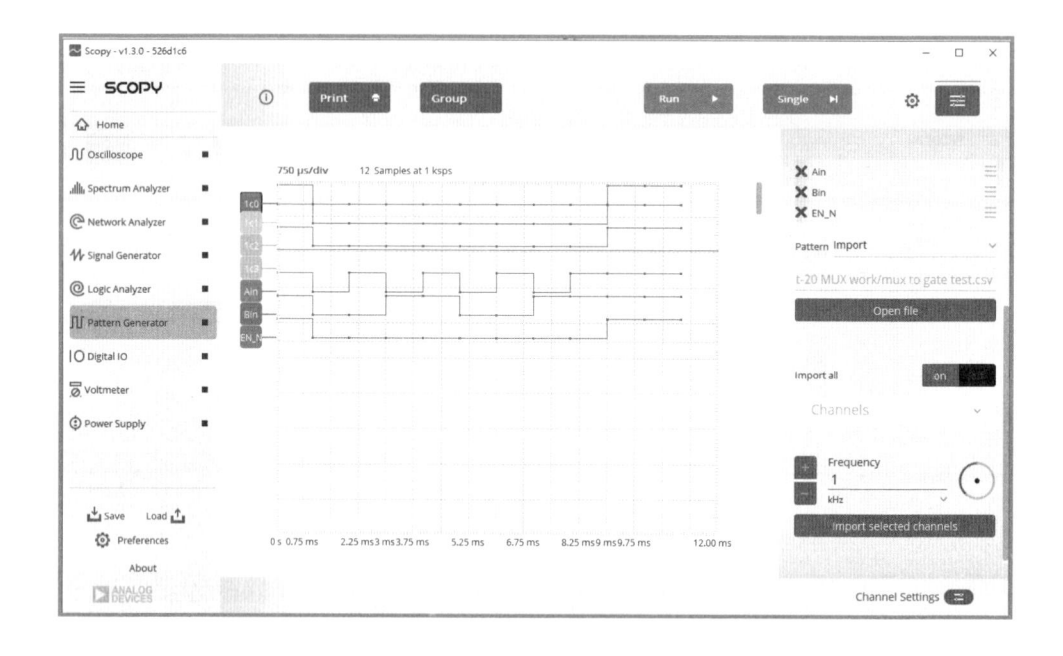

◎ 圖 8-14　完成 Pattern Generator 的設定及 Pattern 的顯示

第八章 Data Selectors 與 Multiplexers　173

　　Logic Analyzer 的設定，首先在 **General Settings** 上選定參與的 DIOs，依照 CSV file 為 7 個，也就是 DIO 0～DIO 6，另加入輸出 1Y 等 8 個，如圖 8-15 所示。

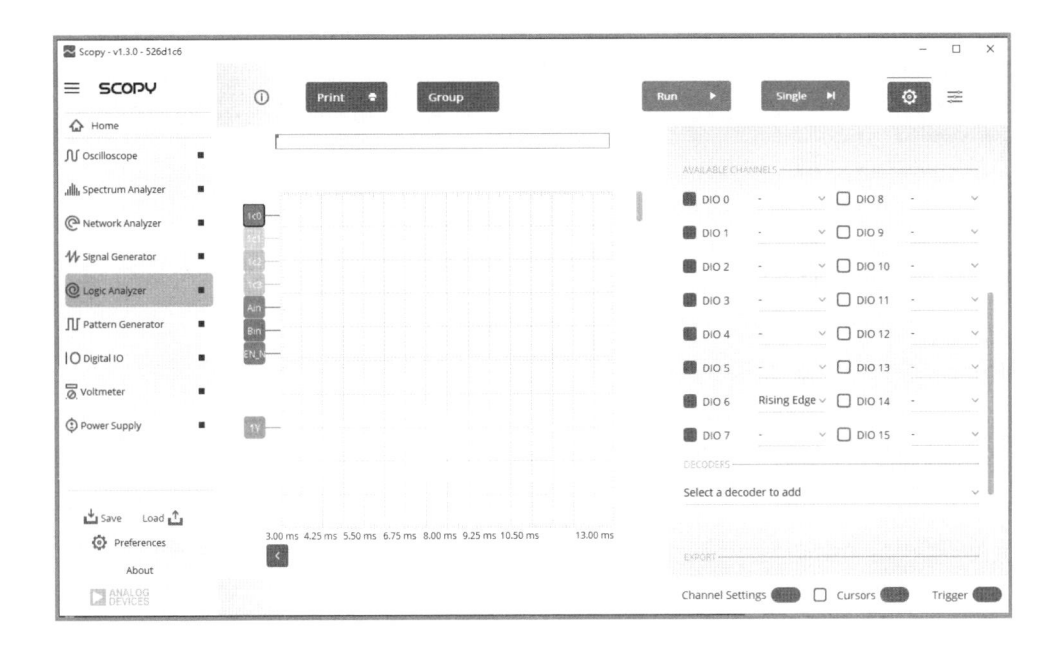

圖 8-15　Logic Analyzer 的 General Settings 設定

Logic Analyzer 設定完畢，開啟電源，雙擊 Single，視窗的反應為 Waiting，如圖 8-16 所示。

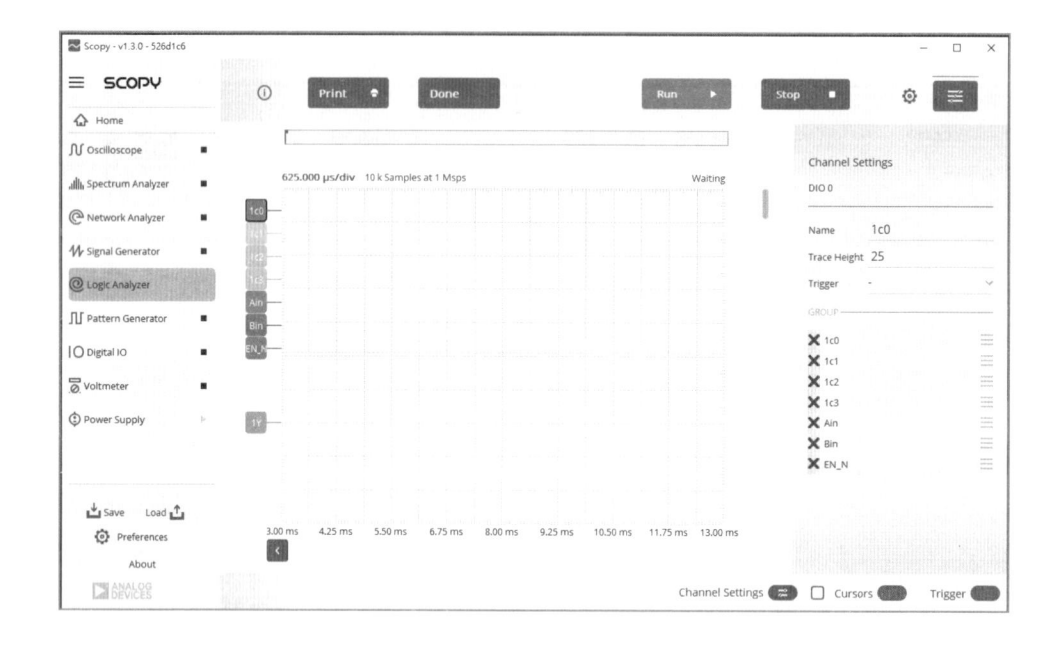

圖 8-16　Logic Analyzer 設定完畢雙擊 Single 視窗的反應為 Waiting

第八章 Data Selectors 與 Multiplexers　175

　　再次雙擊 Pattern Generator 的 Single，讓 Pattern 再次送到 Logic Analyzer 如圖 8-17 所示。

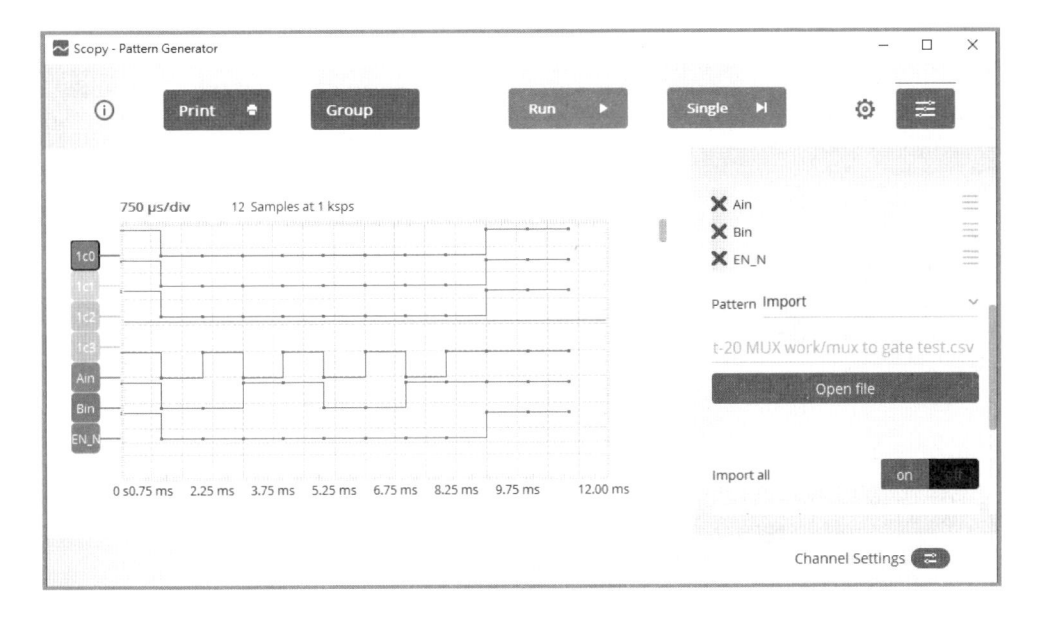

圖 8-17　Pattern 再送 Trigger 到 Logic Analyzer

Logic Analyzer 收到觸發訊號後，**Waiting** 變為 **Stop**，1Y output 有了 AND gate 的輸出，如圖 8-18 所示。

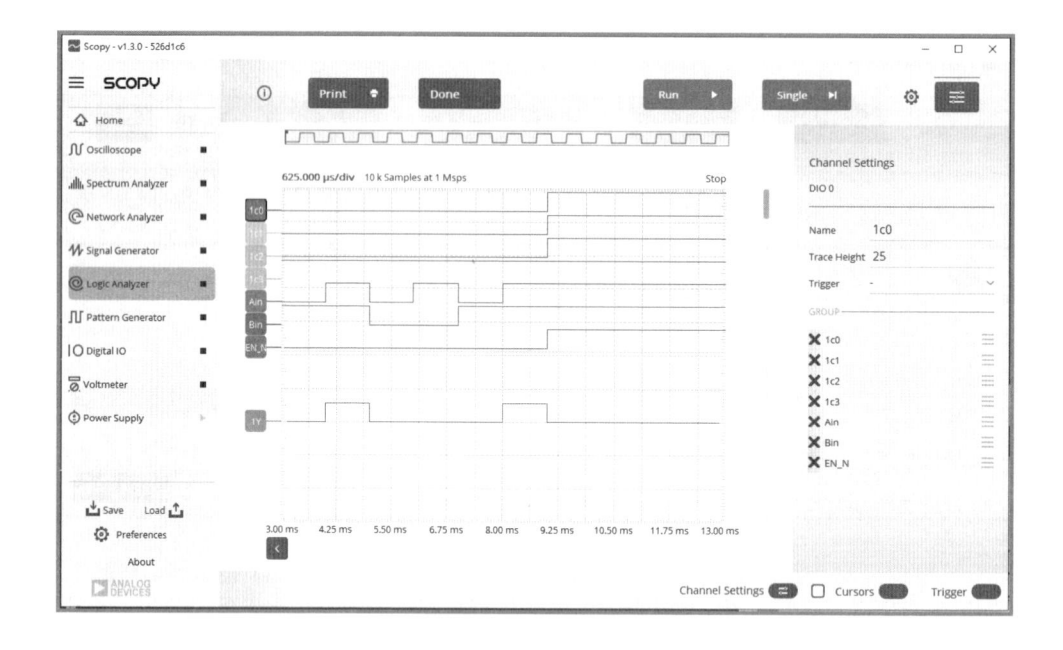

◎ 圖 8-18 ◎　　Logic Analyzer 收到觸發訊號後 1Y output 有了 AND gate 的輸出

8-6 課外練習

1. 試將圖 8-11 的 mux to gate test.csv 擴大成可以測試 OR、NOR、XOR 和 XNOR 等 Gates。

2. 試寫出 74LS138 3-line to 8-line Decoder/Demultiplexers 的 VHDL Behavior 模式，並且使用 ModelSim Simulator 的 Testbench 來測試之。

3. 試用 Analog Discovery 來測試 SN74LS148 8-line to 3-line Priority Encoder。(注意：輸入 8-lines 和輸出 3-lines 請用 Group 來構成)

4. 試將 74LS257 Quad 2-line to 1-line Data Selectors/Multiplexers 連接成 Dual 4-line to 1-line Data Selectors/Multiplexers。

第九章 加法器電路的組成和測試

加法器電路是決定一部計算機速度的基本元件，組成這個元件的電路有很多種，最簡單同時也最慢的是 Carry-ripple adder，比較快也比較複雜的是 Carry-Lookahead adder，本章將介紹它們的組成、VHDL Coding、Simulation 和硬體測試的方法。

9-1 簡單的加法器電路

圖 9-1 是加法器的方塊圖和它的 Truth Table，所有的加法器電路設計皆是從這裡開始。

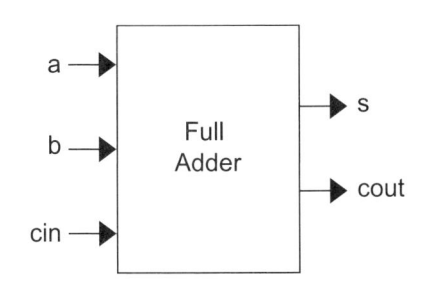

a	b	cin	s	cout
0	0	0	0	0
0	1	0	1	0
1	0	0	1	0
1	1	0	0	1
0	0	1	1	0
0	1	1	0	1
1	0	1	0	1
1	1	1	1	1

圖 9-1　加法器的方塊圖和它的 Truth Table

從 Truth Table 可以寫出加法器的輸出 Sum (S) 和 Carry OUT (cout)，以及輸入 a、b 和 Carry IN (c_{in}) 的 **Logic** 關係。如圖 9-2 所示。

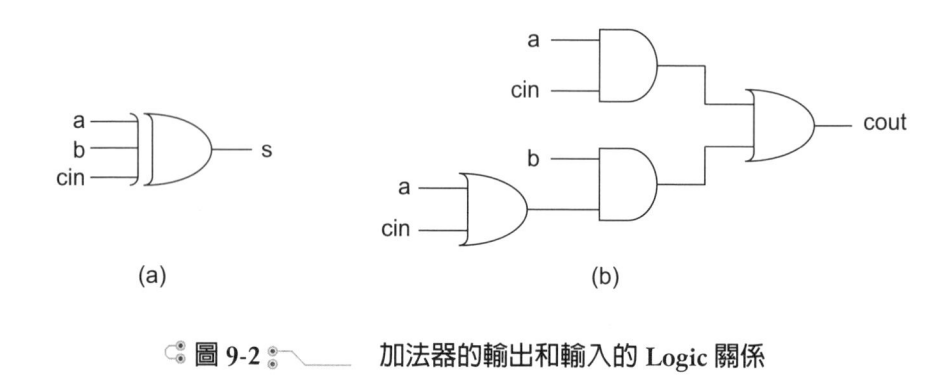

圖 9-2 加法器的輸出和輸入的 Logic 關係

有關 **VHDL** 電路和 Testbench 的構成，請參考附錄 A 和附錄 B；**ModelSim** 的 **Simulation** 步驟，請參考附錄 E。

9-2　VHDL Coding 與 ModelSim Simulation

圖 9-2 簡單加法器電路的 **VHDL Coding**，如圖 9-3 所示。

```
1  -- simple_adder.vhd
2  ENTITY simple_adder IS
3      PORT (a, b, cin: IN BIT;
4             s, cout: OUT BIT);
5  END simple_adder;
6  --------------------------------------------------------------
7  ARCHITECTURE structure OF simple_adder IS
8  BEGIN
9      s <= a XOR b XOR cin;
10     cout <= (a AND b) OR (a AND cin) OR (b AND cin);
11 END structure;
```

圖 9-3　圖 9-2 加法器電路的 VHDL Coding

模擬測試圖 9-3 加法器電路的 VHDL testbench，如圖 9-4 所示。測試 Truth Table 所需的 Timing Diagram 最簡單的方法，是讓訊號的相對時間依次倍增，如 line 19 到 21 所示。line 13 將訊號的開始設定為 '0'，對於測試訊號至關重要。

```vhdl
1  -- testbench for simple_adder
2  ENTITY testbench IS
3  END testbench;
4
5  USE work.ALL;
6
7  ARCHITECTURE stimulus OF testbench IS
8      COMPONENT simple_adder
9          PORT (a, b, cin: IN BIT;
10                s, cout: OUT BIT);
11     END COMPONENT;
12 -- ----------------------------------------
13 SIGNAL a, b, cin: BIT;
14 SIGNAL  s, cout: BIT;
15
16 BEGIN
17     DUT: simple_adder PORT MAP(a, b, cin, s, cout);
18
19     a <= NOT  a AFTER  50 ns;
20     b <= NOT  b AFTER 100 ns;
21     cin <= NOT cin AFTER 200 ns;
22
23 END stimulus;
```

圖 9-4　　模擬測試圖 9-3 加法器電路的 VHDL testbench

第九章　加法器電路的組成和測試　183

　　使用 ModelSim Simulator testbench 測試的結果，如圖 9-5 所示，與圖 9-1 的 Truth Table 相對比，它們完全相同。

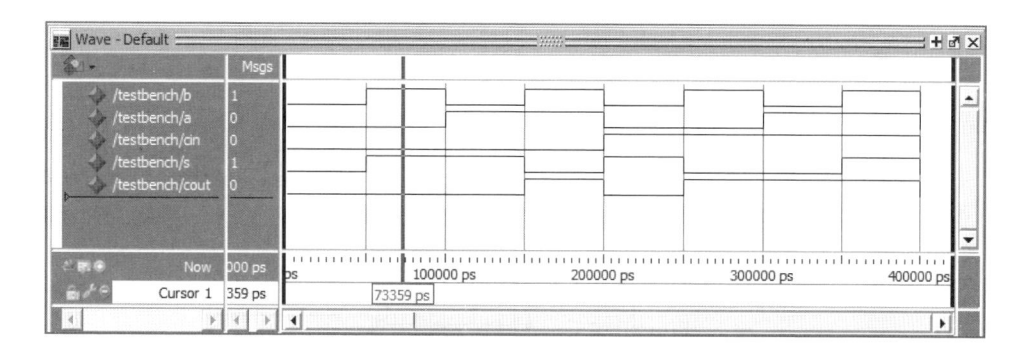

圖 9-5　模擬測試的結果顯示與 Truth Table 完全相同

9-3 Carry-ripple adder SN74LS283

圖 9-6 為 SN74LS283 4 bits Carry-ripple adder 的電路圖。

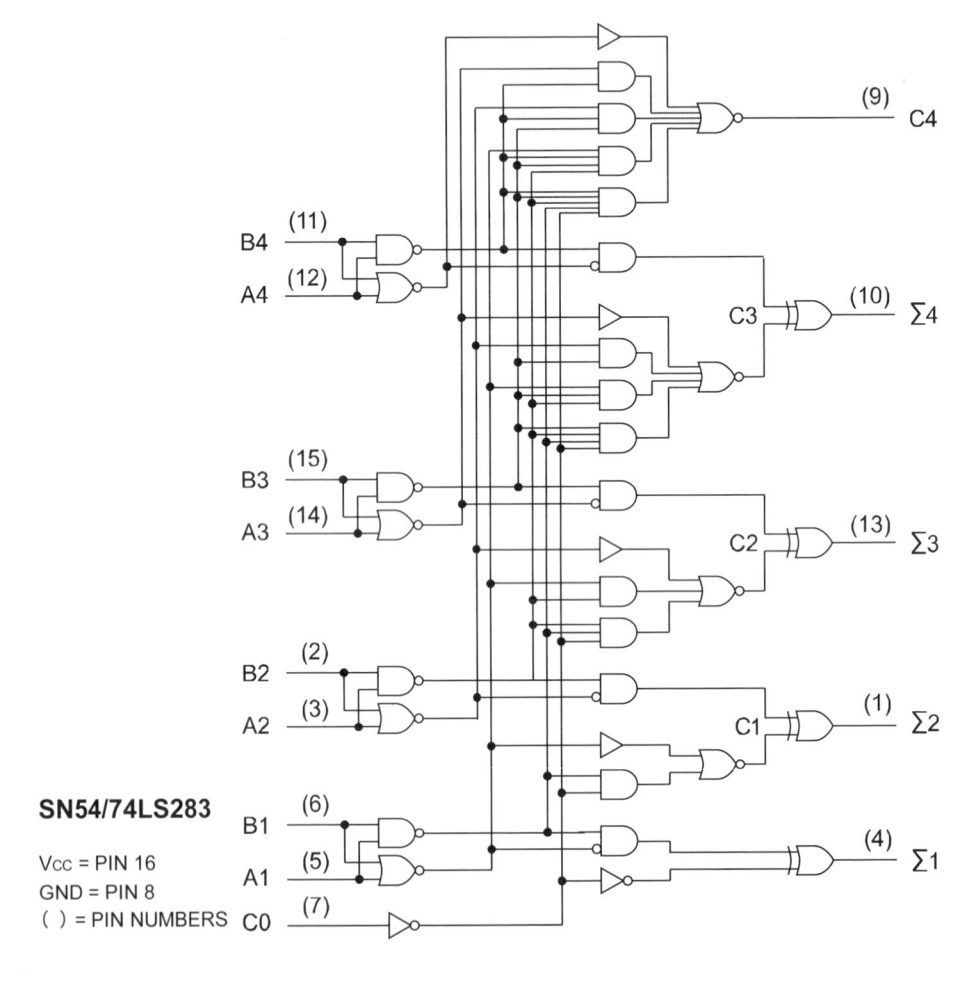

SN54/74LS283

Vcc = PIN 16
GND = PIN 8
( ) = PIN NUMBERS

圖 9-6　SN74LS283 4 bits Carry-ripple adder 電路

第九章　加法器電路的組成和測試　185

　　它的輸入為 $A_1 \sim A_4$、$B_1 \sim B_4$ 和 C_0，輸出為 $\Sigma_1 \sim \Sigma_4$ 和 C_4。電路中 Carry bits $C_0 \sim C_4$ 呈串聯狀態，如圖 9-7 所示。由於 Gate Delay，使得完成加法的速度降低了。以一個 64 bits 加法器為例，假定每個 Gate Delay 為 0.1 nS，則 C_4 與 C_0 間的 Delay 便是 $64 \times 0.1 = 6.4$ nS！

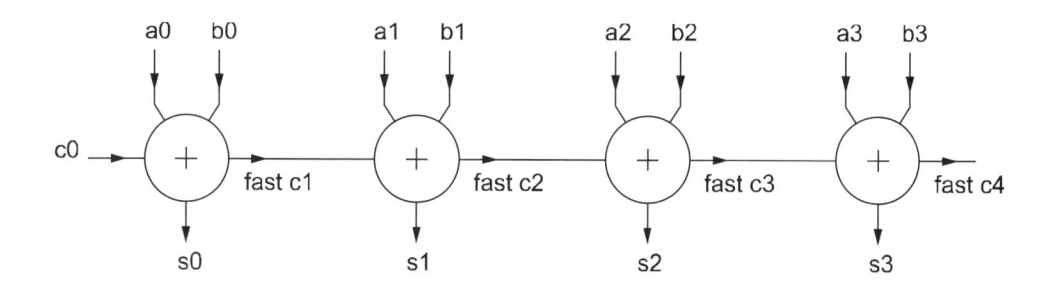

圖 9-7　Carry-ripple adder 電路中 Carry bits $C_0 \sim C_4$ 呈串聯狀態

9-4 Carry-Lookahead adder

為了免除 Carry 因串聯結構而引起的 Delay，**Carry-Lookahead adder** 電路，對每級的 Carry 採用獨立處理的方式，如圖 9-8 所示。

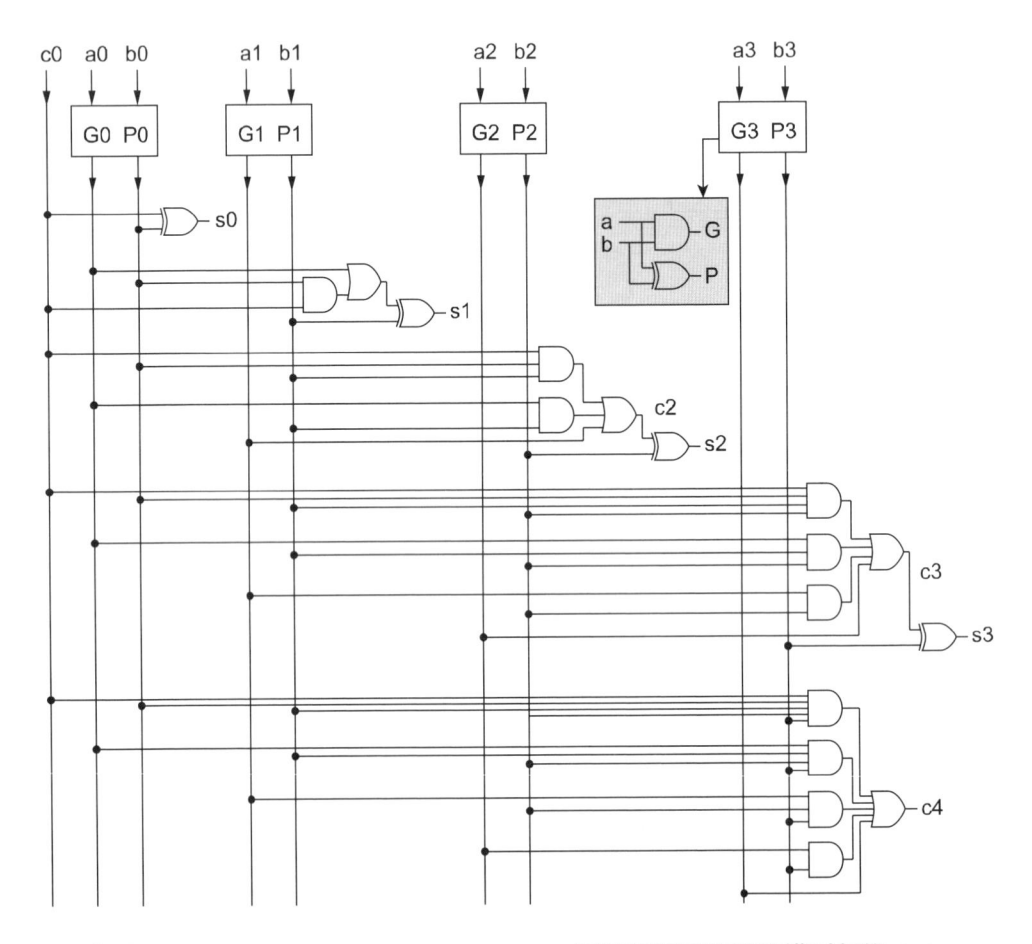

圖 9-8　Carry-Lookahead adder 電路免除了串聯結構引起的 Delay

9-5 硬體實作

　　圖 9-9 為 SN74LS283 4 bits Carry-ripple adder 的電路圖。它的輸入為 C_{in}、$A_1 \sim A_4$ 和 $B_1 \sim B_4$，輸出為 $Y_1 \sim Y_4$ 和 C_{out}。

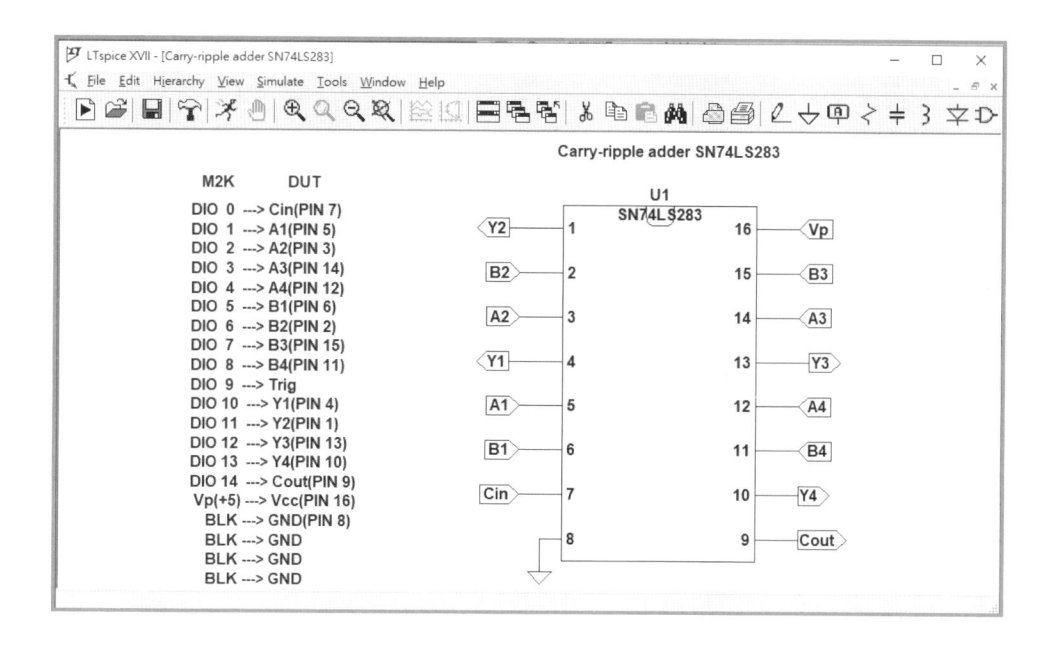

◦ 圖 9-9 ◦　　M2K/Scopy 測試 SN74LS283 電路實體示意圖

　　輸出 $Y_1 \sim Y_4$，加上 C_{out} 共用掉 6 個 DIO。

9-5-1　CSV 測試檔的製作

4 bit 加法器 SN74LS283 的輸入有 2 組：$A_1 \sim A_4$ 和 $B_1 \sim B_4$，加上 C_{in} 和 **Trigger** 共用掉 10 個 DIO，如圖 9-10 所示。

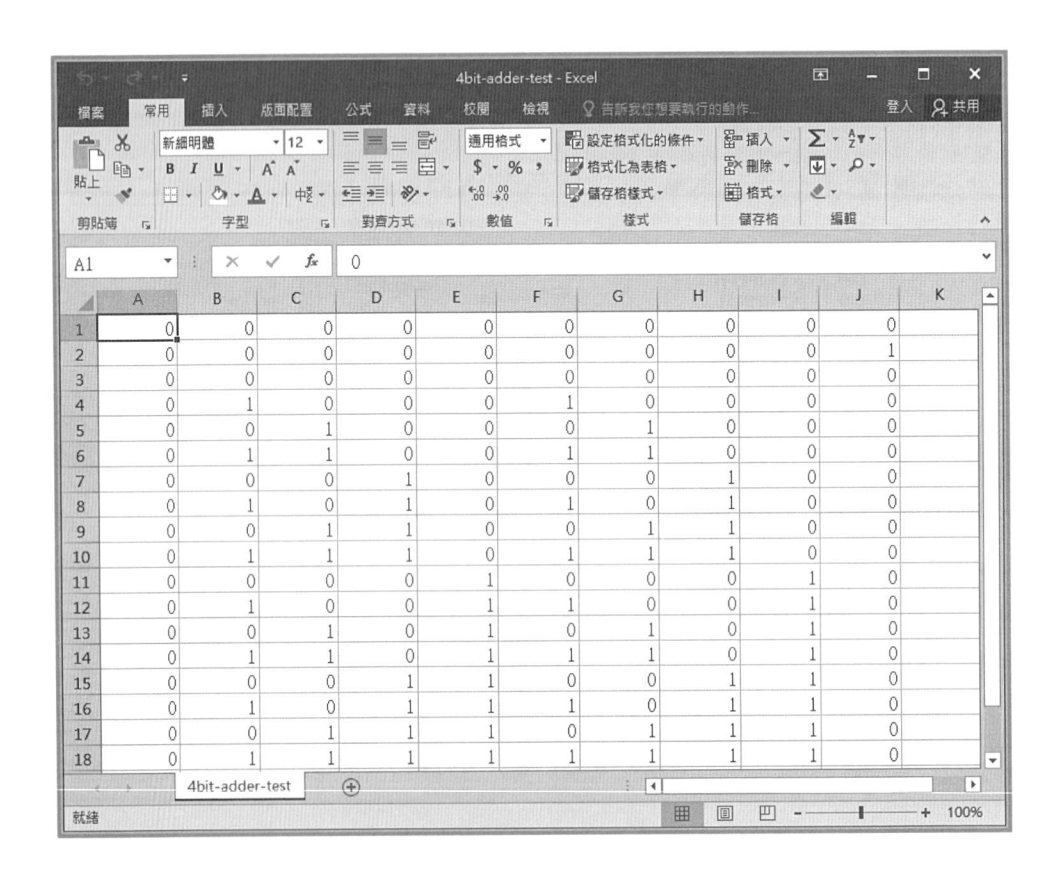

圖 9-10　測試 SN74LS283 的輸入檔 4bit-adder-test.csv

9-5-2　Pattern Generator 的設定

Pattern Generator 的設定，首先在 **General Settings** 上選定參與的 DIOs，依照 CSV file 為 10 個，也就是 DIO 0～DIO 9，如圖 9-11 所示。

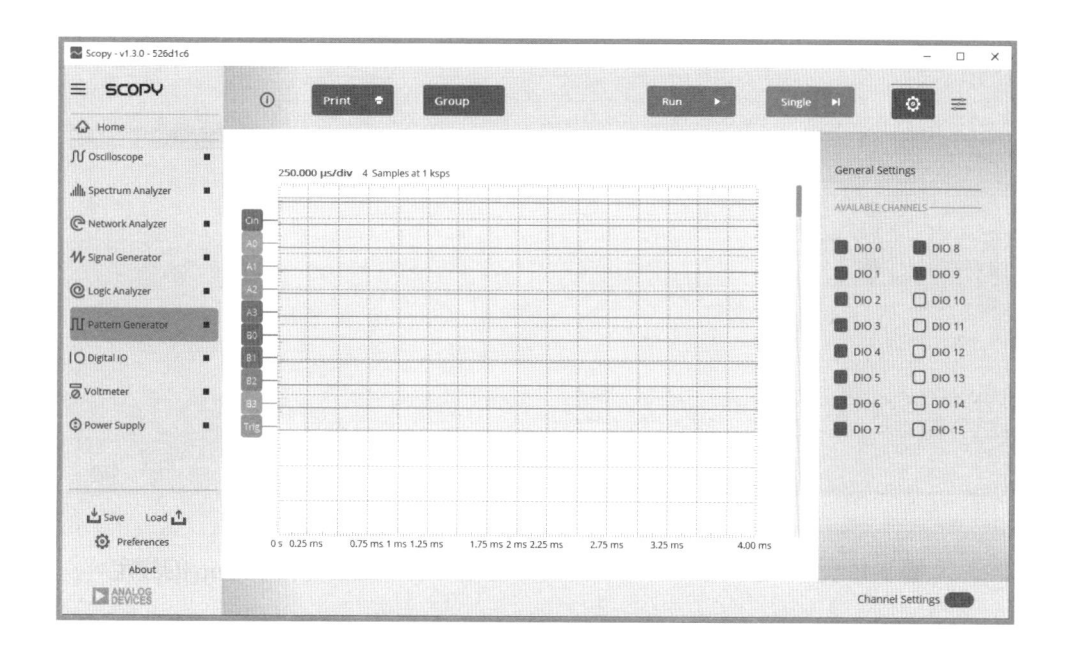

圖 9-11　Pattern Generator 的設定

接著是每個 DIOs 的名稱和 Group 的設定，如圖 9-12 所示。

◉ 圖 9-12 ◉　　Pattern Generator 每個 DIOs 的名稱和 Group 的設定

因為 CSV file 為外來，故選用 **Import**，如圖 9-13 所示。

```
Clock
Number
Random
Binary Counter
Pulse Pattern
UART
SPI
I2C
Gray Counter
Import
```

圖 9-13　**Pattern Generator** 可選擇的內載和外來圖案檔

然後是針對 CVS 的位置 Open file 和 Import selected channels，如此即完成 Pattern Generator 的操作，如圖 9-14 所示。

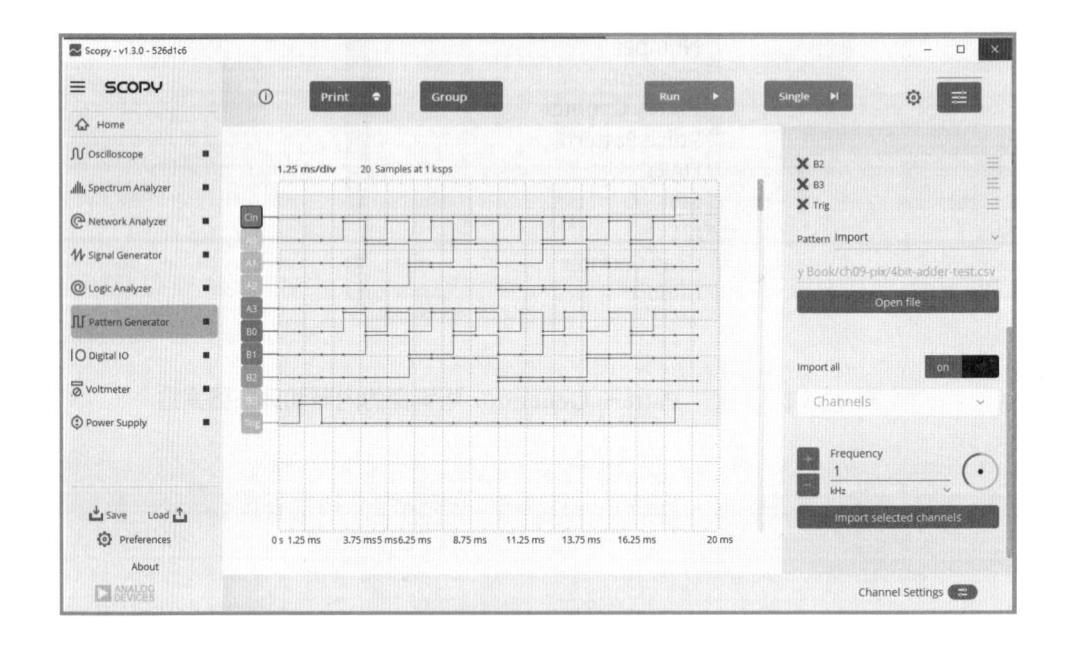

◎ 圖 9-14 ◎　　針對 CVS 的位置 Open file 和 Import selected channels

9-5-3　Logic Analyzer 的設定

Logic Analyzer 的設定，首先在 **General Settings** 上選定參與的 DIOs，依照 CSV file 為 10 個，也就是 DIO 0～DIO 9，另加入輸出的 Y_1～Y_4 及 C_{out} 等 5 個，如圖 9-15 所示。

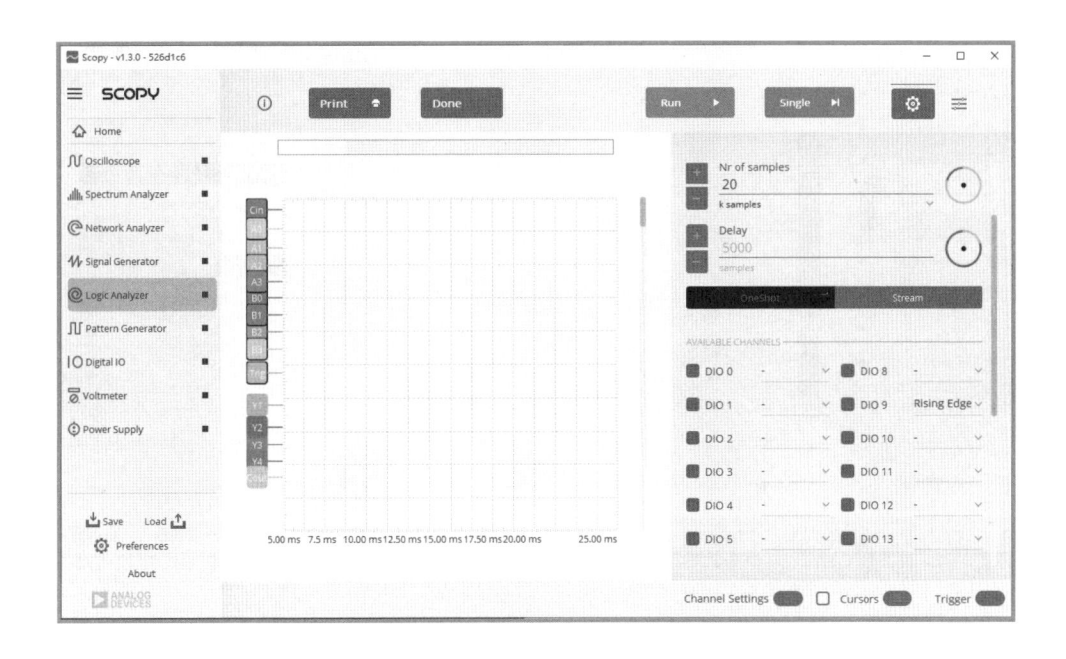

◦ 圖 9-15 ◦　　Logic Analyzer 的一般設定

觸發訊號設定在 **Pattern Generator** 的 DIO 9，但須在 **Logic Analyzer** 的設定中加以註明。觸發訊號可以由多個訊號的 OR 或 AND 來組成，同時有 **auto/normal** 的選擇，如圖 9-16 所示。

圖 9-16　觸發訊號可以由多個訊號的 OR 或 AND 來組成

Pattern Generator 提供被測試電路的輸入與觸發訊號，**Logic Analyzer** 接收被測試電路的輸出訊號。為了觀察二者的 timing 關係，**Logic Analyzer** 也可以把輸入訊號拉進來觀察，如圖 9-15 所示。由於圖 9-14 的時間軸為 20.00 mS，**Logic Analyz** 的時間軸也應該調整到等於或略大於 20.00 mS。調整 **General Setting** 的 Sample Rate 和 No. of Samples 來完成。接下來是選用輸入和輸出的頻道，本實驗為 DIO 0～DIO 9 為輸入訊號；同時應選定 DIO 9 的 Rising Edge 為觸發訊號。Y_1～Y_4 和 C_{out} 為 5 個輸出訊號。

第九章 加法器電路的組成和測試 195

Logic 電路在設定完成後的操作步驟是：

1. 雙擊 Logic Analyzer 的 Single，因為 Trigger 未到，反應是 Waiting。

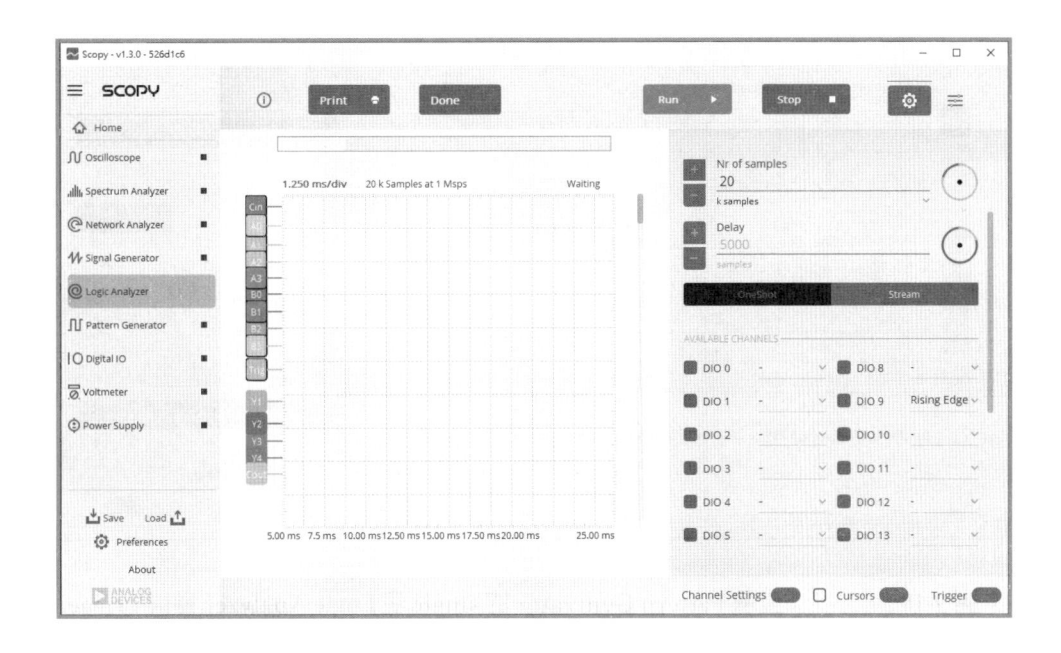

圖 9-17　Logic Analyzer 因未得 Trigger 反應為 Waiting

2. 雙擊 Pattern Generator 的 **Single**，促使 **Logic Analyzer** 獲得 **Trigger**。

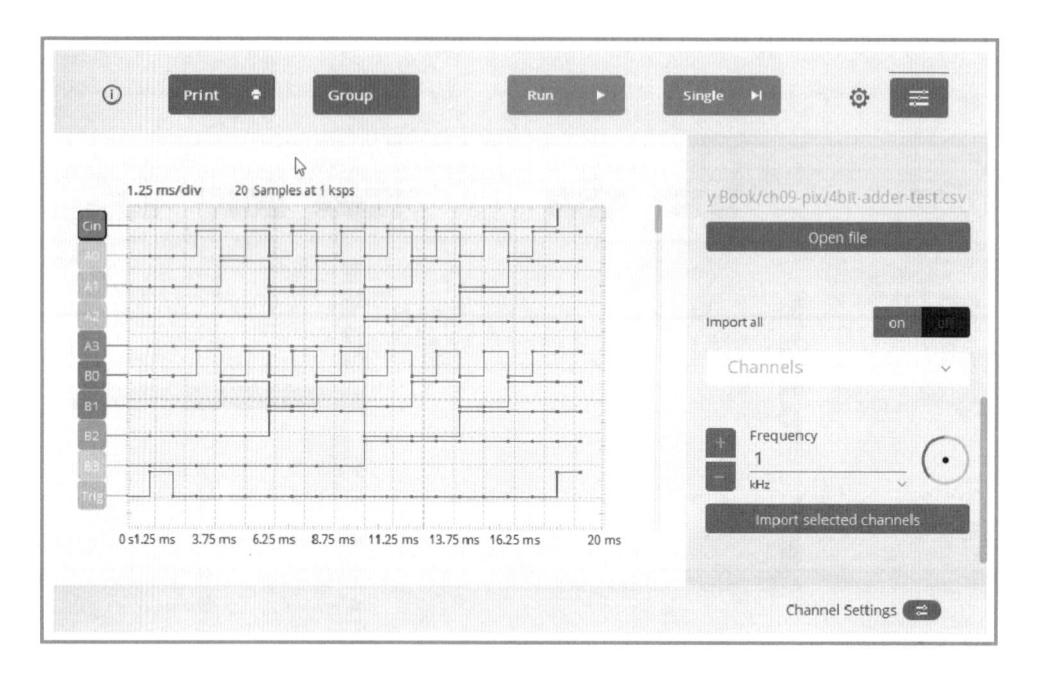

圖 9-18　雙擊 Pattern Generator 的 single 使 Logic Analyzer 獲得 Trigger

第九章　加法器電路的組成和測試　197

3. **Logic Analyzer** 獲得 **Trigger**，反應是 **Waiting** 改變成 **Stop** 完成 test。

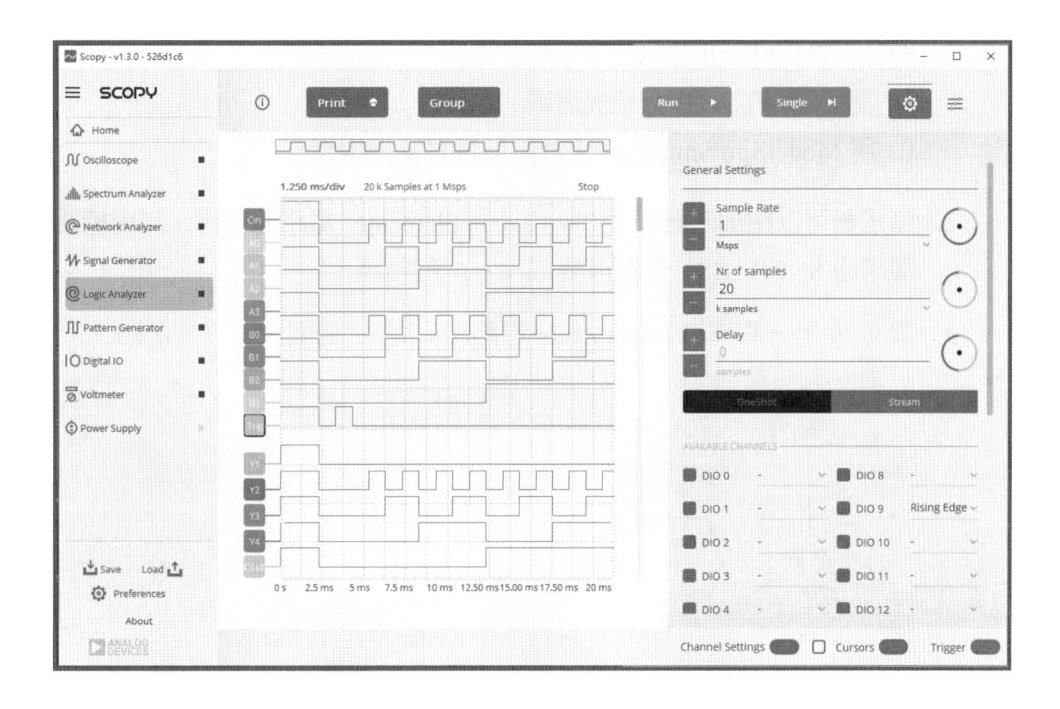

◎ 圖 9-19 ◎　　Logic Analyzer 獲得 Trigger 後將 Waiting 變成 Stop 完成 test

9-6　課外練習

1. 圖 9-7 為 Carry-ripple adder 電路方塊圖。

　　A. 寫出電路的 VHDL 結構編碼。

　　B. 用 ModelSim Simulator 來測試證實其結構編碼。

2. 減法器可以由加法器加上 Two's complementer 電路而獲得，試用線路圖來將 SN74LS283 電路改變成 $a \pm b$ 的電路。

3. 圖 9-20 是一個稱為 Incrementer 電路，b 與 a 的關係為 $b = a + 1$。

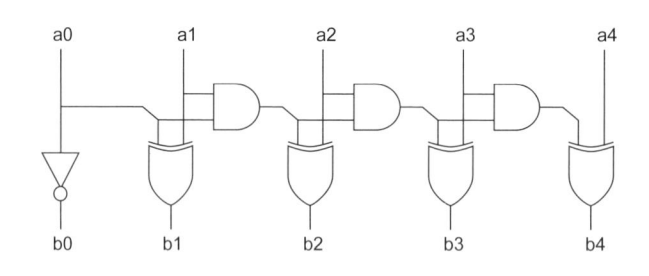

◦ 圖 9-20 ◦　　　$b = a + 1$ 的 Incrementer 電路

　　A. 寫出電路的 VHDL 結構編碼。

　　B. 用 ModelSim Simulator 來測試證實其結構編碼。

第十章 寄存器和時序電路

複雜的大型設計通常是**同步的** (Synchronous)，其中時序電路通常占系統的很大一部分，為了構建它們，需要寄存器。因此本章對時序電路的討論將從寄存器的研習開始，這個單元可以分為兩種：**鎖存器** (Latches) 和**翻轉─觸發器** (Flip-Flops)。前者可進一步分為 SR 和 D 鎖存器，後者可細分為 SR、D、T 和 JK Flip-Flops。本章的研習特別注意到 D 鎖存器和 D 翻轉─觸發器的操作，因為它們幾乎負責所有基於寄存器的應用程序。

10-1 鎖存器和翻轉─觸發器

構成鎖存器和翻轉─觸發器也是用電閘，由於使用的 Gates 過多，使用 Behavior 模式來取代 Data Flow 模式會更為恰當。圖 10-1 為 Latches 的 Symbol，功能分析和時序分析。

D Latch方塊圖

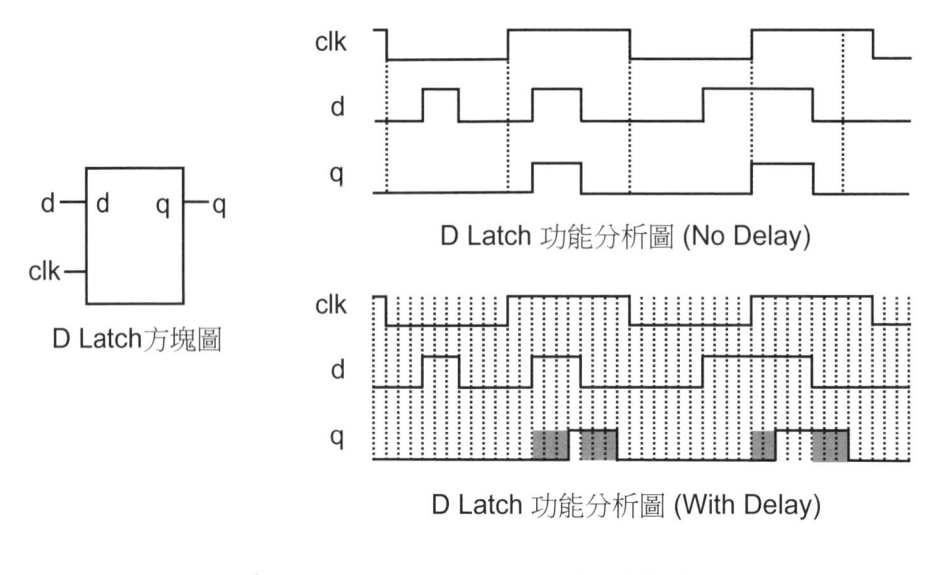

D Latch 功能分析圖 (No Delay)

D Latch 功能分析圖 (With Delay)

圖 10-1　D Latch 的功能分析

時序電路使用 Process (clk, d)，括號內的信號稱為 Sensitivity list，如果其中的訊號 clk 或 d 有變化時，程式就會從 begin 開始順序做到 end process 為止，否則便什麼都不做。圖 10-2 為 D Latch 的 **VHDL** 主要代碼部分。

```
process (clk, d)
begin
    if (clk = '1') then
        Q <= D;
    end if;
end process;
```

圖 10-2　D Latch 的 VHDL 主要代碼部分

構成翻轉─觸發器也是用電閘，圖 10-3 為 **DFF** 的 Symbol，功能分析和時序分析。圖 10-4 是使用 Behavior 模式的 **VHDL** 代碼。

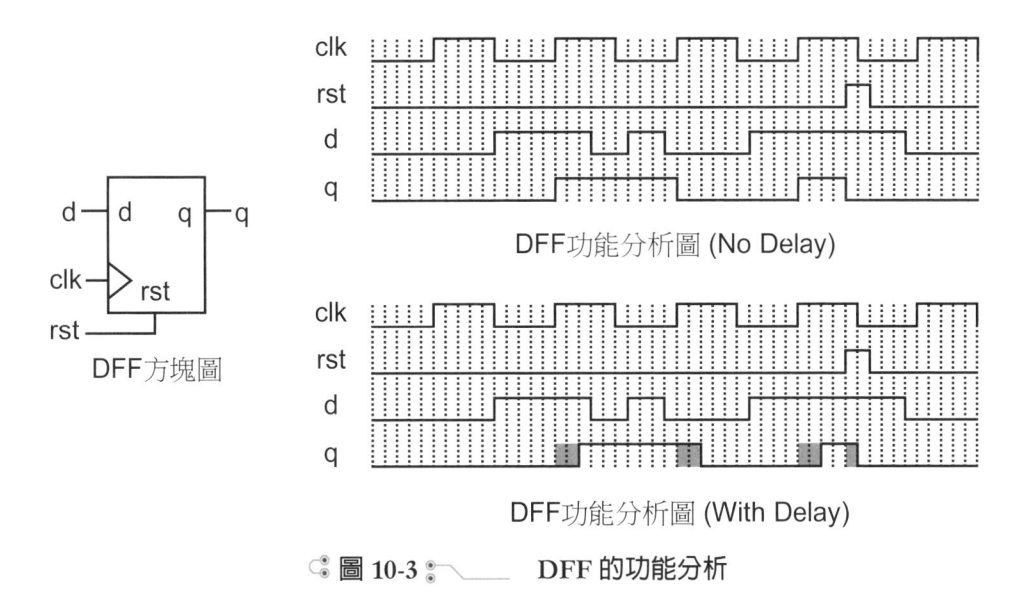

圖 10-3　DFF 的功能分析

Behavior DFF.vhd

```
process (clk, clrN)
begin
    if clrN = '0' then
        Q <= '0';
    else
        if clk' event and clk = '1' then
            Q <= D;
        end if;
    end if;
end process;
```

圖 10-4 使用 Behavior 模式的 DFF VHDL 代碼

10-2 JKFF 與 SR、D、T 等 Flip-Flops

JKFF 是多一種多用途的 Flip-Flops，可以藉變化 J 和 K 輸入的邏輯電位，達到 SR、D、T 等多種 Flip-Flops 的功能。圖 10-5 爲 **JKFF** 的 Symbol、Truth Table 和由 Kmap 簡化出來的邏輯特性。

圖 10-6 爲 **JKFF** 的完整 **VHDL** 代碼檔，這被稱爲**行爲模式** (Behavior mode)。

(a) JKFF Symbol

J	K	Q	Q'
0	0	0	0
0	0	1	1
0	1	0	0
0	1	1	0
1	0	0	1
1	0	1	1
1	1	0	1
1	1	1	0

(b) JKFF Truth Table

J'K'Q + JK'Q' + JK'Q + JKQ' = JQ'(K' + K) + K'Q(J'+ J) = JQ' + K'Q

(c) Kmap 或 Truth Table 簡化的結果

圖 10-5 JKFF 的 Symbol、Truth Table 和由 Kmap 簡化出來的邏輯特性

圖 10-6 為 **JKFF** 的完整 **VHDL** 代碼檔。

```
-- JKFF.vhd --------------------------------------------------
ENTITY JKFF IS
    PORT (SN, RN, J, K, CLK : IN bit;
                    Q, Qn : OUT bit);
END JKFF;

ARCHITECTURE JKFF1 OF JKFF IS
SIGNAL Qint : bit;   -- Qint CAN BE used As input or output
BEGIN
    Q <= Qint;
    Qn <= NOT Qint;

    PROCESS (SN, RN, CLK)
        BEGIN
        IF RN = '0' THEN
            Qint <= '0' after 8 ns; -- RN = '0' will clear the FF
        ELSIF SN = '0' THEN
            Qint <= '1' after 8 ns; -- SN = '0' will set the FF
        ELSIF CLK'EVENT AND CLK = '0' THEN   -- falling edge of the CLK
            Qint <= (J AND NOT Qint) OR (NOT K AND Qint); -- from truth table
        END IF;
    END PROCESS;
END JKFF1;
```

圖 10-6 完整的 JKFF VHDL 代碼檔

圖 10-7 為測試 **JKFF** 的 **VHDL** 模擬測試代碼檔。主要測試 J 和 K 四種不同組合與 CLK 及 Q 和 Q' 的關係，當 (1) J = K = '0' 時 Q 和 Q' 應保持不變；(2) 當 J = '1' K = '0' 時 Q = '1' 和 Q' = '0'；(3) 當 J = '0' K = '1' 時 Q = '0' 和 Q' = '1'；(4) 當 J = K = '1' 時 Q 和 Q' 發生 Toggle。從而可以看到 (2) 與 (3) 是在從事 **DFF** 的工作，而 (4) 則在從事 **TFF** 的工作。

```
-- testbench for JKFF ----------------------------
ENTITY testbench IS
END testbench;

USE work.all;

ARCHITECTURE stimulus of testbench IS
    component JKFF
        PORT (SN, RN, J, K, CLK : IN bit;
              Q, Qn : OUT bit);
    end component;
-- Declare testbench's signals
SIGNAL   SN: bit :='1';
SIGNAL   RN: bit :='0';
SIGNAL    J: bit :='0';
SIGNAL    K: bit :='0';
SIGNAL  CLK: bit :='0';
SIGNAL    Q: bit;
SIGNAL   QN: bit;

BEGIN
    DUT: JKFF PORT MAP(SN, RN, J, K, CLK, Q, QN);

    CLK <= NOT CLK AFTER 10 ns;
      J <= NOT J AFTER 100 ns;
      K <= NOT K AFTER 100 ns;

    process
    begin
        wait for 30 ns;
        RN <= '0';
        wait for 30 ns;
        RN <= '1';
        wait;
    end process;
end stimulus;
```

圖 10-7　測試 JKFF 的 VHDL 模擬測試代碼檔

圖 10-8 為 ModelSim 模擬測試 JKFF 檔的 waveform 結果，與以上目的預期相同。請注意到 JKFF 在 RN 之前 Q 與 Q' 為高阻抗 Z，測試之前必須先令 RN = '0'，才能順利進行。

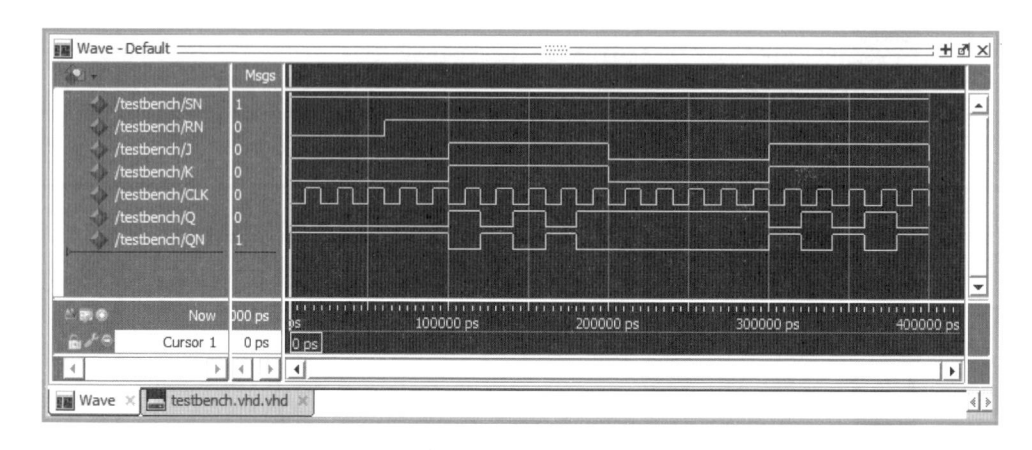

圖 10-8　ModelSim 模擬測試 JKFF 檔的結果波形

10-3　計數器

計數器 (Counter) 是數位系統中主要的子系統之一，由數位元件 **TFF** 所組成。系統中訊號的**計時器** (Timer)，就是靠計數器來完成，它是所有系統中不可缺少的組件。

10-3-1　DFF 組成的計數器

圖 10-9 的 Counter 是將 **DFF** 的 Q' 連接到 D 形成的 **TFF** 來組成的 4 bit Up Counter。

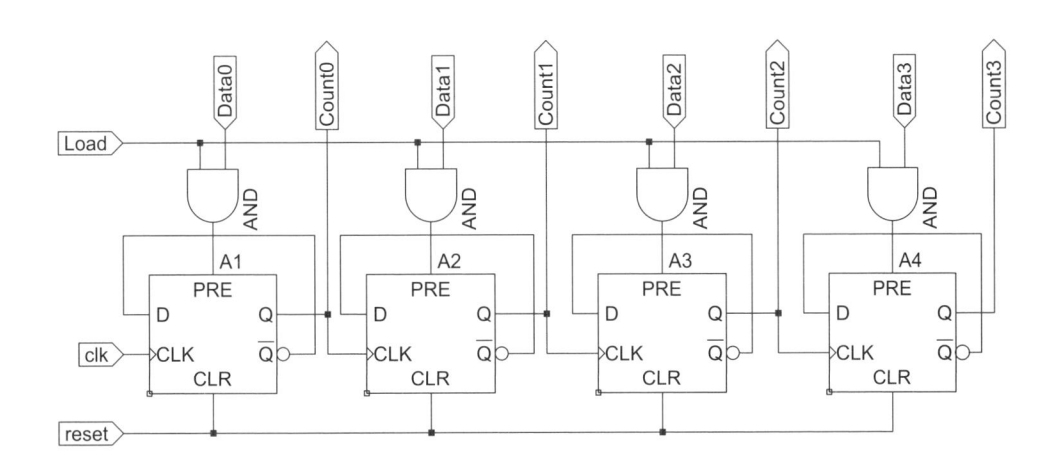

◦ 圖 10-9 ◦　　DFF 組成的 4 bit Up Counter

10-3-2　計數器的 VHDL 代碼

對於較複雜的電路，除了使用硬體結構來描述電路，還可以用電路的 **I/O 行為** (Behavior) 模式來對圖 10-9 做 **VHDL** 電路的行為描述，如圖 10-10 所示。有關 **VHDL** 電路檔的結構與格式，請參考附錄 A；測試檔的結構與 Stimulus 的寫法，請參考附錄 B；**ModelSim** 的 **Simulation** 模擬測試的步驟，請參考附錄 E。

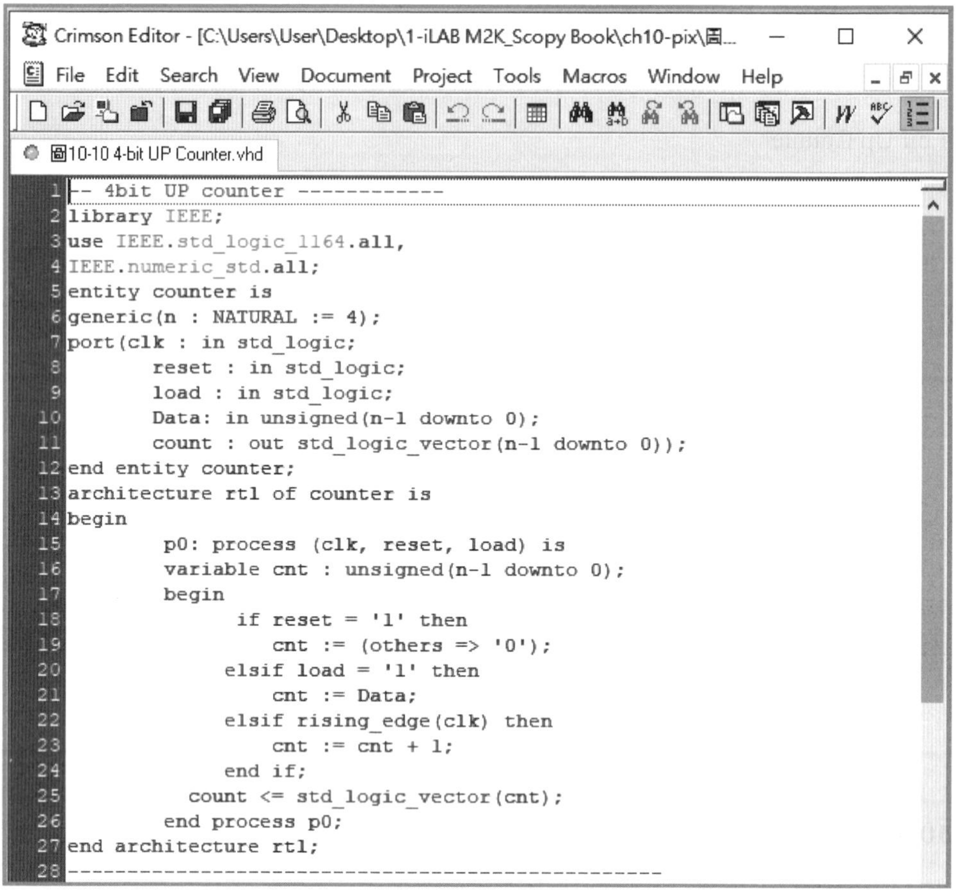

```vhdl
-- 4bit UP counter ------------
library IEEE;
use IEEE.std_logic_1164.all,
    IEEE.numeric_std.all;
entity counter is
generic(n : NATURAL := 4);
port(clk : in std_logic;
     reset : in std_logic;
     load : in std_logic;
     Data : in unsigned(n-1 downto 0);
     count : out std_logic_vector(n-1 downto 0));
end entity counter;
architecture rtl of counter is
begin
        p0: process (clk, reset, load) is
        variable cnt : unsigned(n-1 downto 0);
        begin
            if reset = '1' then
                cnt := (others => '0');
            elsif load = '1' then
                cnt := Data;
            elsif rising_edge(clk) then
                cnt := cnt + 1;
            end if;
          count <= std_logic_vector(cnt);
        end process p0;
end architecture rtl;
------------------------------------------------
```

圖 10-10　4 bit Up Counter 的 VHDL Behavior 代碼

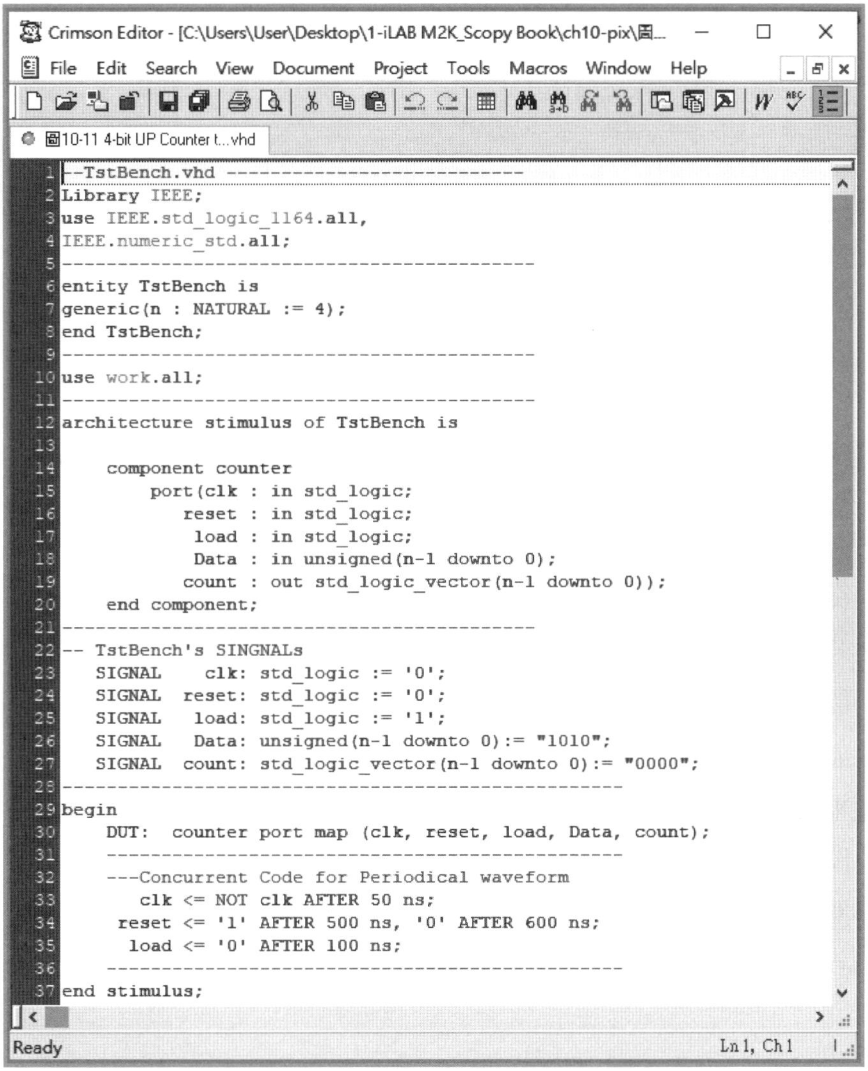

```vhdl
--TstBench.vhd -----------------------------
Library IEEE;
use IEEE.std_logic_1164.all,
    IEEE.numeric_std.all;
--------------------------------------------
entity TstBench is
generic(n : NATURAL := 4);
end TstBench;
--------------------------------------------
use work.all;
--------------------------------------------
architecture stimulus of TstBench is

    component counter
        port(clk : in std_logic;
            reset : in std_logic;
            load : in std_logic;
            Data : in unsigned(n-1 downto 0);
            count : out std_logic_vector(n-1 downto 0));
    end component;
--------------------------------------------
-- TstBench's SINGNALs
   SIGNAL    clk: std_logic := '0';
   SIGNAL    reset: std_logic := '0';
   SIGNAL    load: std_logic := '1';
   SIGNAL    Data: unsigned(n-1 downto 0):= "1010";
   SIGNAL    count: std_logic_vector(n-1 downto 0):= "0000";
--------------------------------------------
begin
    DUT:    counter port map (clk, reset, load, Data, count);
--------------------------------------------
    ---Concurrent Code for Periodical waveform
      clk <= NOT clk AFTER 50 ns;
     reset <= '1' AFTER 500 ns, '0' AFTER 600 ns;
      load <= '0' AFTER 100 ns;
--------------------------------------------
end stimulus;
```

圖 10-11　4 bit Up Counter 的 VHDL testbench

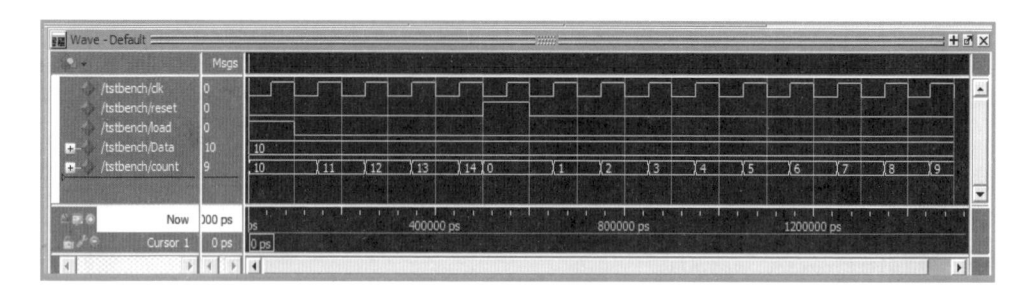

◎ 圖 10-12　　4 bit Up Counter 測試的結果

10-4　74LS193 Synchronous 4-bit Binary Counter with Dual Clock 簡介

　　從 Counter 的種類和功用來講 74LS193 是一個完善的 4 bit Counter，它不但具有同步獨立的 Up Count 和 Down Count，同時具備 Load Data、Reset Data 等功能，圖 10-13 是它的電路結構。4 bit Counter 部分，主要使用 4 個 **TFF**，其他如同步、Up Count、Down Count、Load、Clear 是用 Gates 的 Concurrent 特性來完成。

　　圖 10-13 為 74LS193 的電路結構圖。圖 10-14 是電路的輸入與輸出的邏輯時間 Timing 關係圖。在第 10-5 節裡，就將依據這個 Timing 關係來設定 **Logic Pattern Generator** 的 CSV 輸出波形。

第十章 寄存器和時序電路 211

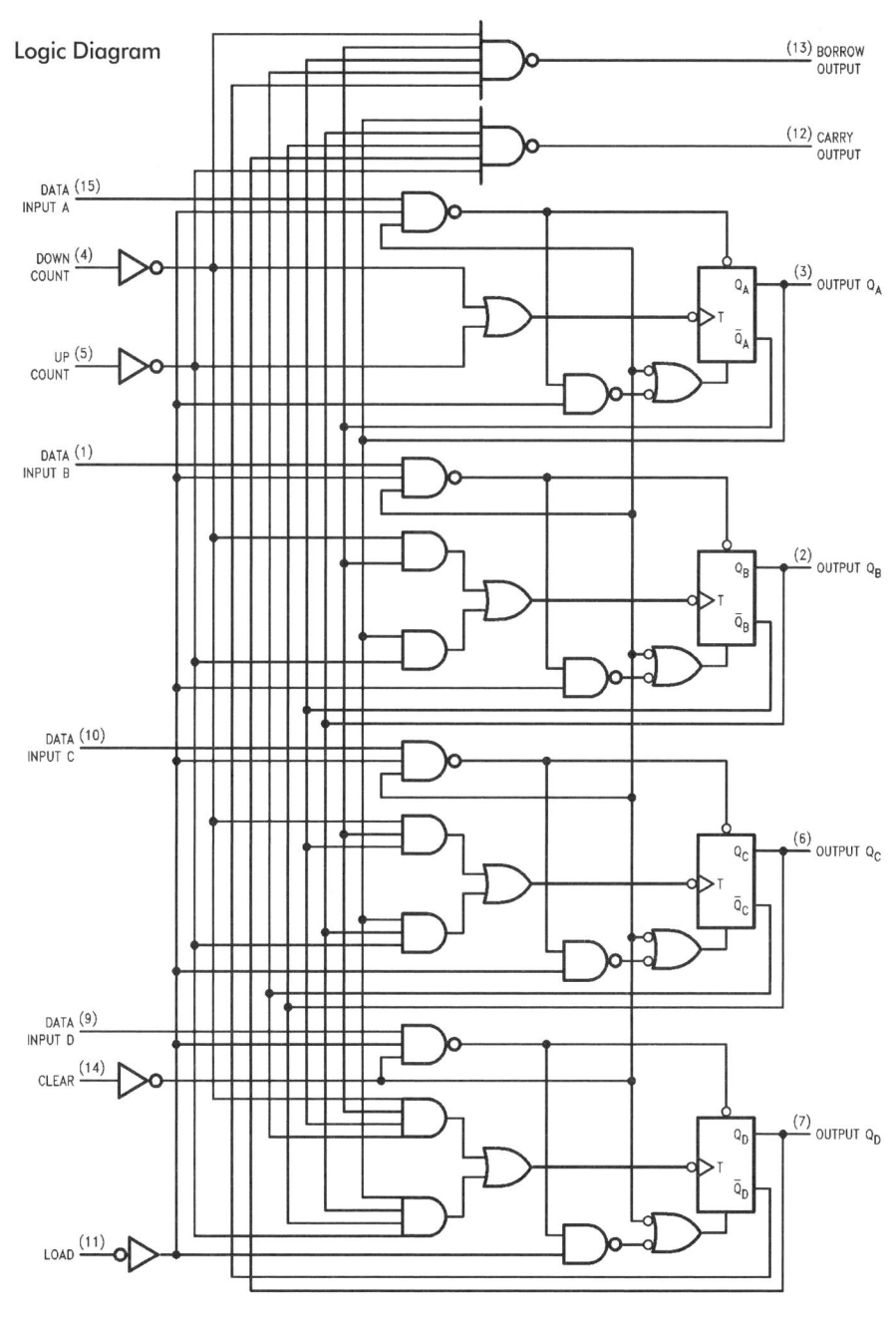

圖 10-13　74LS193 的電路結構

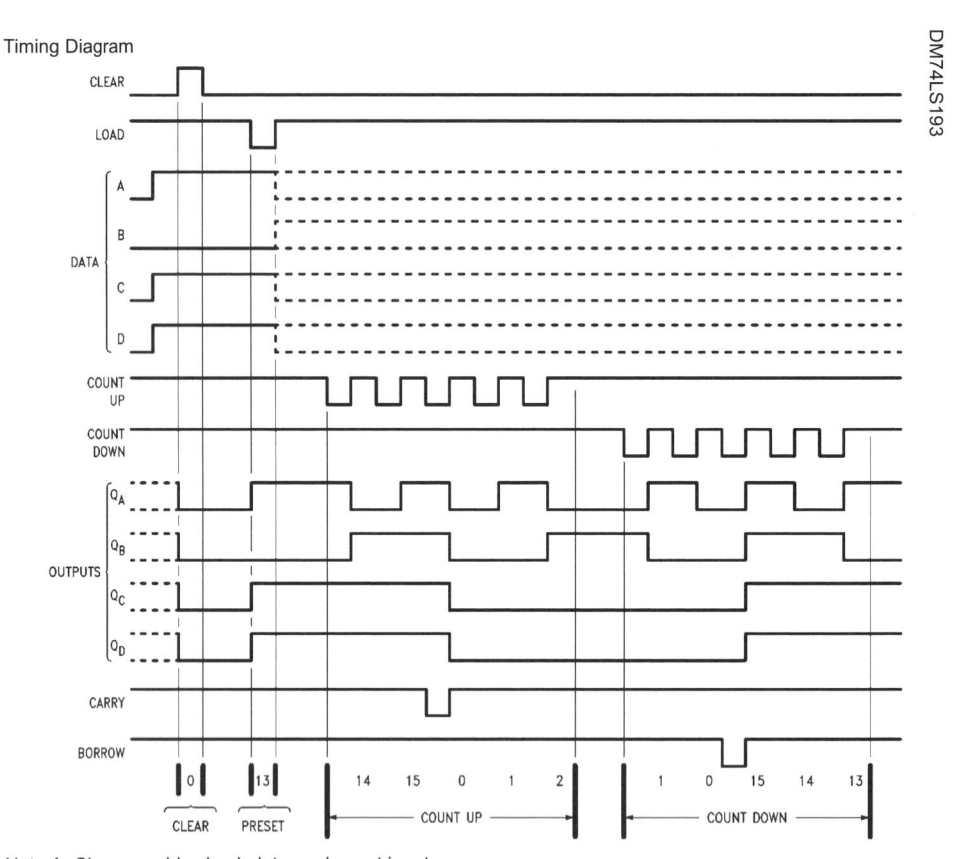

圖 10-14 電路的輸入與輸出的邏輯時間 Timing 關係圖

◎ 10-5 用於 M2K 測試的 .CSV 檔

圖 10-14 電路的輸入可以寫成 .CSV 檔以備 **M2K Pattern Generator** 之需，如圖 10-15 所示。其中 A 代表 Clear，B 代表 Load，C～F 為 Input Data，G 為 Count Up，H 為 Count Down。

第十章 寄存器和時序電路　213

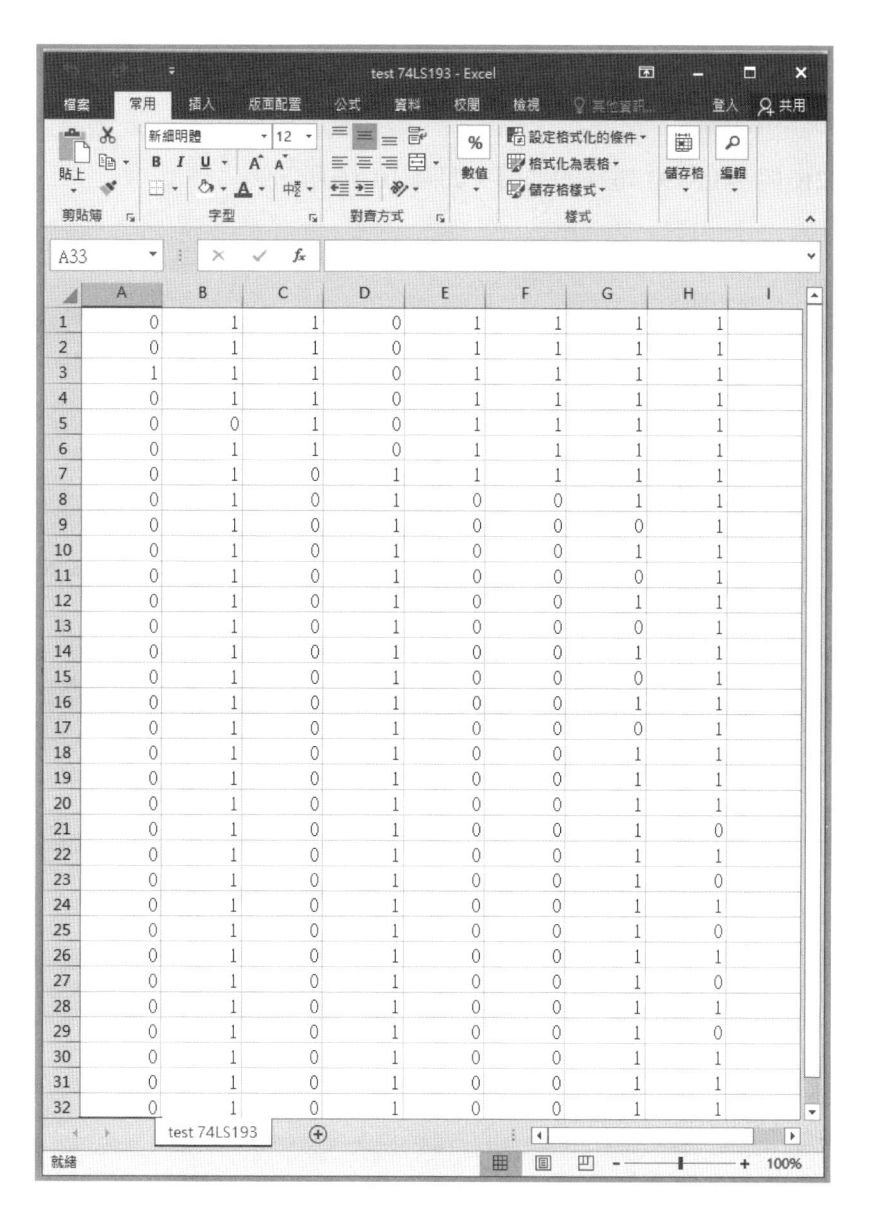

圖 10-15　74LS193 輸入所需之 CSV 檔

10-6　M2K 與實體電路的連接

M2K 與 74LS193 電路的連接，如圖 10-16 所示。

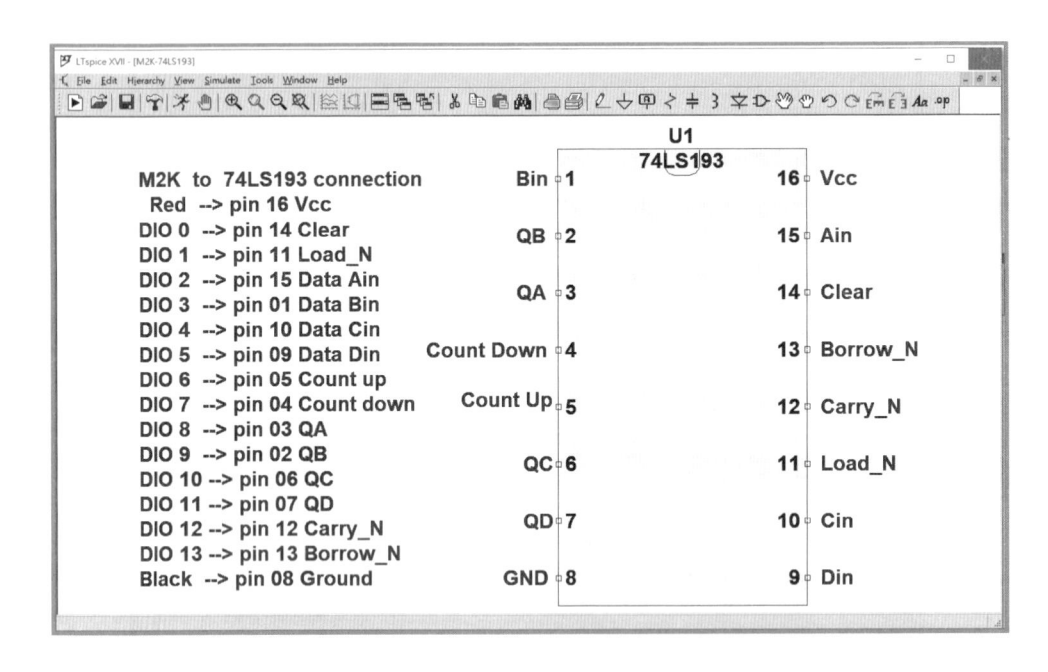

```
M2K to 74LS193 connection
Red   --> pin 16 Vcc
DIO 0  --> pin 14 Clear
DIO 1  --> pin 11 Load_N
DIO 2  --> pin 15 Data Ain
DIO 3  --> pin 01 Data Bin
DIO 4  --> pin 10 Data Cin
DIO 5  --> pin 09 Data Din
DIO 6  --> pin 05 Count up
DIO 7  --> pin 04 Count down
DIO 8  --> pin 03 QA
DIO 9  --> pin 02 QB
DIO 10 --> pin 06 QC
DIO 11 --> pin 07 QD
DIO 12 --> pin 12 Carry_N
DIO 13 --> pin 13 Borrow_N
Black  --> pin 08 Ground
```

U1 74LS193

Pin	Signal	Pin	Signal
1	Bin	16	Vcc
2	QB	15	Ain
3	QA	14	Clear
4	Count Down	13	Borrow_N
5	Count Up	12	Carry_N
6	QC	11	Load_N
7	QD	10	Cin
8	GND	9	Din

圖 10-16　M2K 與實體電路的連接

10-7　M2K Pattern Generator 的設定與操作

接下來就是 Pattern Generator 的設定，首先在 General Settings 上選定參與的 DIOs，依照 CSV file 為 8 個，也就是 DIO 0～DIO 7，如圖 10-17 所示。

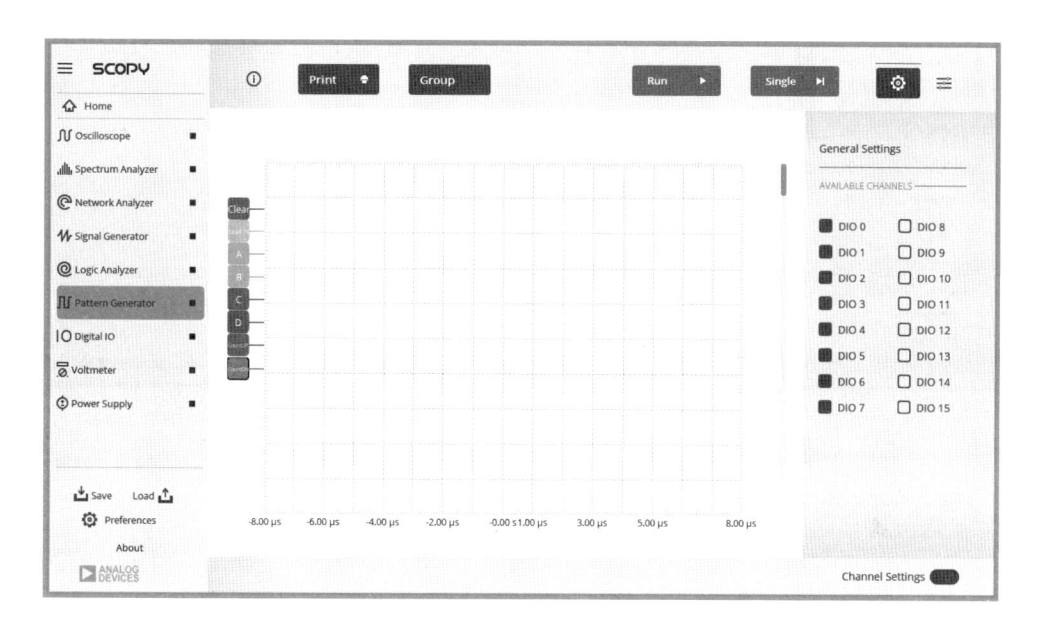

圖 10-17　Pattern Generator 的 General Settings 設定

Pattern Generator 的 Group 設定，如圖 10-18 所示。

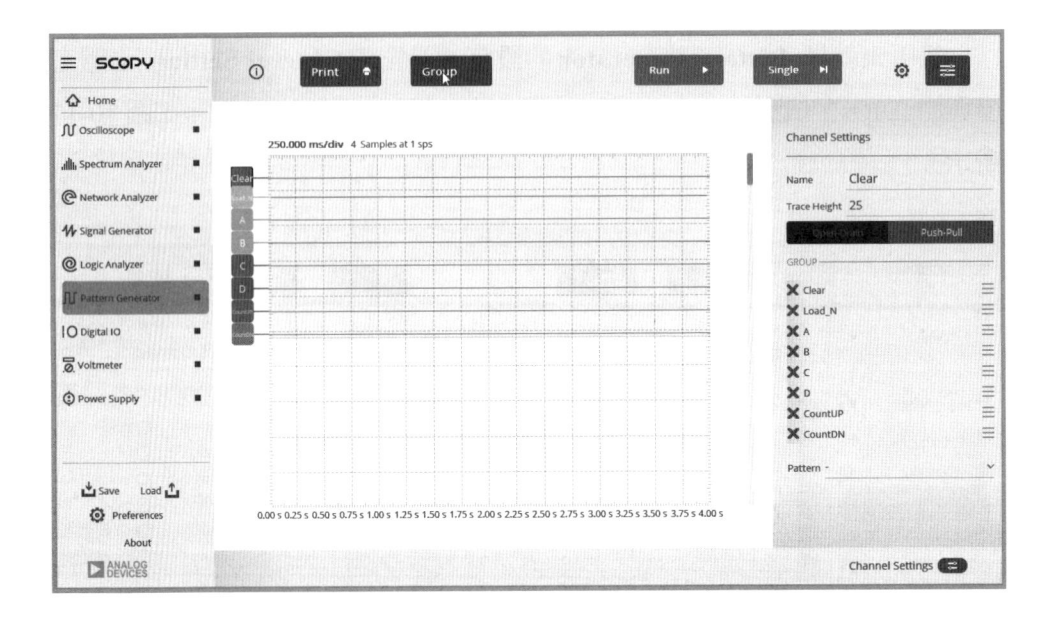

◓ 圖 10-18 ◓　　　Pattern Generator 的 Group 設定

CSV Import 檔的開啓，如圖 10-19 所示。

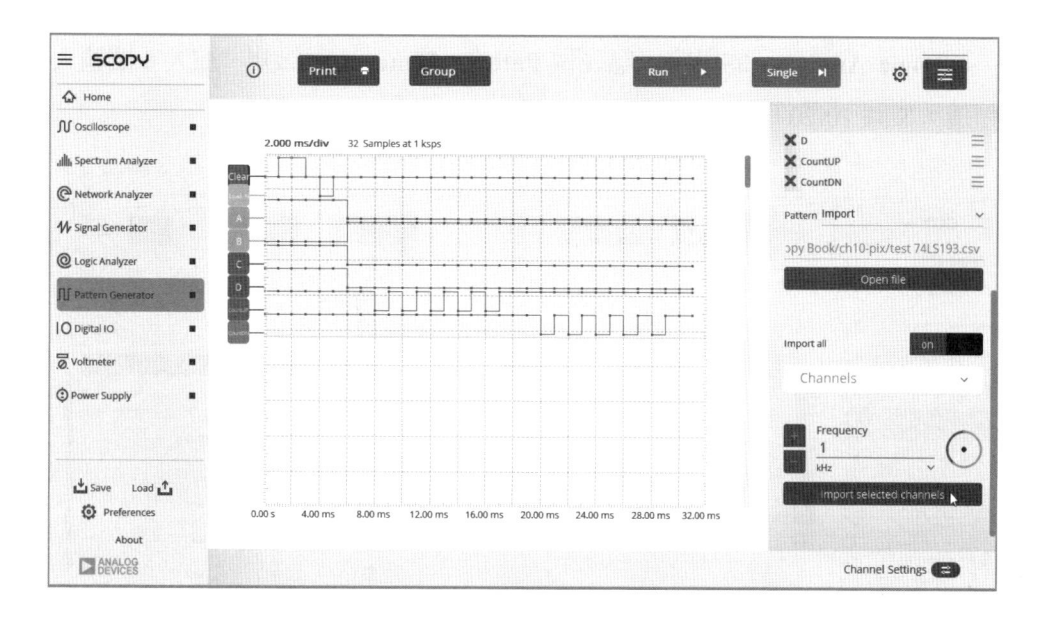

◎ 圖 10-19 ◎　　　輸入測試檔 CSV 檔的開啓

10-8　M2K Logic Analyzer 的設定與操作

　　Logic Analyzer 的設定，應先做 Pattern Generator 部分，加入 8 個輸入頻道，如圖 10-20 所示。

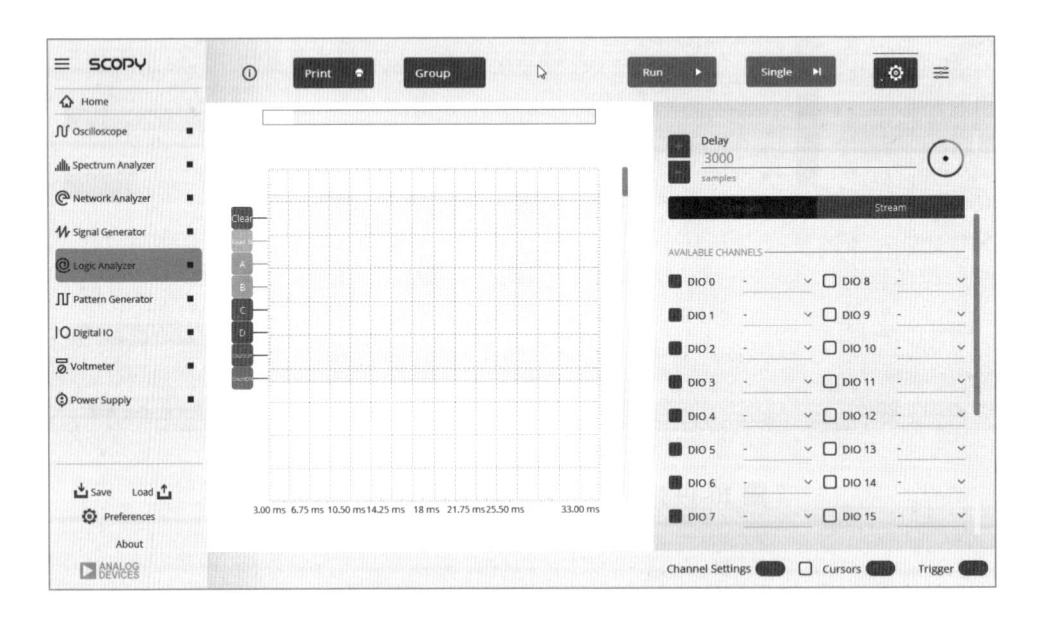

◦ 圖 10-20 ◦　　首先加入 Pattern Generator 的 8 個輸入頻道

然後在 **Logic Analyzer** 中 **Group** 化 **Pattern Generator** 的 8 個頻道。如圖 10-21 所示。

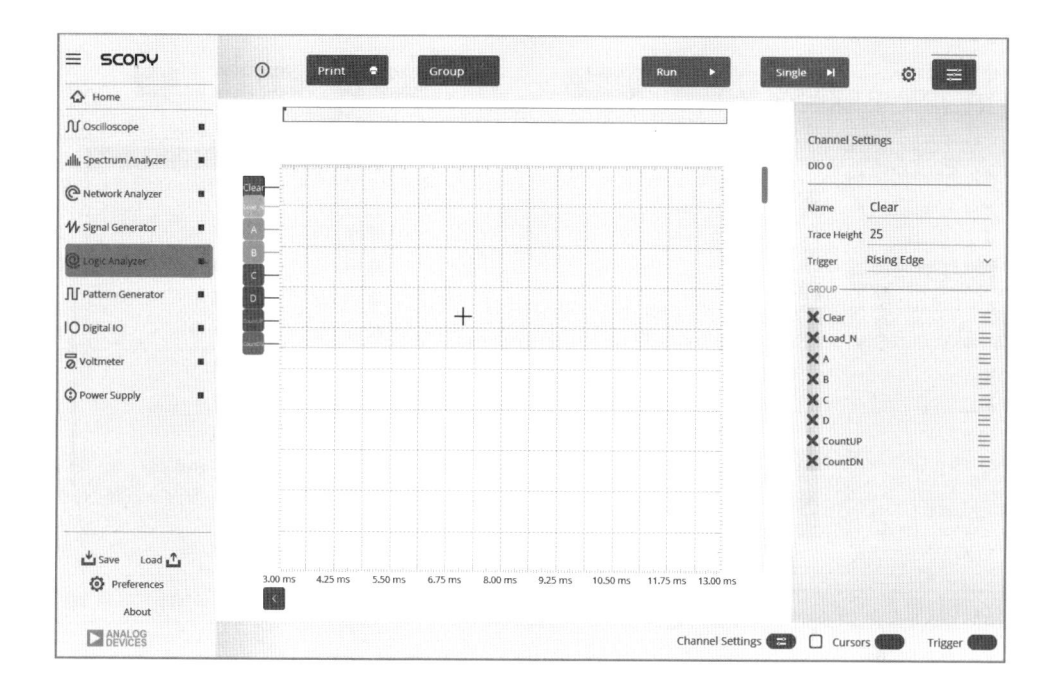

圖 10-21　Logic Analyzer 中 Group 化 Pattern Generator 的 8 個頻道

完成設定 Pattern Generator 後，再加入受測試的 6 個輸出訊號頻道，如圖 10-22 所示。

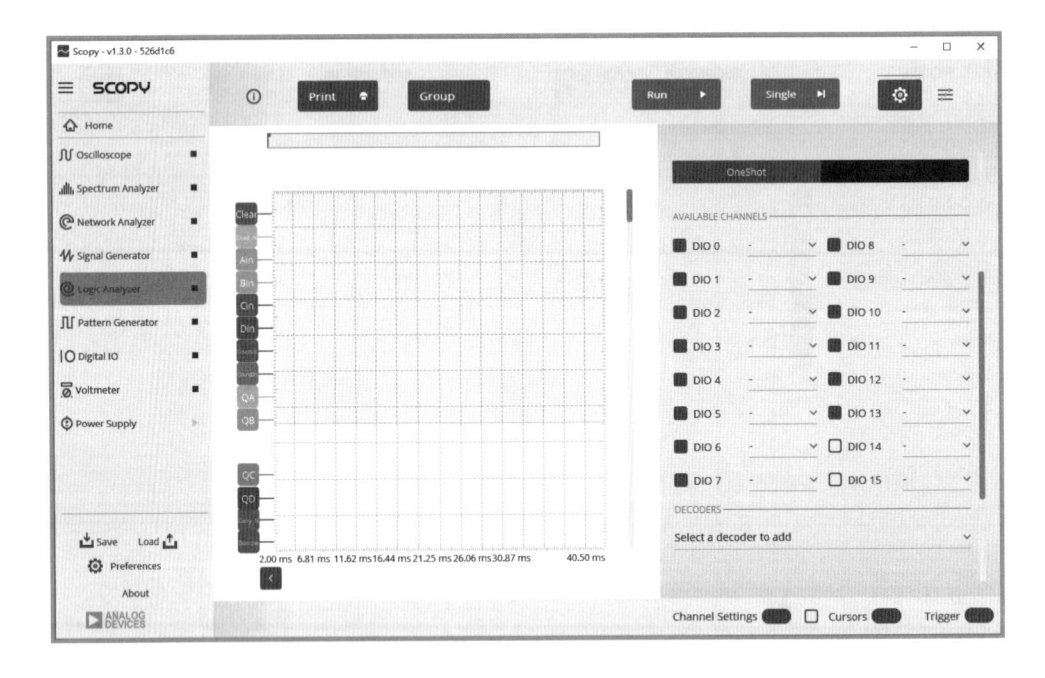

◦ 圖 10-22 ◦　　完成設定 Pattern Generator 後加入受測試的 6 個輸出訊號頻道

Logic Analyzer 觸發訊號的設定，mode 應為 normal，邏輯為 AND，如圖 10-23 所示。

圖 10-23　Logic Analyzer 觸發訊號的設定

Logic Analyzer 觸發訊號頻道的指定，依據 CSV 檔為 CIO 0，也就是 Clear 的 Rising Edge，如圖 10-24 所示。

圖 10-24　Logic Analyzer 觸發訊號頻道的指定

不要忘記，測試外來電路必須開啓 **M2K** 的電源，如圖 10-25 所示。

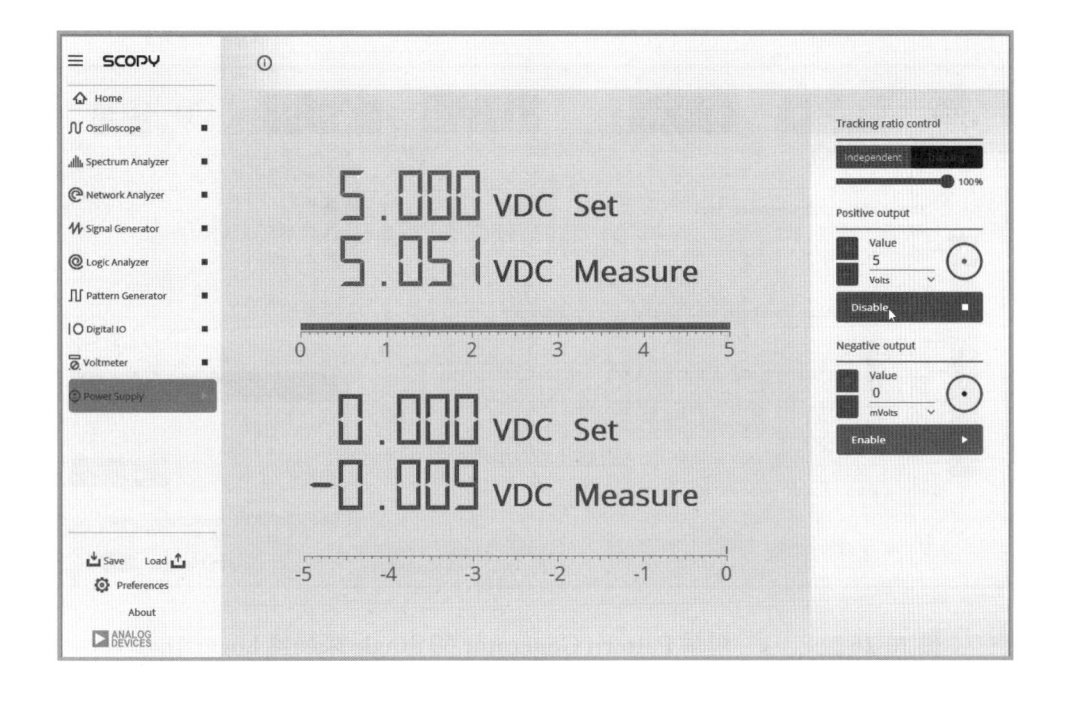

圖 10-25　測試外來電路必須開啓 M2K 的電源

為了使 Logic Analyzer 獲得所需的觸發信號，必須單擊 Pattern Generator 的 Single。如圖 10-26 所示。

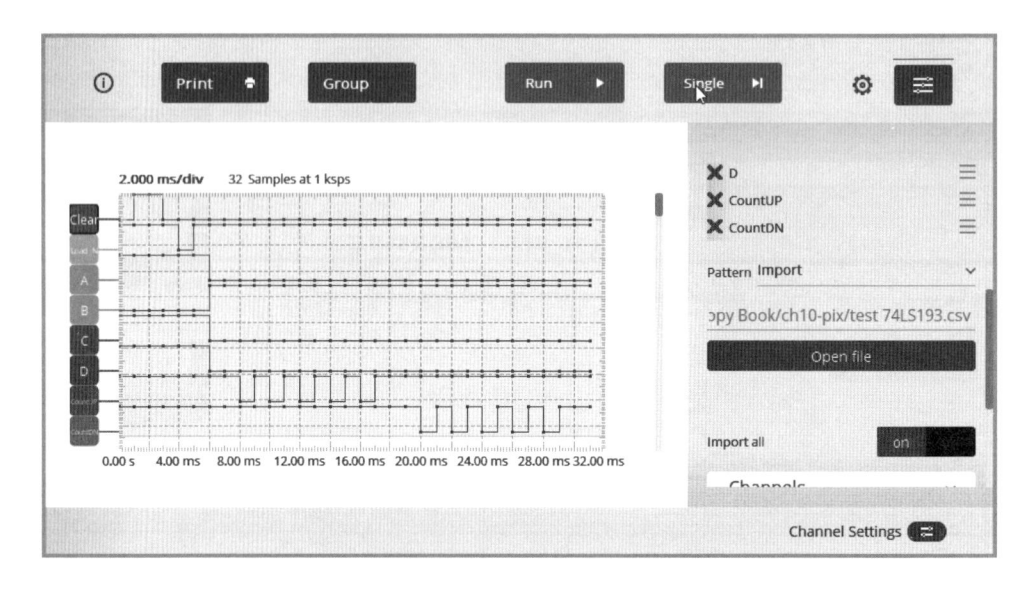

圖 10-26　單擊 Pattern Generator 的 Single 來觸發 Logic Analyzer

Logic Analyzer 在獲得所需的觸發信號後，完成輸出波形的顯示，轉變 **Waiting** 為 **Stop**，如圖 10-27 所示。

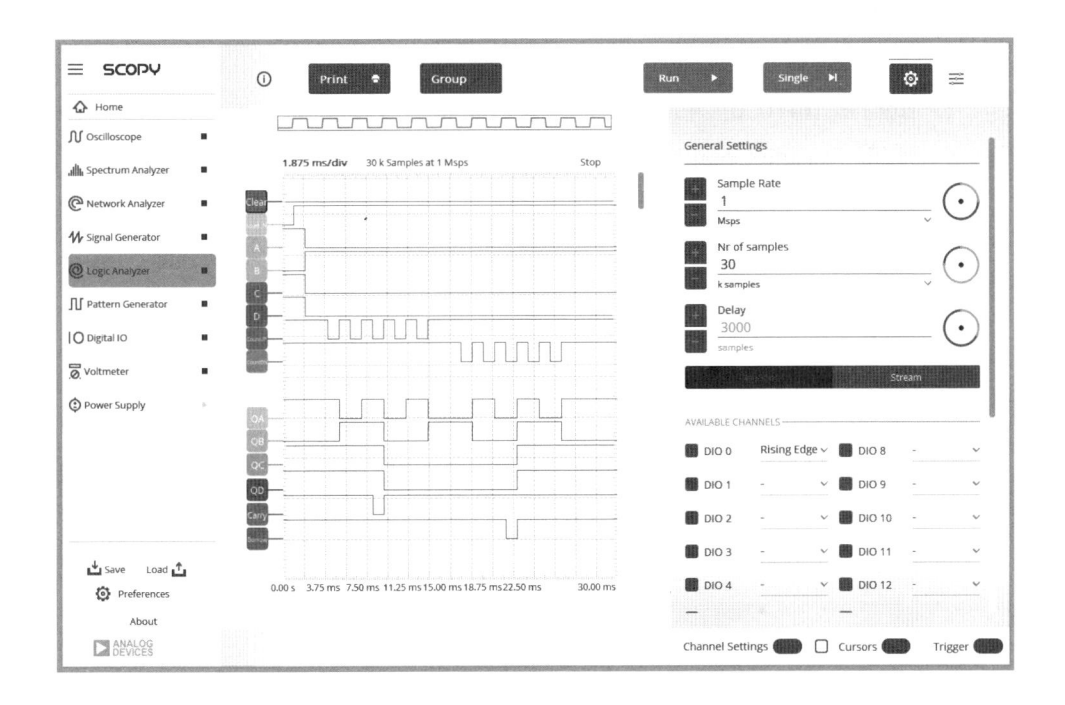

圖 10-27　Logic Analyzer 在獲得所需的觸發信號後完成輸出波形的顯示

10-9 課外練習

1. 74LS193 是 Binary Counter 計數由 0~15 或 15~0 進行，試將它的計數改由 0~9 或 9~0 進行。(可以外加 Gate)

2. 試將圖 10-10 的 4 bit Binary Up Counter 的 VHDL Behavior 模式，改變成 Decade Counter 的 VHDL 模式，並用 ModelSim Simulator 來測試之。

3. TTL 的 7 segment display 74LS47 常用來配合 Counter 顯示讀數，試寫出其 4 bit Binary Code 轉換成 Hex Code 的 VHDL Behavior 模式。

4. 試將圖 10-10 的 4 bit Up Counter 的 VHDL Behavior 模式改寫成 Down Counter 的模式，並用 ModelSim Simulator 來測試之。

第十一章 移位寄存器

移位寄存器是數位系統中主要的子系統之一,由數位元件 **Flip-Flop** 所組成。系統中訊號的並聯和串聯的相互變換,就是靠**移位寄存器** (Shift Register) 來完成,是通訊和網路系統中不可缺少的組件。

11-1 DFF 組成的移位寄存器

標準型的 **Shift Register** 如圖 11-1 所示,它是由 4 只 **DFF** 組成的 4 bit Shift Register。這個 **Shift Register** 的 $A_1 \sim A_4$ 並聯輸入 Data,可以用一個 Positive going 脈波直接來到 $Q_1 \sim Q_4$ 並聯輸出。$Q_1 \sim Q_4$ 又可用 4 個 Clockin 的 **Clock** 由左到右由 SerialOut 串聯輸出。串聯的訊號也可以從 SerialIn 輸入,由 **Clock** 控制,逐漸地由 SerialOut 由左到右串聯輸出。Positive going 脈波輸入到 Resetin 後,將使 $Q_1 \sim Q_4$ 重新設定成 "0000"。

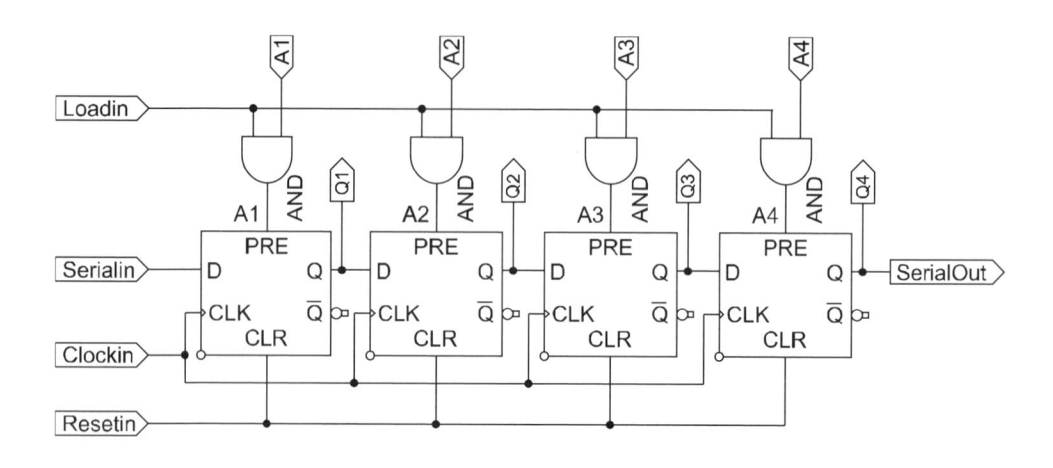

圖 11-1　DFF 組成的 4 bit Shift Register

11-2 使用 VHDL 來描述電路的結構和電路的模擬測試

對於較複雜的電路，除了使用硬體結構來描述電路，還可以用電路的 **I/O 行爲** (Behavior) 模式，來對圖 11-1 做 **VHDL** 的電路的行爲描述，如圖 11-2 所示。有關 **VHDL** 電路和 Testbench 的構成，請參考附錄 A 和附錄 B；**ModelSim** 的 **Simulation** 步驟，請參考附錄 E。

C:\Users\User\Desktop\1-iLAB M2K_Scopy Book\ch11-pix\ShiftRegister\shiftregister.vhd.vhd - Default *

```
---- shiftregister
LIBRARY ieee;
USE ieee.std_logic_1164.all;
--------------------------------------------
ENTITY shift_register IS
        PORT ( Serialin, Clockin, Resetin, Loadin: IN STD_LOGIC;
                A: IN STD_LOGIC_VECTOR(0 to 3);
                q: OUT STD_LOGIC_VECTOR(0 to 3));
END shift_register;
--------------------------------------------
ARCHITECTURE behavior OF shift_register IS
                SIGNAL internal: STD_LOGIC_VECTOR (0 to 3);
BEGIN
        PROCESS (Clockin, Resetin, Loadin)
        BEGIN
                IF (Resetin='1') THEN
                        internal <= (OTHERS => '0');
                ELSIF   (Loadin='1') THEN
                        internal <= A;
                ELSIF (Clockin'EVENT AND Clockin='1') THEN
                        internal <= Serialin & internal(0 to 2);
                END IF;
                        q <= internal;
                END PROCESS;
END behavior;
--------------------------------------------
```

圖 11-2 用 VHDL 對圖 11-1 電路的行為描述

```
-- testbench for shift_register
LIBRARY ieee;
USE ieee.std_logic_1164.all;
--------------------------------------------------
ENTITY testbench IS
END testbench;

USE work.ALL;
--------------------------------------------------
ARCHITECTURE stimulus OF testbench IS
        COMPONENT shift_register
                PORT ( Serialin, Clockin, Resetin, Loadin: IN STD_LOGIC;
                        A: IN STD_LOGIC_VECTOR(0 to 3);
                        q: OUT STD_LOGIC_VECTOR(0 to 3));
        END COMPONENT;
-- --------------------------------------------------
SIGNAL  Serialin, Clockin, Resetin, Loadin: STD_LOGIC := '0';
SIGNAL  A: STD_LOGIC_VECTOR(0 to 3) := "0000";
SIGNAL  q: STD_LOGIC_VECTOR(0 to 3);

BEGIN
        DUT: shift_register PORT MAP( Serialin, Clockin, Resetin, Loadin, A, q);

        Serialin <= '1' after 700 ns;
        Clockin <= NOT Clockin after 50 ns;
        Resetin <= '1' after 100 ns, '0' after 150 ns;
        A <= "1101" after 100 ns;
        Loadin <= '1' after 200 ns, '0' after 250 ns;

END stimulus;
```

圖 11-3 用來測試圖 11-2 的 VHDL testbench

圖 11-3 的 VHDL testbench 是用來測試圖 11-2 shift_register.vhd 的檔案。測試的結果，顯示在圖 11-4 的 Timing Diagram 上。

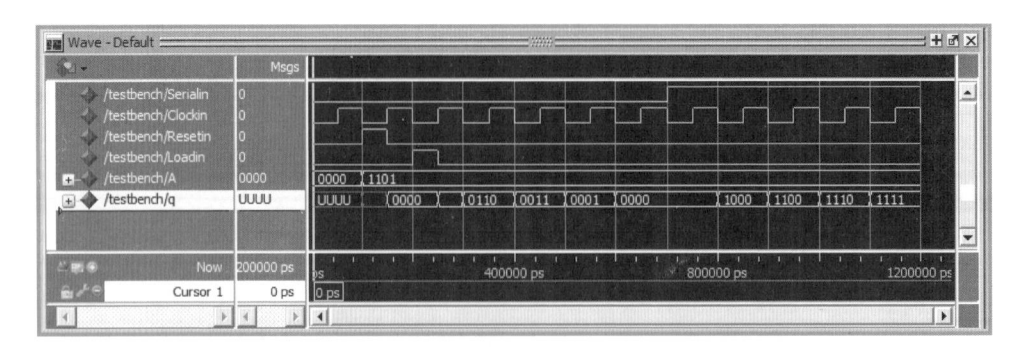

圖 11-4 VHDL testbench 測試的結果

11-3　雙向 Shift Register SN74LS194 的介紹

雙向 Shift Register SN74LS194 是由 4 只 **RSFF** 連接成 **DFF** 組合而成。雙向指的是 Serial Data 可以由左到右，也就是 $Q_1 \sim Q_4$ 串聯輸出；也可以由右到左，那便是 $Q_4 \sim Q_1$ 串聯輸出。為了達到雙向的功能，必須加入 Mode Control 控制輸入和輸出電路的連接，圖 11-5 中除了 FF 之外的 Gates 所組成的 Concurrent 電路。完成的多項功能，如圖 11-6 所示。

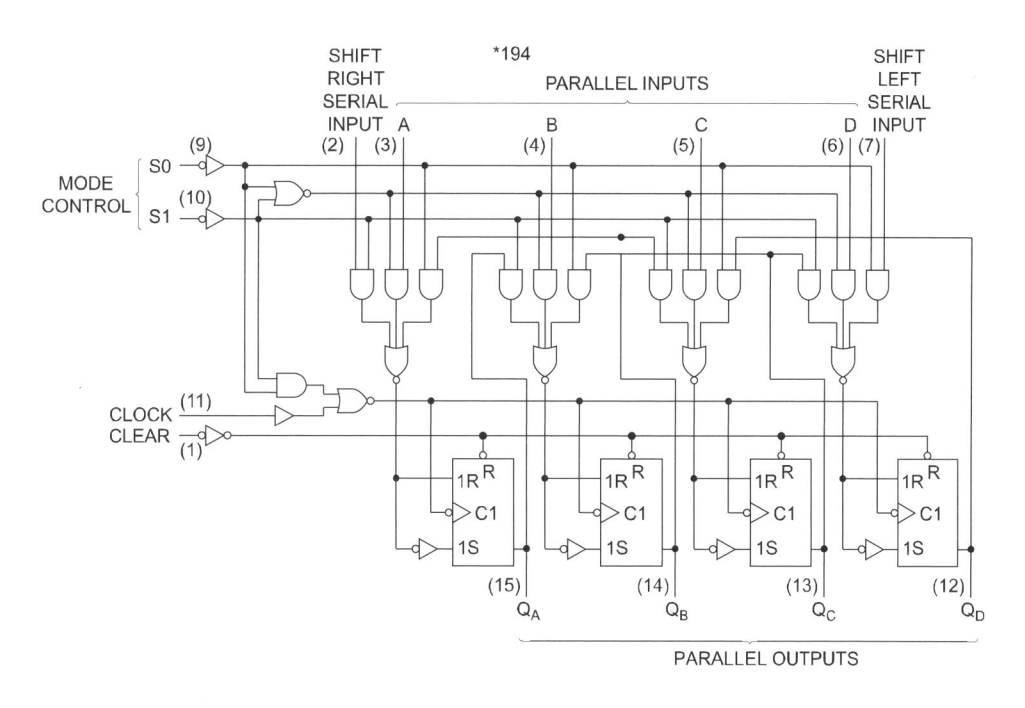

圖 11-5　雙向 Shift Register SN74LS194 電路圖

FUNCTION TABLE

CLEAR	MODE S1	MODE S0	CLOCK	SERIAL LEFT	SERIAL RIGHT	A	B	C	D	Q_A	Q_B	Q_C	Q_D
L	X	X	X	X	X	X	X	X	X	L	L	L	L
H	X	X	L	X	X	X	X	X	X	Q_{A0}	Q_{B0}	Q_{C0}	Q_{D0}
H	H	H	↑	X	X	a	b	c	d	a	b	c	d
H	L	H	↑	X	H	X	X	X	X	H	Q_{An}	Q_{Bn}	Q_{Cn}
H	L	H	↑	X	L	X	X	X	X	L	Q_{An}	Q_{Bn}	Q_{Cn}
H	H	L	↑	H	X	X	X	X	X	Q_{Bn}	Q_{Cn}	Q_{Dn}	H
H	H	L	↑	L	X	X	X	X	X	Q_{Bn}	Q_{Cn}	Q_{Dn}	L
H	L	L	X	X	X	X	X	X	X	Q_{A0}	Q_{B0}	Q_{C0}	Q_{D0}

圖 11-6　雙向 Shift Register SN74LS194 的功能表

1. **同步並聯裝載** (Load) 是將 4 個 bits 的數據 A、B、C、D 當 S0 和 S1 都是 '1' 時完成。同時在 CLK 訊號輸入的上升沿出現時，在 $Q_0 \sim Q_3$ 輸出。裝載期間，串聯數據的輸出停止。

2. 右移是在 S0 = '1'，S1 = '0'，CLK 訊號脈衝上升沿時開始，串聯數據進入右移模式的數據輸入端；而當 S0 = '0'，S1 = '1'，CLK 訊號脈衝上升沿時，串聯數據進入左移模式的數據輸入端；當 S0 = S1 = '0'，移位儲存器進入靜止狀態。

圖 11-6 的功能表，也就是 SN74LS194 的 Truth Table，它是電路設計的目標和依據，使用該表不但能寫出 VHDL Behavior 的模式，而且能寫出測試用的 Testbench。

11-4　雙向 Shift Register SN74LS194 的測試

圖 11-7 廠商所提供的 Timing Diagram，是很好的測試參考資料。在本章的課外練習裡，將要求讀者依據該表來寫出雙向 **Shift Register** 的 VHDL Device file，和測試該檔案的 VHDL testbench。

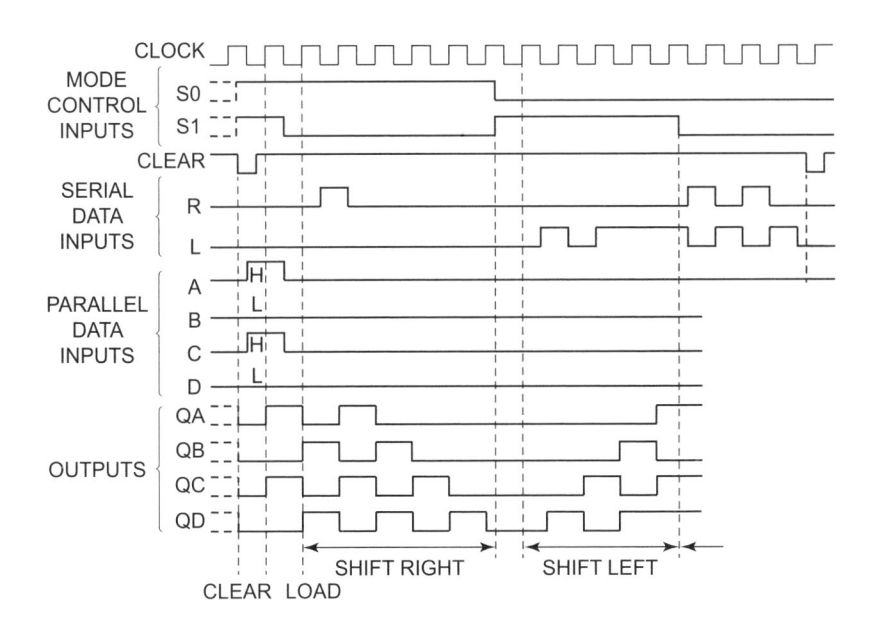

圖 11-7 廠商所提供的 SN74LS194 Timing Diagram

圖 11-7 電路的測試輸入可以寫成 .CSV 檔以備 **M2K Pattern Generator** 之需，如圖 11-8 所示。其中 A 代表 Clock，B 代表 s_0，C 代表 s_1，D 代表 Clear，E 為串聯 Data Rin，F 為串聯 Data Lin，G～J 為並聯 Data 的輸入。

	A	B	C	D	E	F	G	H	I	J
1	0	0	0	1	0	0	0	0	0	0
2	1	1	1	0	0	0	0	0	0	0
3	0	1	1	1	0	0	1	0	1	0
4	1	1	0	1	0	0	1	0	1	0
5	0	1	0	1	0	0	0	0	0	0
6	1	1	0	1	1	0	0	0	0	0
7	0	1	0	1	1	0	0	0	0	0
8	1	1	0	1	0	0	0	0	0	0
9	0	1	0	1	0	0	0	0	0	0
10	1	1	0	1	0	0	0	0	0	0
11	0	1	0	1	0	0	0	0	0	0
12	1	1	0	1	0	0	0	0	0	0
13	0	1	0	1	0	0	0	0	0	0
14	1	1	0	1	0	0	0	0	0	0
15	0	1	0	1	0	0	0	0	0	0
16	1	0	1	1	0	0	0	0	0	0
17	0	0	1	1	0	0	0	0	0	0
18	1	0	1	1	0	0	0	0	0	0
19	0	0	1	1	0	0	0	0	0	0
20	1	0	1	1	0	0	0	0	0	0
21	0	0	1	1	0	1	0	0	0	0
22	1	0	1	1	0	1	0	0	0	0
23	0	0	1	1	0	0	0	0	0	0
24	1	0	1	1	0	0	0	0	0	0
25	0	0	1	1	0	1	0	0	0	0
26	1	0	1	1	0	1	0	0	0	0
27	0	0	1	1	0	1	0	0	0	0
28	1	0	0	1	0	1	0	0	0	0
29	0	0	0	1	1	0	0	0	0	0
30	1	0	0	1	1	0	0	0	0	0
31	0	0	0	1	0	1	0	0	0	0
32	1	0	0	1	0	1	0	0	0	0
33	0	0	0	1	1	0	0	0	0	0
34	1	0	0	1	1	0	0	0	0	0
35	0	0	0	1	0	1	0	0	0	0
36	1	0	0	1	0	1	0	0	0	0

test74LS194-2

圖 11-8　SN74LS194 輸入所需之 CSV 檔

11-5　M2K 與雙向 Shift Register SN74LS194 電路的連接

M2K 與 SN74LS194 電路的連接，如圖 11-9 所示。

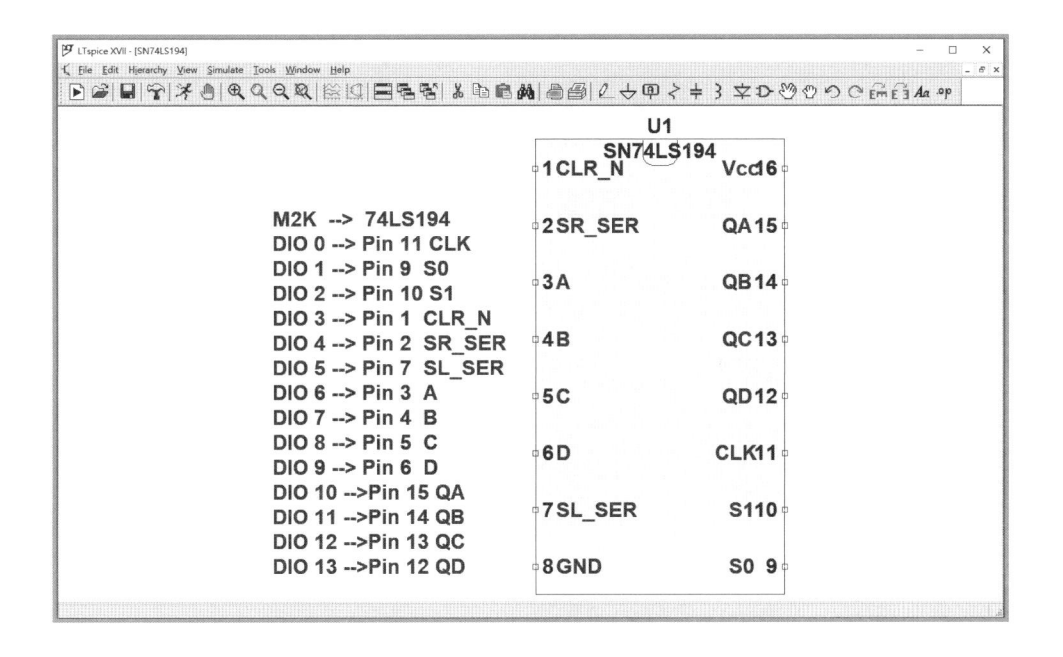

```
M2K  --> 74LS194
DIO 0  --> Pin 11 CLK
DIO 1  --> Pin 9  S0
DIO 2  --> Pin 10 S1
DIO 3  --> Pin 1  CLR_N
DIO 4  --> Pin 2  SR_SER
DIO 5  --> Pin 7  SL_SER
DIO 6  --> Pin 3  A
DIO 7  --> Pin 4  B
DIO 8  --> Pin 5  C
DIO 9  --> Pin 6  D
DIO 10 -->Pin 15 QA
DIO 11 -->Pin 14 QB
DIO 12 -->Pin 13 QC
DIO 13 -->Pin 12 QD
```

U1 SN74LS194
- 1 CLR_N
- 2 SR_SER
- 3 A
- 4 B
- 5 C
- 6 D
- 7 SL_SER
- 8 GND
- Vcc 16
- QA 15
- QB 14
- QC 13
- QD 12
- CLK 11
- S1 10
- S0 9

圖 11-9　M2K 與實體電路的連接

11-6　Pattern Generator 的設定與操作

接下來就是 Pattern Generator 的設定，首先在 General Settings 上選定參與的 DIOs，依照 CSV file 為 10 個，也就是 DIO 0～DIO 9，如圖 11-10 所示。

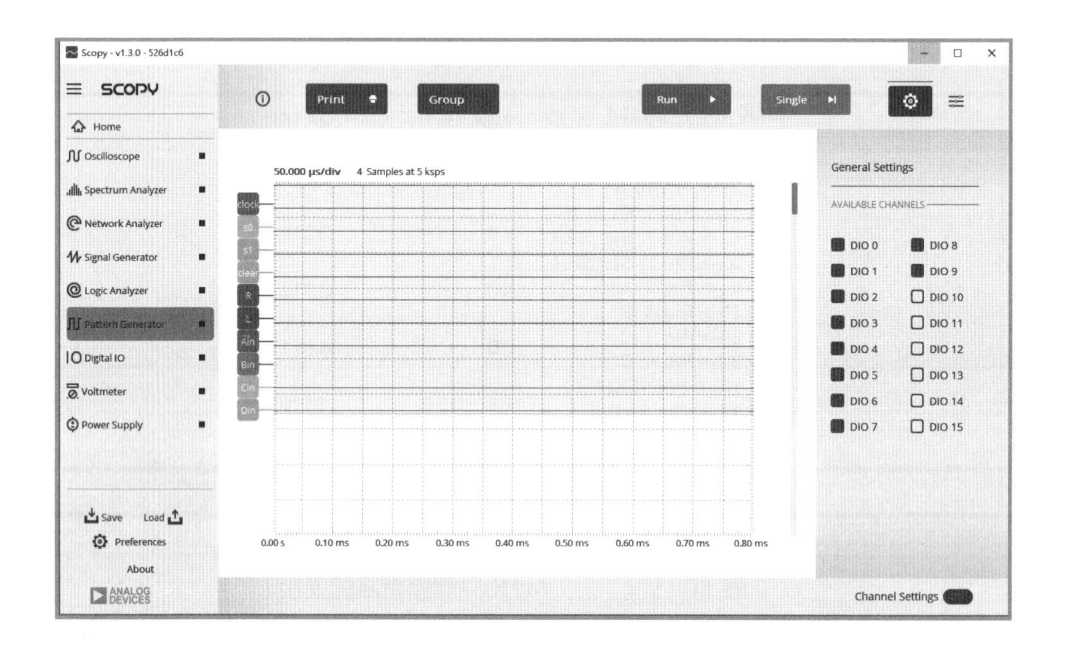

◎ 圖 11-10　Pattern Generator 的 General Settings 設定

Pattern Generator 的 **Group** 設定，如圖 11-11 所示。

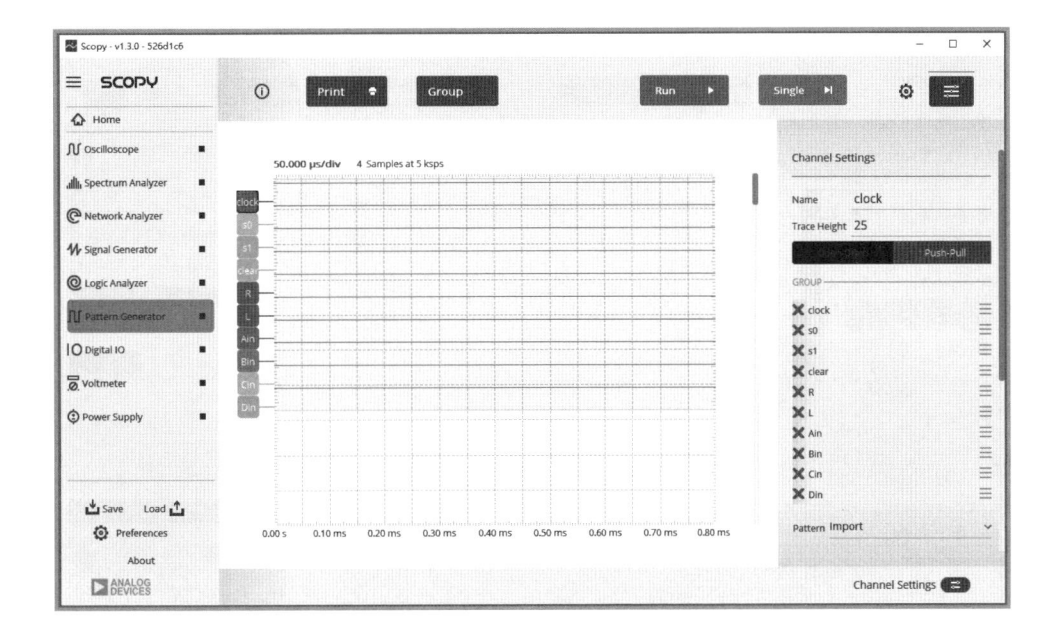

◎ 圖 11-11 ◎　　　Pattern Generator 的 Group 設定

CSV Import 檔的開啟，如圖 11-12 所示。

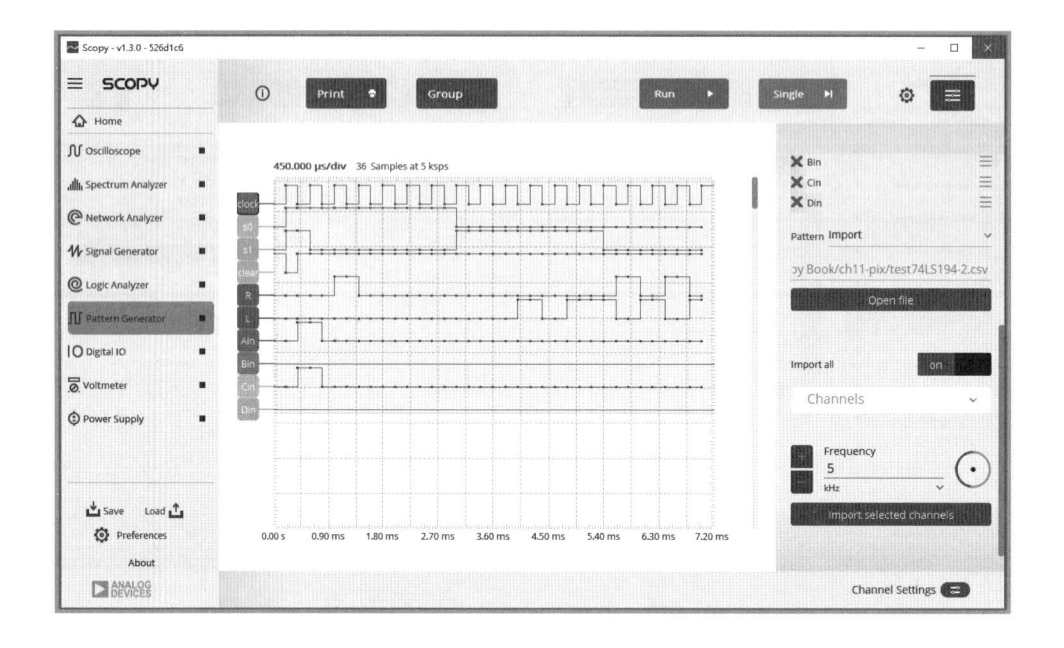

◊ 圖 11-12 ◊　　輸入測試檔 CSV 檔的開啟

11-7 Logic Analyzer 的設定與操作

Logic Analyzer 的設定，應先做 Pattern Generator 的部分，加入 10 個輸入頻道，如圖 11-13 所示。

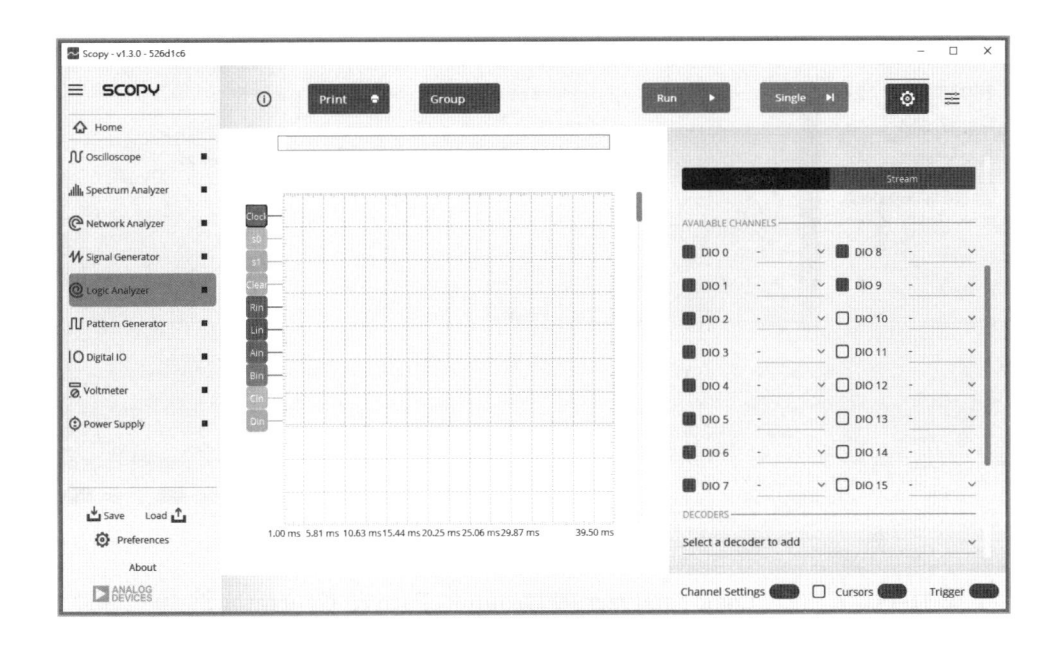

圖 11-13　首先加入 Pattern Generator 的 10 個輸入頻道

然後在 Logic Analyzer 中 Group 化 Pattern Generator 的 10 個頻道，如圖 11-14 所示。

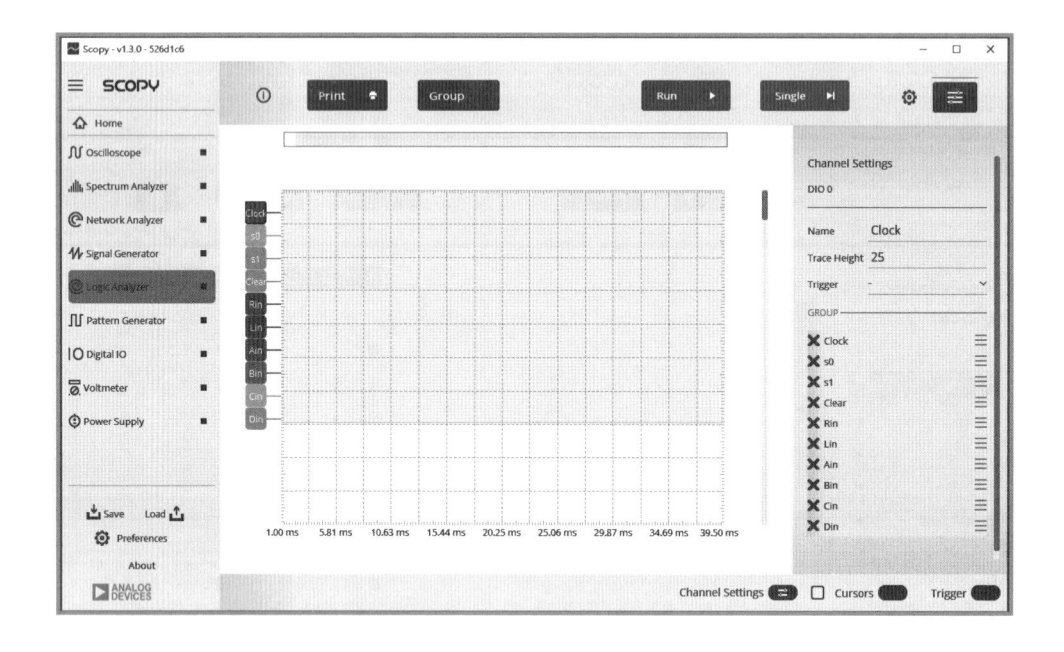

圖 11-14　Logic Analyzer 中 Group 化 Pattern Generator 的 10 個頻道

在完成設定 Pattern Generator 後,再加入受測試的 4 個 $Q_A \sim Q_D$ 輸出訊號頻道,如圖 11-15 所示。

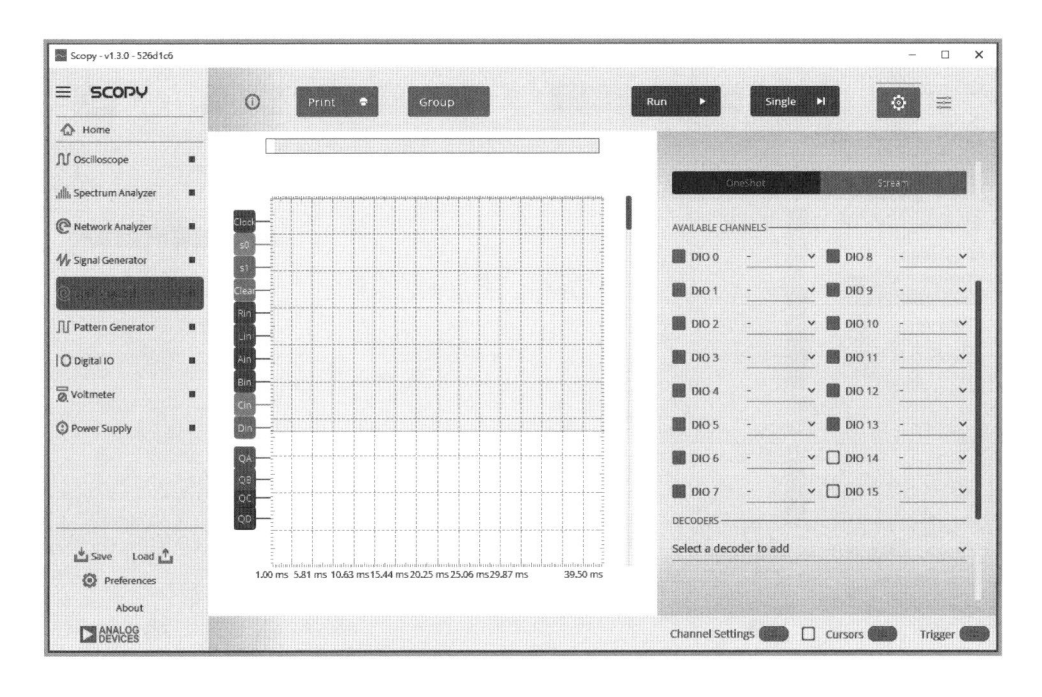

圖 11-15 完成設定 Pattern Generator 後,再加入受測試的 4 個輸出訊號頻道

242　M2K SCOPY：電路設計、模擬測試、硬體裝置與除錯

　　Logic Analyzer 觸發訊號的設定，mode 應為 normal，邏輯為 AND，如圖 11-16 所示。

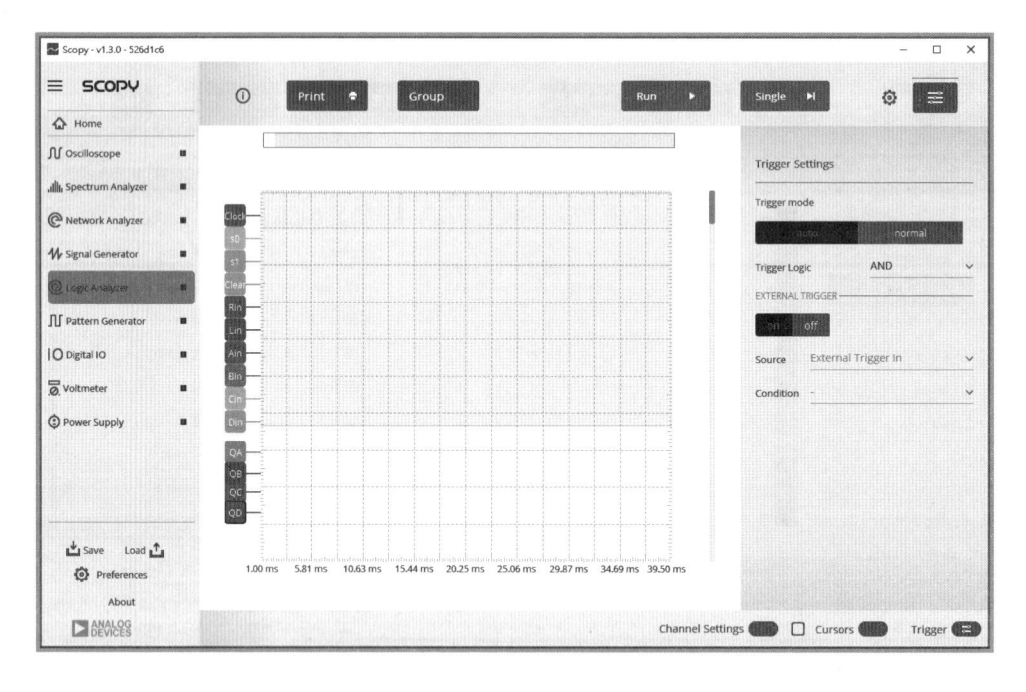

圖 11-16　Logic Analyzer 觸發訊號的設定

Logic Analyzer 觸發訊號頻道的指定，依據 CSV 檔為 CIO 0，也就是 Clear 的 **Rising Edge**，如圖 11-17 所示。

圖 11-17　Logic Analyzer 觸發訊號頻道的指定

不要忘記，測試外來電路必須開啓 **M2K** 的電源，如圖 11-18 所示。

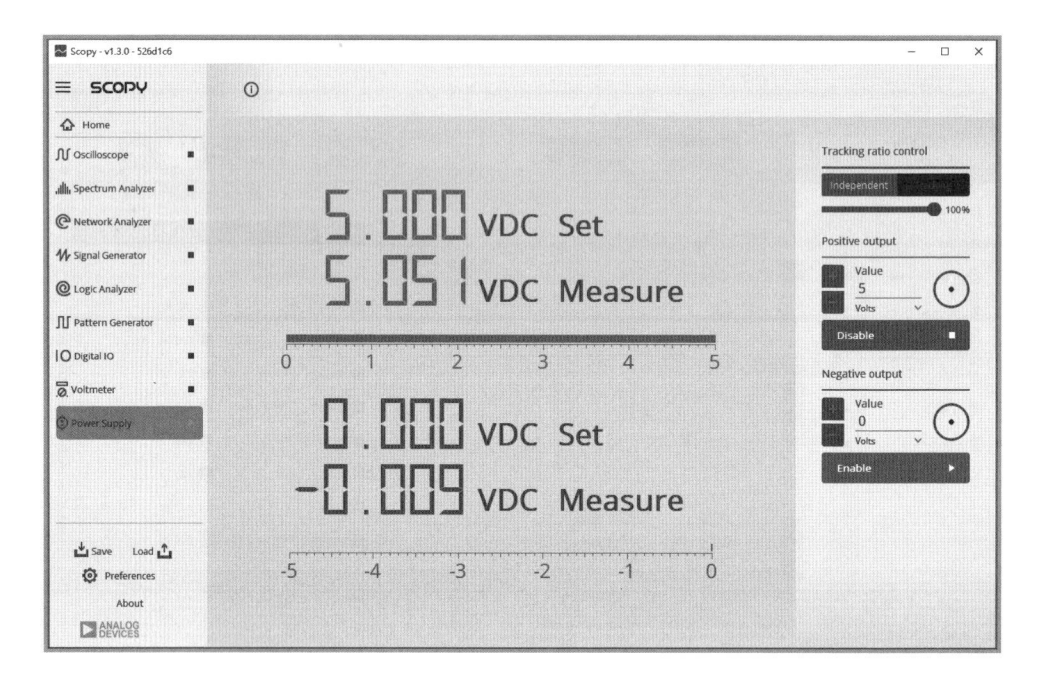

圖 11-18　測試外來電路必須開啓 M2K 的電源

為了使 Logic Analyzer 獲得所需的觸發信號，必須單擊 Pattern Generator 的 Single，如圖 11-19 所示。

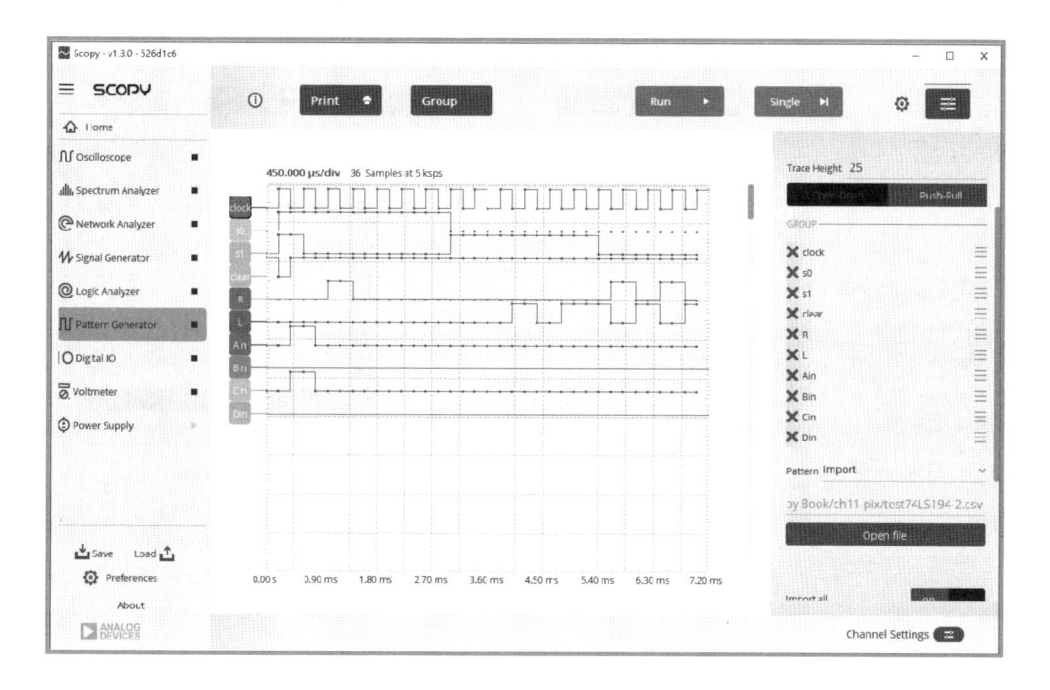

圖 11-19　單擊 Pattern Generator 的 Single 來觸發 Logic Analyzer

Logic Analyzer 在獲得所需的觸發信號後，完成輸出波形的顯示，轉變 Waiting 為 Stop，如圖 11-20 所示。

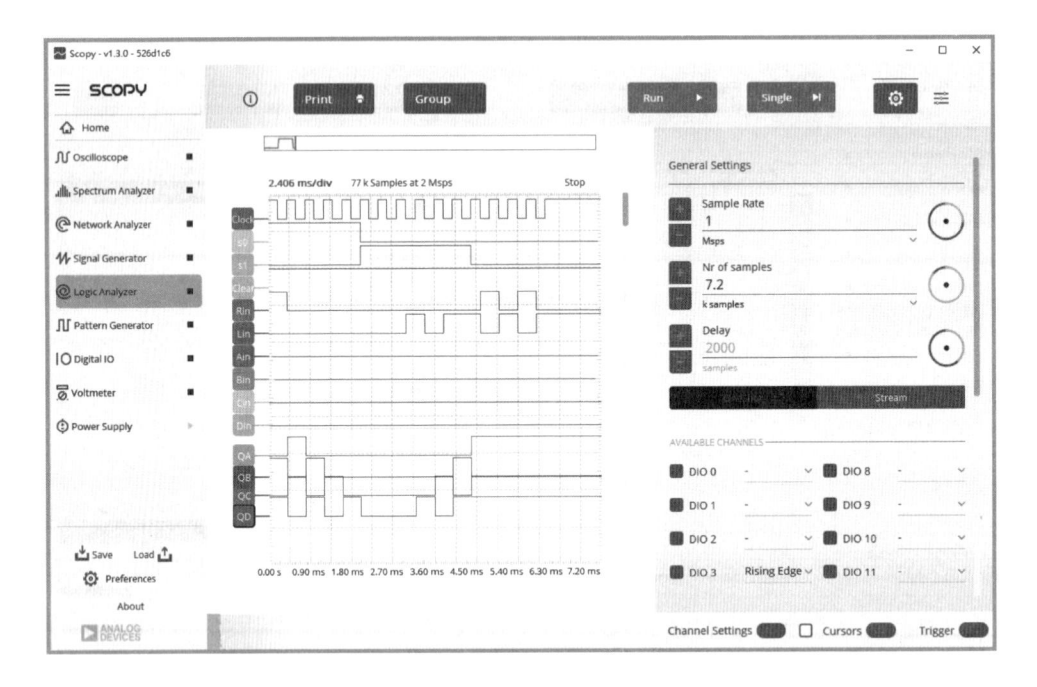

◎ 圖 11-20 ◎ Logic Analyzer 在獲得所需的觸發信號後，完成輸出波形的顯示

11-8　課外練習

1. 試寫出 SN74LS194 的 VHDL Behavior Model 和測試它的 Testbench，並用 ModelSim Simulator 來測試證實之。

2. 試從圖 11-5 和圖 11-6 分析 SN74LS194 如何達成 Shift Right 及 Shift Left 的動作，並用簡化的邏輯電路說明之。

3. 試將圖 11-1 由 DFF 組成的 4 bit Shift Register 改變成 Shift Left 的電路。並用 LTspice 測試之。

第十二章　Clock Generation 與 PLL

時序脈波是推動數位系統不可或缺的元件。**鎖相環** (Phase Locked Loop) 是在一連串輸入訊號中選取 Clock 的電路，而 Clock 的產生和 **PLL** 是本章要涉及的主題。

12-1　簡單時序脈波的產生

圖 12-1 為**簡單時序脈波** (Clock) 的產生器電路，使用數位系統中 2 個剩餘的 Inv (如 74LS04 或 Nand)，Nor gates 串聯回授，中間再加上控制 Clock 頻率的石英晶體即可完成。Clock Out 所產生的頻率，也就是石英晶體的自然頻率，方波的強度依 Gate 的種類而定。

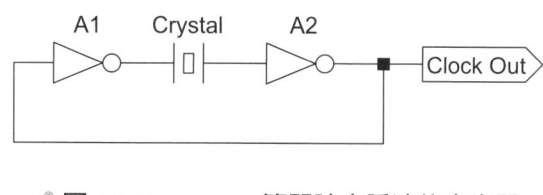

圖 12-1　簡單時序脈波的產生器

12-2　Clock 的分布

　　Gate 的輸出有一定的限制，解決的方法是用多個 Gates 來展開，如圖 12-2 所示。要注意的是，輸出的相位和 Gates 在時間上的延遲。

◦ 圖 12-2 ◦　　用 Gates 展開來解決輸出限制的電路

12-3　不同頻率的要求

　　系統中可能有不同頻率的要求，如果是低於原始 Clock 的頻率，可以用 Counter 的除法來降低而獲得；如果是高於原始 Clock 的頻率或因距離產生延遲，則需用較複雜的 **PLL** 電路來獲得。

12-4 鎖相環 PLL 電路的結構

頻率鎖相電路是由 4 個部分所組成，如圖 12-3 所示。其中的相位檢測器大多屬於數位電路，其他的低通濾波器、放大器和電壓控制振盪器，都是屬於類比電路。頻率鎖相電路，主要是用在通信電子上，從一連串數位的 '0' 和 '1' 不規則信號中，選取 Clock 信號。

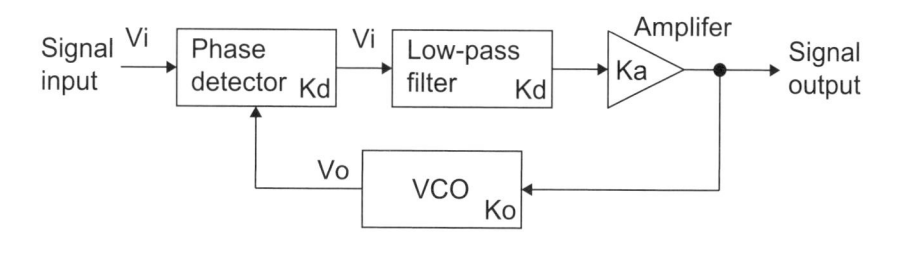

圖 12-3　頻率鎖相電路 PLL 的電路組成

12-5　相位檢測器

　　數位訊號的相位檢波電路種類甚多，最為常見的是圖 12-4 被用於 **PLL** 的相位和頻率檢波電路，它的 **VHDL** 模式如圖 12-5 所示。**ModelSim** 的 Testbench 如圖 12-6。有關 VHDL 電路和 Testbench 的構成，請參考附錄 A 和附錄 B；ModelSim 的模擬測試步驟，請參考附錄 E。測試結果見圖 12-7 和圖 12-8。

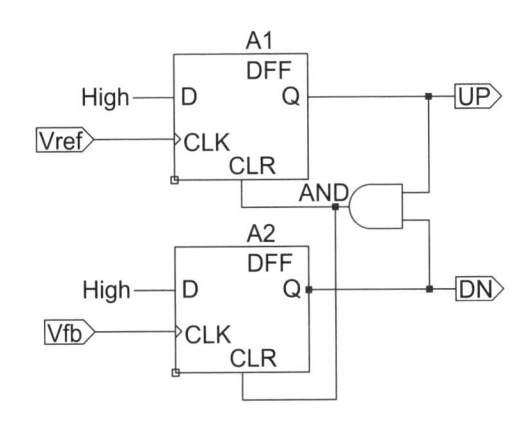

圖 12-4　用於 PLL 的相位和頻率檢波電路

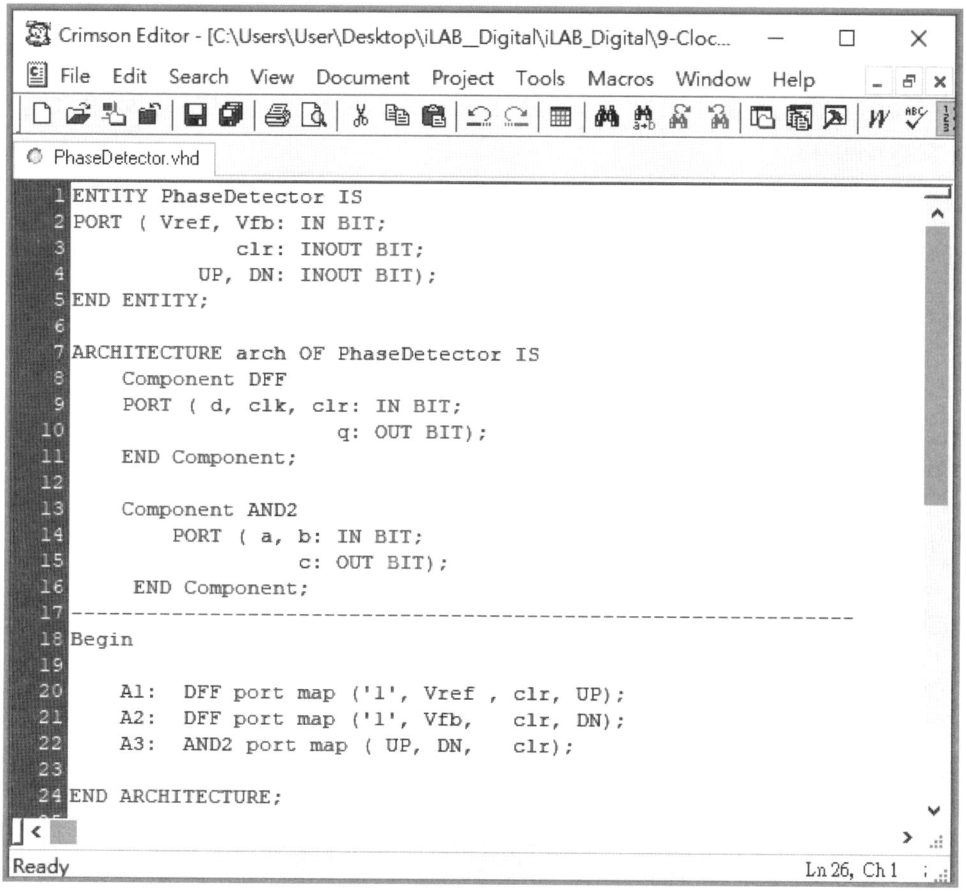

```
ENTITY PhaseDetector IS
PORT ( Vref, Vfb: IN BIT;
            clr: INOUT BIT;
         UP, DN: INOUT BIT);
END ENTITY;

ARCHITECTURE arch OF PhaseDetector IS
    Component DFF
    PORT ( d, clk, clr: IN BIT;
                    q: OUT BIT);
    END Component;

    Component AND2
        PORT ( a, b: IN BIT;
                  c: OUT BIT);
    END Component;
-----------------------------------------------------------------
Begin

    A1:  DFF port map ('1', Vref , clr, UP);
    A2:  DFF port map ('1', Vfb,   clr, DN);
    A3:  AND2 port map ( UP, DN,   clr);

END ARCHITECTURE;
```

圖 12-5　相位和頻率檢波器的 VHDL 模式

```
Library ieee;
Entity Tstbench IS
END Tstbench;
USE work.all;
---------------------------------------------
Architecture stimulus of Tstbench  IS

    Component PhaseDetector
       PORT ( Vref, Vfb: IN BIT;
                 clr: INOUT BIT;
              UP, DN: INOUT BIT);
    END Component;
---------------------------------------------
SIGNAL Vref, Vfb, clr: BIT := '0';
SIGNAL UP, DN: BIT := '0';
Begin
    DUT: PhaseDetector port map ( Vref, Vfb, clr, UP, DN);
---------------------------------------------
    Vref <= NOT Vref After 110 ns;
    Vfb  <= NOT Vfb  After 100 ns;
END stimulus;
```

圖 12-6　相位和頻率檢波器的 VHDL 測試模式

第十二章　Clock Generation 與 PLL　255

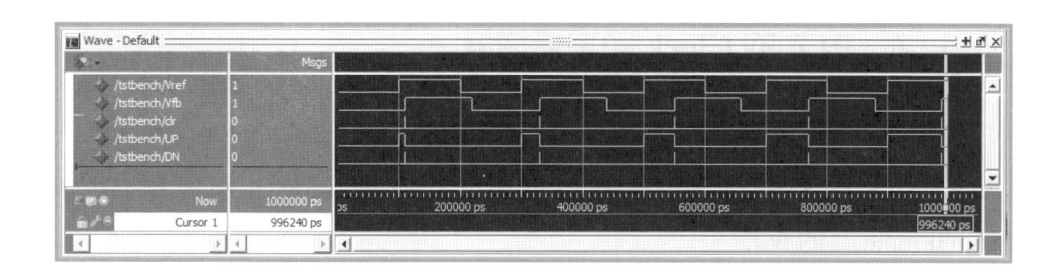

☘ 圖 12-7 ☘　　　V_{ref} 頻率高於 V_{fb} 時，檢波器的 UP 有正向脈波輸出

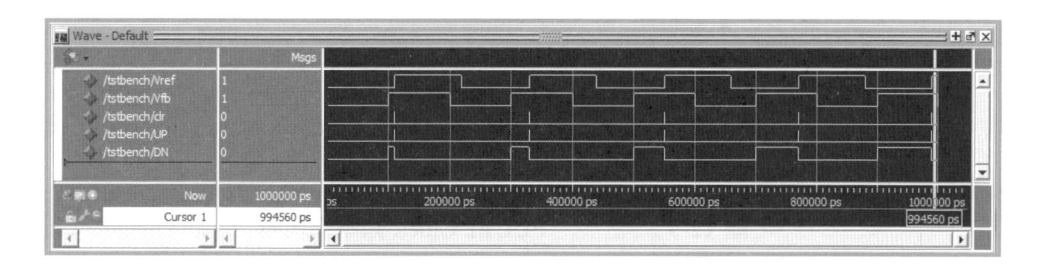

☘ 圖 12-8 ☘　　　V_{ref} 頻率低於 V_{fb} 時，檢波器的 DN 有正向脈波輸出

　　從圖 12-7 可以看到當 V_{ref} 頻率高於 V_{fb} 時，檢波器的 UP 有正向脈波輸出；而當 V_{ref} 頻率低於 V_{fb} 時，則檢波器的 DN 有正向脈波輸出，如圖 12-8。這個 UP 的正向脈波將經過 Low Pass Filter 和放大器之後輸入到 V_{CO}，讓 V_{fb} 的輸出頻率升高。而 DN 的正向脈波將經過 Low Pass Filter 和放大器，並轉變為負壓之後，輸入到 V_{CO} 讓 V_{fb} 的輸出頻率降低。

　　Low Pass Filter、Amplifier 和 V_{CO} 全部是 **Analog** 的範圍。LM565 的設定請參考附錄 F。

12-6　PLL 的 Clock 頻率倍增器

圖 12-3 頻率鎖相電路 **PLL** 的電路中，如果在 V_{co} 和 Phase detector 間加入一個除以 N 的計數器，如圖 12-9 所示，則 V_{co} 的輸出 V_0 其頻率當為 Signal input V_i 的 N 倍。

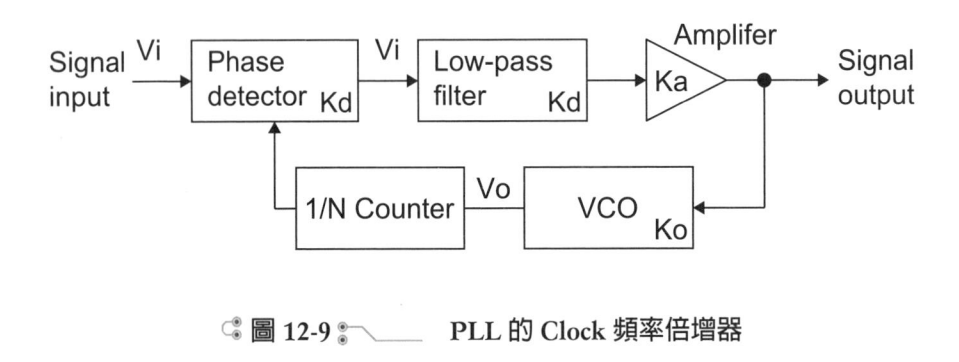

▲ 圖 12-9　PLL 的 Clock 頻率倍增器

12-7　LM565/PLL 和 74LS90/Decade Counter 構成的 ×10 倍頻器

圖 12-10 是 LM565 構成的 10× 倍頻電路，10× 的獲得是讓 V_{CO} 的輸出不直接連到相位檢波器，而是連接到 74LS90 這個 ÷10 的計數器上，再把 $V_{CO} \div 10$ 後的 f_0 拿去跟外來的 10 kHz 訊號做相位檢波，鎖相的結果，V_{CO} 當然必須為 10×10 kHz = 100 kHz。

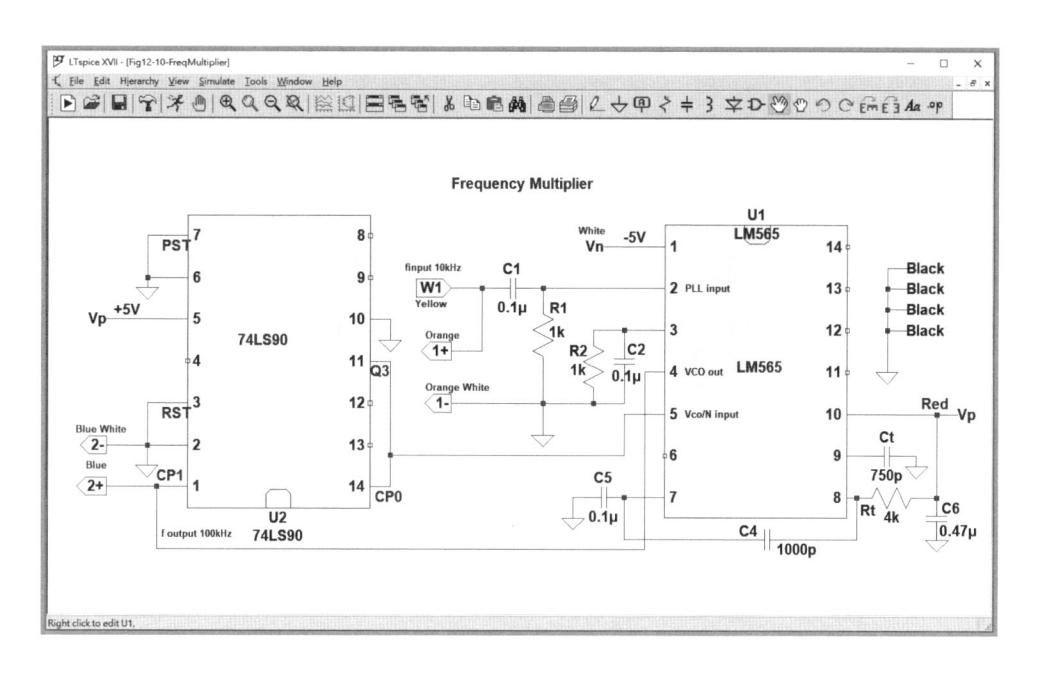

圖 12-10　LM565 和 74LS90 構成的 10 倍輸入頻率器電路

12-8 硬體實作

由於 LM565 IC 並無 **Spice Model** 的提供，圖 12-10 就是本電路與 **M2K/Scopy** 的接線關係圖。LM565 是數位和類比混合系統中必不可少的組件之一，該 IC 以自由運行、捕獲和鎖定模式 3 種模式運行。通常，一旦沒有輸入，它就會以自由運行模式運行。若向該 IC 提供包含某個頻率的輸入信號，電壓控制振盪器 (V_{CO}) 的輸出信號頻率便會發生變化。在這個階段，鎖相環在捕獲模式下工作。V_{CO} 的輸出信號頻率不斷變化，直到達到輸入信號的頻率，至於 free-running、lock range 和 capture range 與 RC 的關係，請參考附錄 G 的 LM565 PLL Setup。

本實驗在 LM565 鎖相環中加入了 ÷10 的計數器 74LS90，以期獲得 10 倍的輸入 Clock 信號。

LM565 為類比電路，使用 +5 V 和 −5 V 雙電源。74LS90 為邏輯電路，使用單一 +5 V 電源。因此 **M2K** 的 **Power Supply** 須設定為 5.000 V Tracking，如圖 12-11 所示。

第十二章　Clock Generation 與 PLL

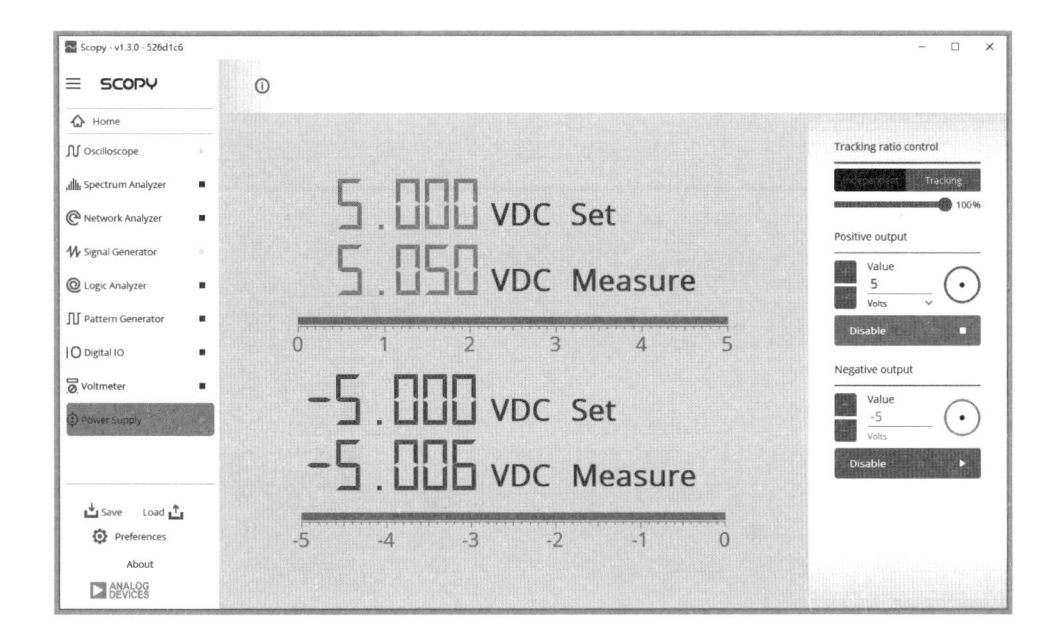

圖 12-11　M2K 的 Power Supply 設定為 5.000 V Tracking

Signal Generator W_1 提供 LM565 輸入訊號，本實驗設定為 4 V/10 kHz 方波，如圖 12-12 所示。

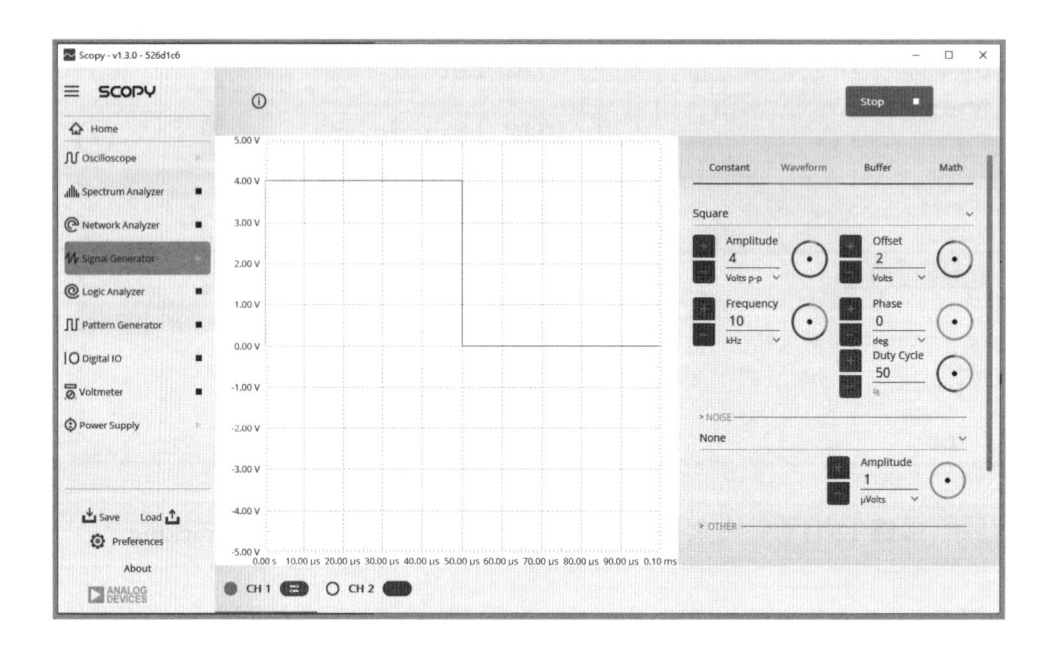

圖 12-12　W_1 提供 LM565 輸入訊號，本實驗設定為 4 V/10 kHz 方波

第十二章　Clock Generation 與 PLL　261

　　LM565 輸出訊號經內部 V_{CO} 輸入 74LS90 ÷10 之後，再輸回 LM565 內部的頻率／相位比較器與 W_1 的 10 kHz 相比較，產生滾動式的糾正電壓迫使 74LS90 ÷10 之後的頻率／相位與 W_1 的 10 kHz 相同，而 74LS90 的 V_{CO} 輸入當然就是 10×10 kHz 了。**M2K** 示波器的 2 個頻道 +1 做監察 W_1 之用，+2 做監察 74LS90 的 V_{CO} 輸入之用，如圖 12-13 所示。

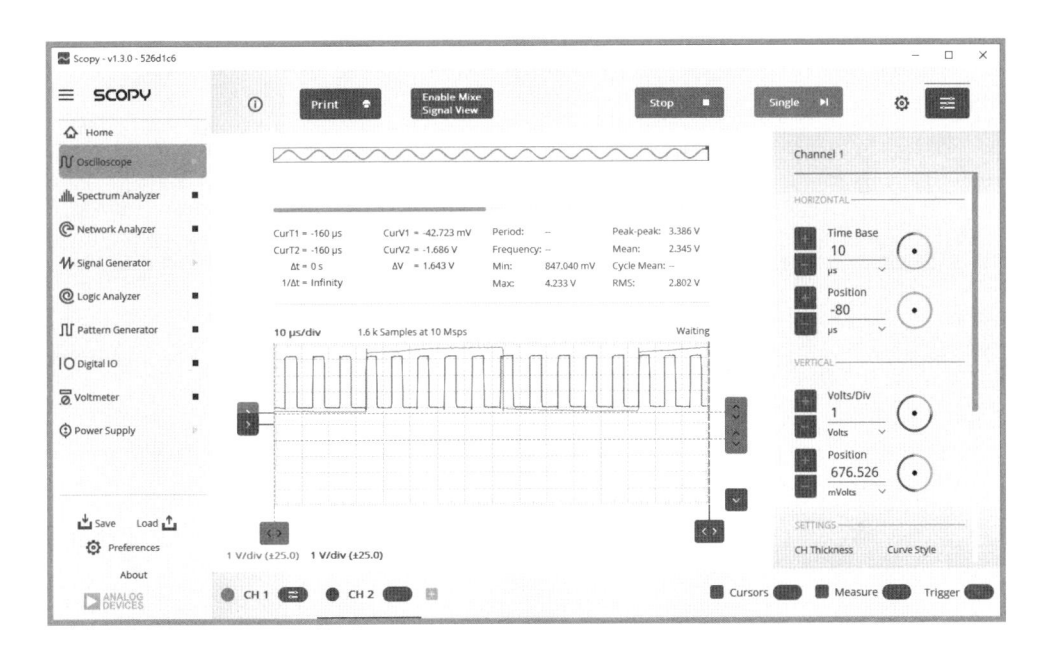

◎ 圖 12-13 ：　　　示波器的 +1 做監察 W_1，+2 做監察 V_{CO} 輸入之用

12-9 課外練習

1. 試用 SN74LS74 和 SN74LS08 來組成圖 12-4 用於 PLL 的相位和頻率檢波電路，並用 M2K 來測試之。

2. 試用 SN74LS04 和 4 MHz 的石英振盪器來組成圖 12-1 加圖 12-2 的合併電路，並用 M2K 來測試之。

3. 試用題 2 所產生之 4 MHz 來產生 1 MHz 和 100 kHz Clock 頻率。

附錄 A　Scopy 軟體在 M2K 的應用

　　2021 年 7 月 **Scopy** 最新版本為 V13，從網上下載並裝到 PC Windows 上。插上 **M2K**，再雙擊 **Scopy icon**，開啟 **M2K**，如圖 A-1 所示。

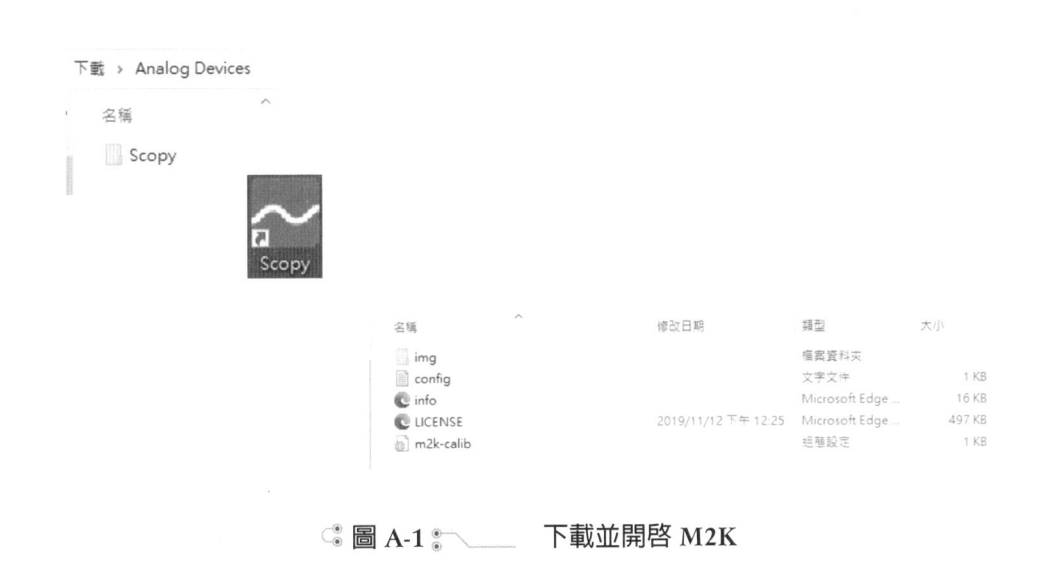

圖 A-1　下載並開啟 M2K

　　開啟 **M2K** 的程序如圖 A-2 所示，**M2K** 截圖下出現綠色線條代表已準備好可以使用了。

圖 A-2 M2K 截圖下出現綠色線條代表已準備就緒

圖 A-2 的 Home 底下列出從 Oscilloscope 到 Power Supply 總共有 9 件儀器，可提供類比和數位電路測試之用。從 Power Supply 開始，如圖 A-3 所示。

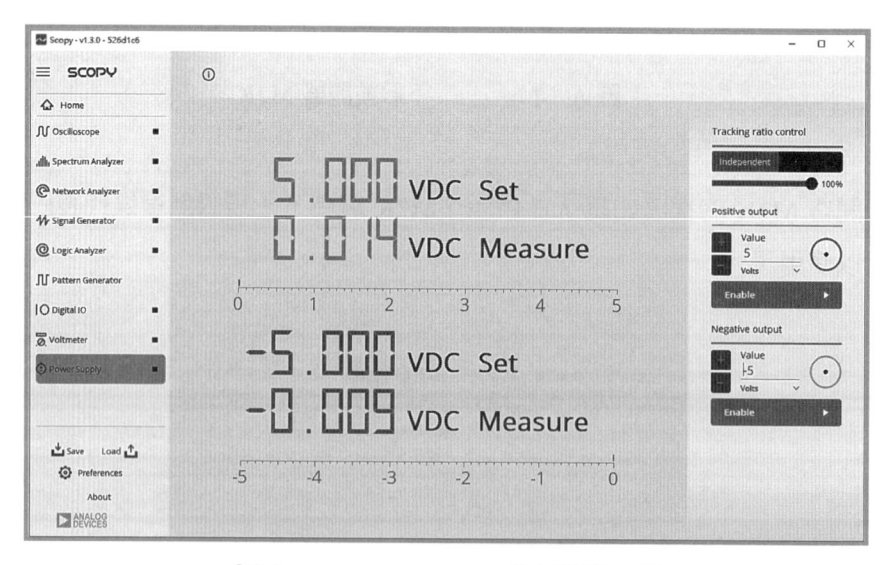

圖 A-3 M2K 的電源供應器

M2K 的電源供應器有 2 個，可以獨立使用，也可以二者追蹤使用，能負載約 100 mA 左右。接下來的是信號產生器也有 2 個頻道，屬於單邊接地，能提供 Sine、Square 等 7 個常用的波形，電壓最大為 10 Vp-p。如圖 A-4 所示。

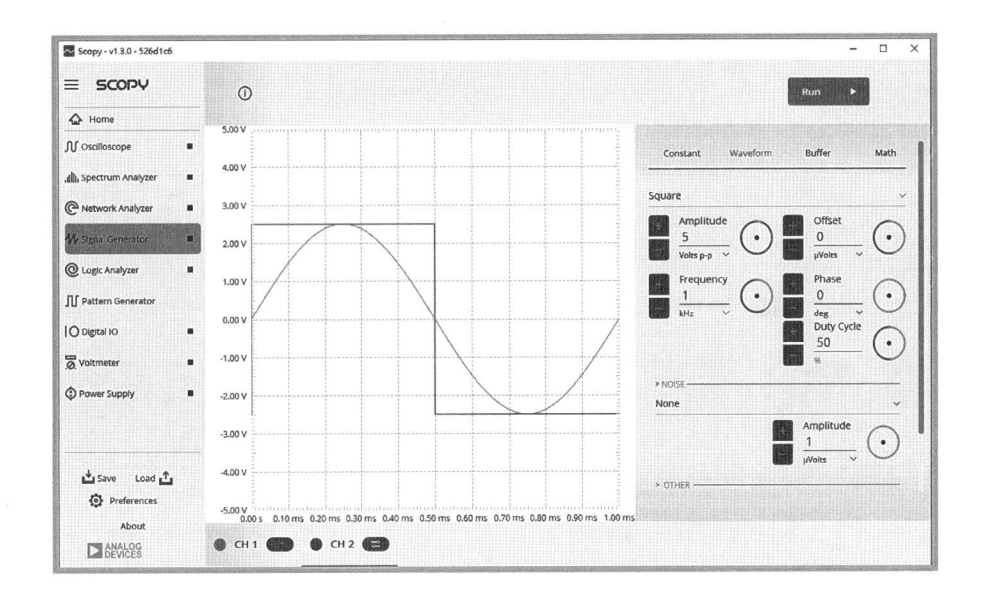

◎ 圖 A-4 　　M2K 的信號產生器

M2K 的示波器也有 2 個頻道，屬於差動式輸入。將一邊接地，便成單邊接地，用起來很是方便。為了測試信號產生器和示波器，應利用支架將 W_1 和 1+、W_2 和 2+ 連接起來，同時將 1– 和 2– 接地，結果如圖 A-5 所示。

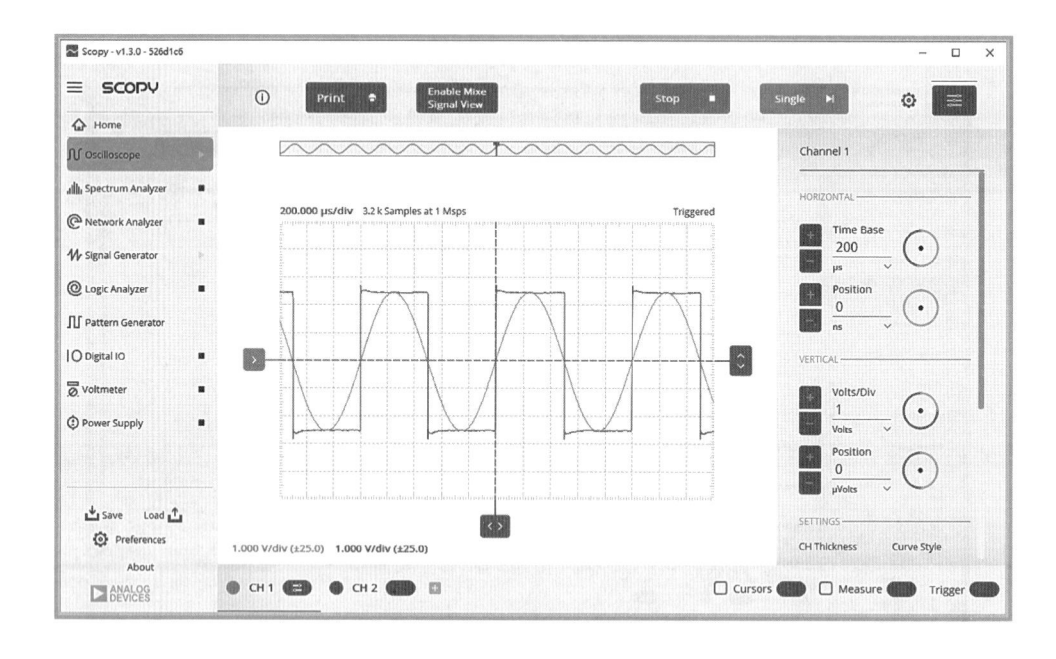

圖 A-5　M2K 的示波器

附錄 A　Scopy 軟體在 M2K 的應用　267

　　以上的電源、信號產生器和示波器是 60 到 90 年代大家所常用的基本測試儀表。**網路分析儀** (Network Analyzer)、**頻譜分析儀** (Spectrum Analyzer) 等屬於高價位儀器，一般學校並無購置。M2K 的網路分析儀，最常用的是測量 **Frequency Response** 的 **Bode Plot**，如圖 A-6 所示。還可以做 **Nyquist** 及 **Nichols Plot**。

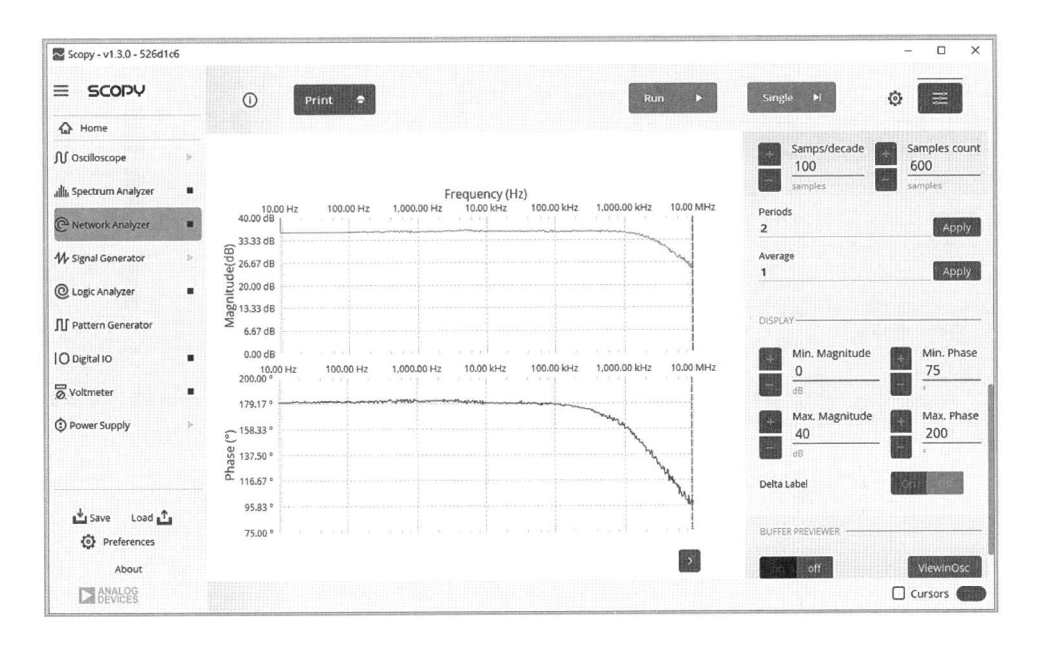

圖 A-6　M2K 的網路分析儀

使用 **M2K** 的頻譜分析儀來分析圖 A-4 中 **M2K** 示波器所顯示的正弦波及方波。圖 A-7 為 1 kHz 的正弦波，非常完美。

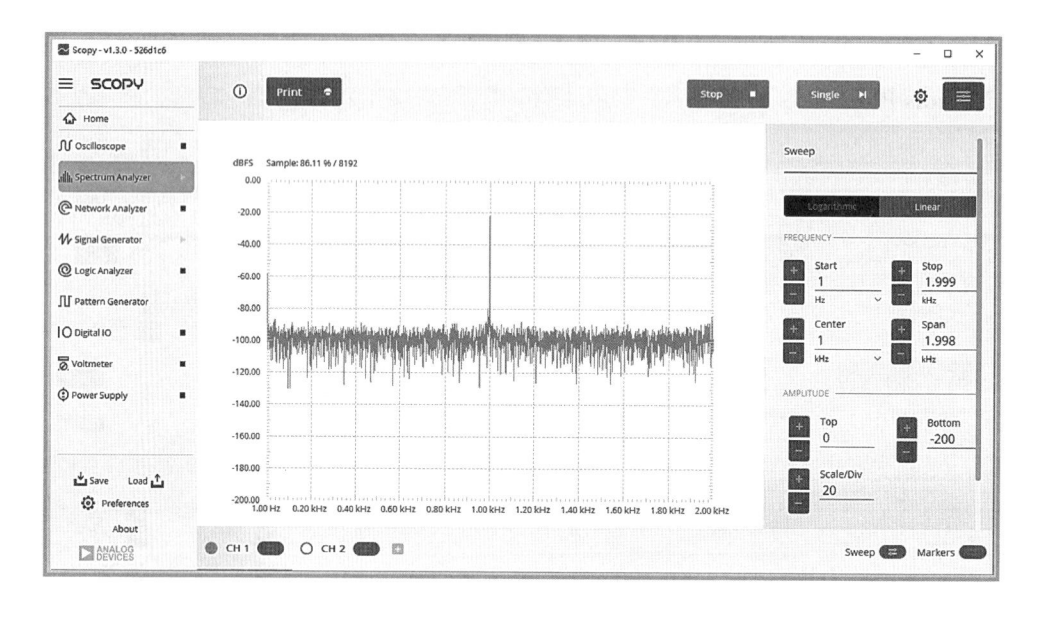

◎ 圖 A-7　M2K 信號產生器的完美 1 kHz 正弦波

圖 A-8 為 M2K 信號產生器的方波分析結果，確如所料含有極豐富的副波。

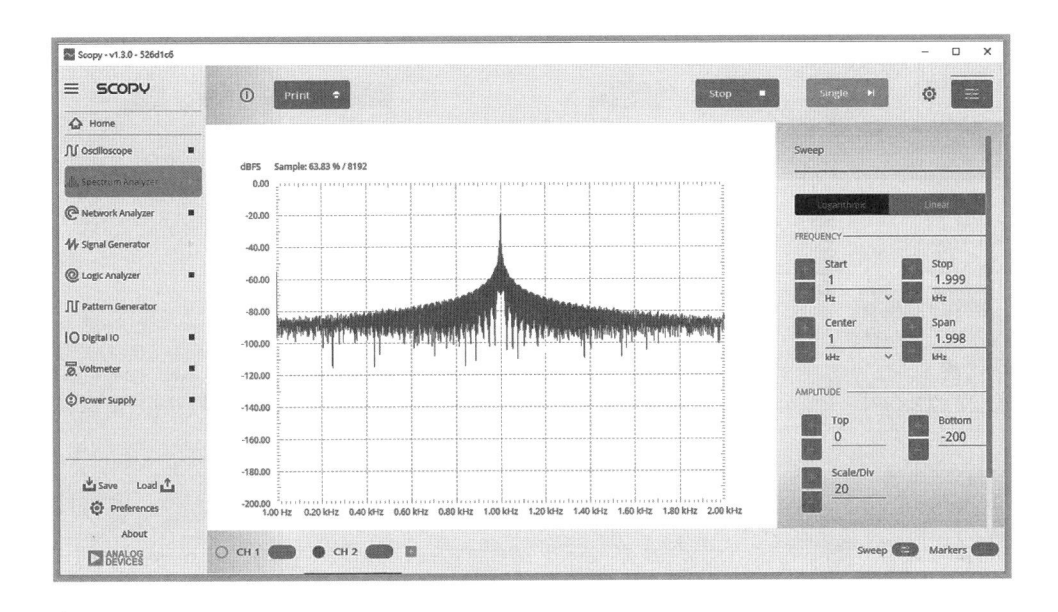

圖 A-8　M2K 信號產生器的 1 kHz 方波含有極豐富的副波

以上這 5 種工具是測試類比電路的基本要件，比起測試數位電路的基本工具要來得多。測試數位電路的基本工具除了電源之外，只需要數位 **Pattern Generator** (數位圖案產生器) 和 **Logic Analyzer** (邏輯分析器) 2 件，過去因售價昂貴，以一大堆的開關和 LEDs 替而代之。

圖 A-9 為設定一個 4 bit Group (Bus) 圖案的例子，首先要決定用 16 條 DIO 線的哪 4 條？若為 DIO 0～DIO 3 而且是屬於 **Group**，請見圖 A-9。

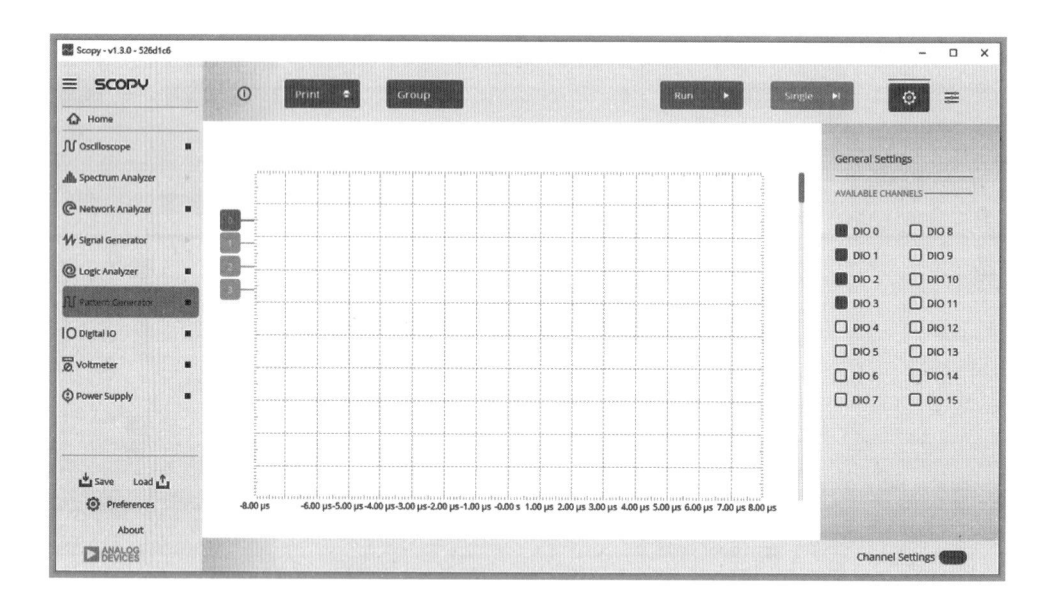

圖 A-9 設定一個 4 bit Group (Bus) 圖案的例子

將選項從 Group 改為 Done，同時雙擊 0、1、2、3。如圖 A-10 右面會出現紅色的 ×0、×1、×2、×3，那就表示成功組合 DIO 0～DIO 3 成為 Group 了。

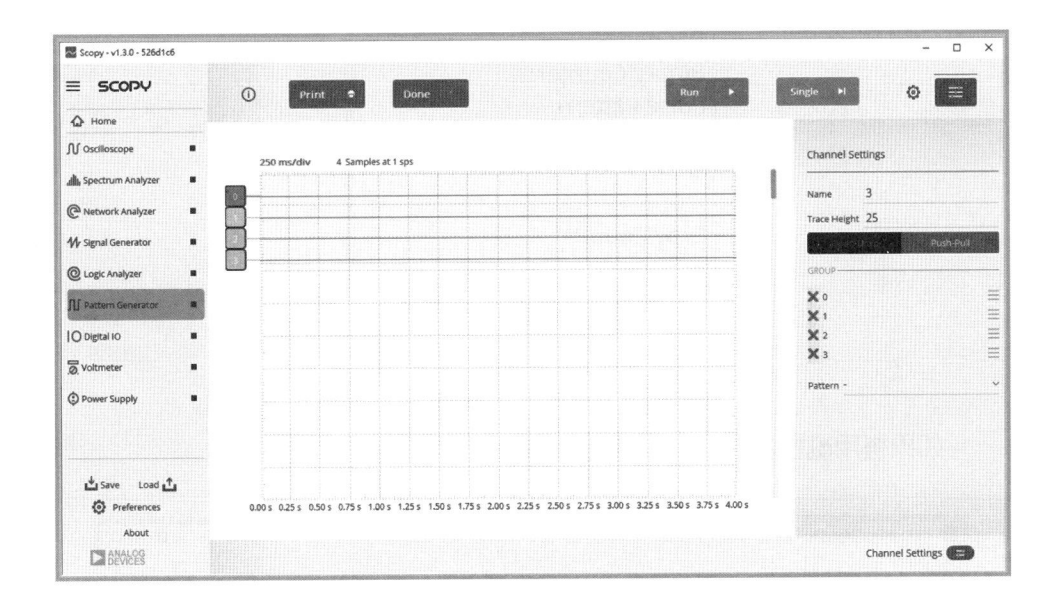

圖 A-10　成功組合 DIO 0～DIO 3 為 Group

對於這個 **Group** 要賦予何種圖案？在右邊紅色的 ×0、×1、×2、×3 的下方有 **Pattern** 的選項可用，如圖 A-11 所示。

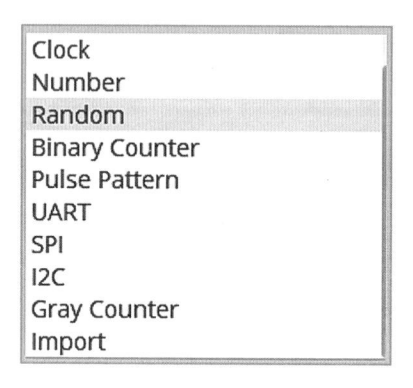

```
Clock
Number
Random
Binary Counter
Pulse Pattern
UART
SPI
I2C
Gray Counter
Import
```

圖 A-11　　Group 可選擇的多種圖案

如果選用**亂圖案** (Random)，圖 A-12 就是它的邏輯波形顯示。

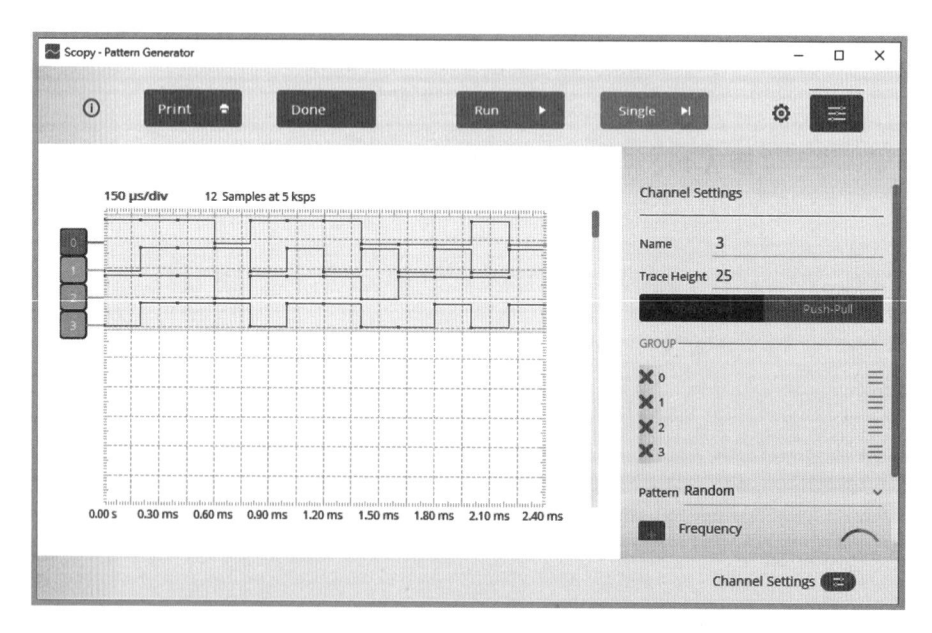

圖 A-12　　Group Random 所顯示的邏輯波形

Pattern Generator 的專職為對被測試電路提供輸入訊號，**Logic Analyzer** 的專職為收集被測試電路訊號。由於收集的開始**觸發** (Trigger) 來自 **Pattern Generator** 的輸入訊號，因此 Pattern Generator 的輸入訊號也必須加入到 **Logic Analyzer** 中。圖 A-13 便是將 Pattern Generator 的輸入訊號納入到 **Logic Analyzer** 的例子。

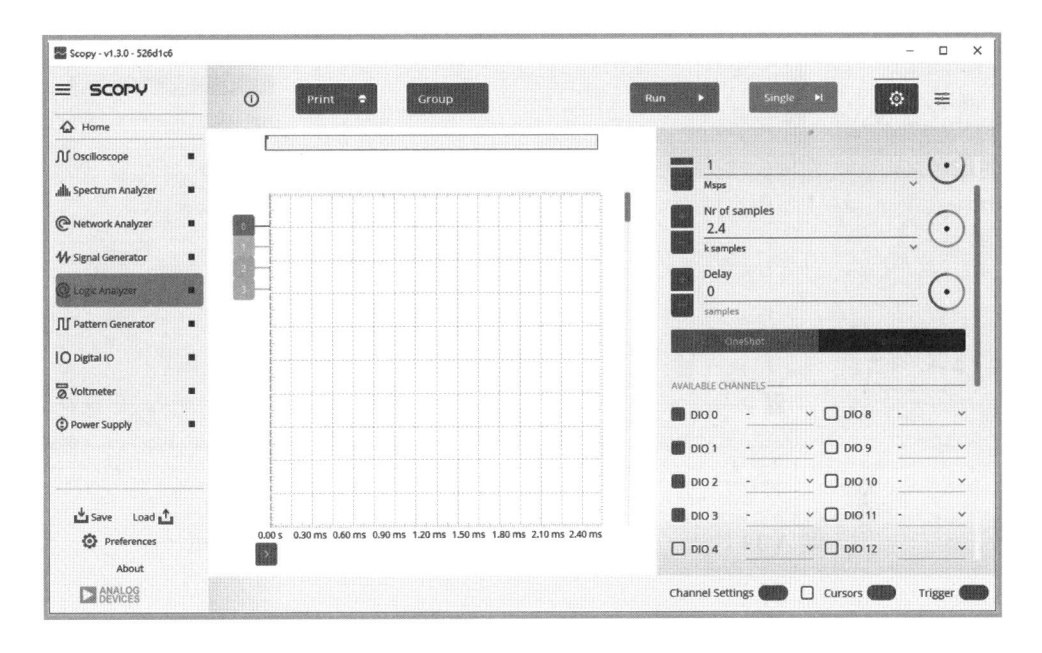

圖 A-13　將 Pattern Generator 的輸入訊號納入到 Logic Analyzer

274　M2K SCOPY：電路設計、模擬測試、硬體裝置與除錯

圖 A-14 為選用觸發訊號來自輸入訊號的例子，首先在 **Trigger mode** 選用 **normal** 再將 **Trigger Logic** 選用 **AND**。

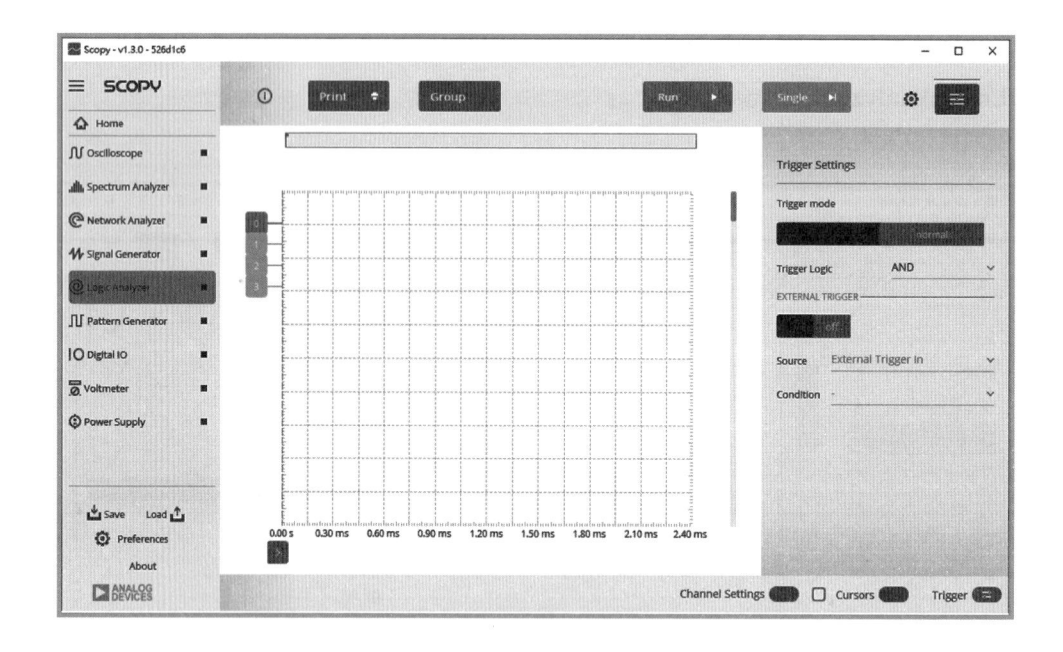

圖 A-14　Trigger mode 和 Trigger Logic 的設定

圖 A-15 為觸發訊號來源的設定。這裡 DIO 0 和 DIO 2 為 Rising Edge，DIO 1 和 DIO 3 為 Falling Edge，然後單擊 **Single**，圖形視窗的右上方會有 **Waiting** 的出現。

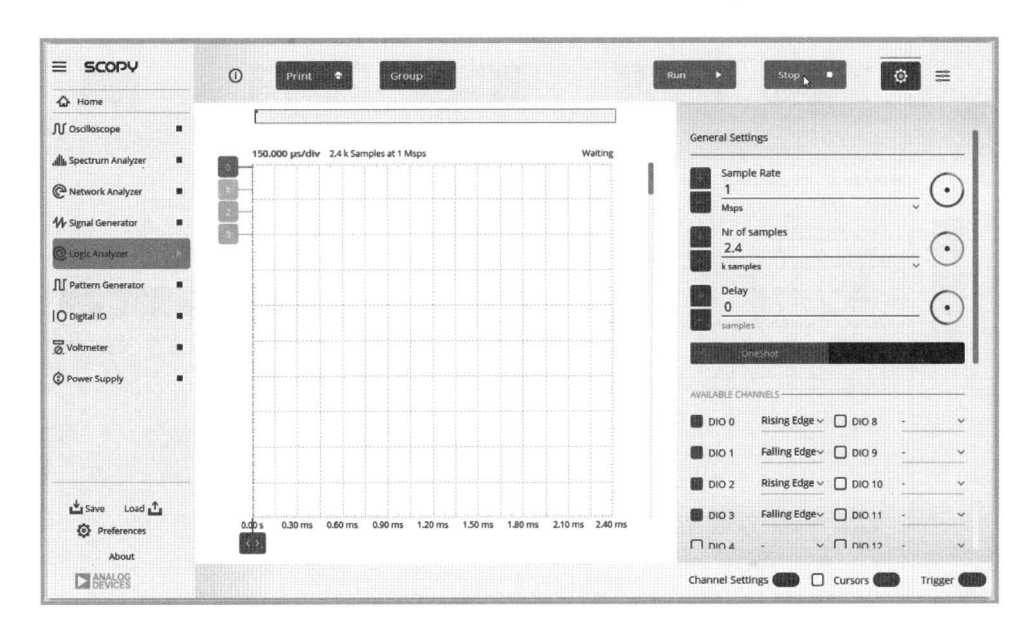

圖 A-15　觸發訊號來源的設定

276　M2K SCOPY：電路設計、模擬測試、硬體裝置與除錯

　　為了滿足 **Waiting** 的要求，回頭再單擊圖 A-16 **Pattern Generator** 的 **Single** 讓觸發信號來到 **Logic Analyzer**。

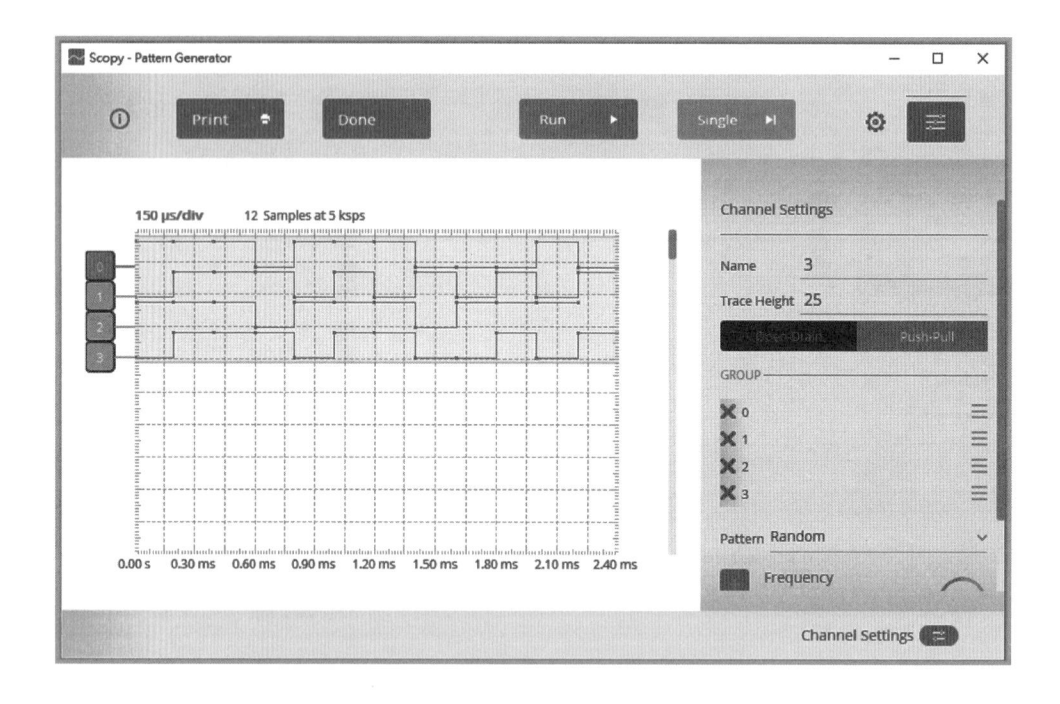

◌ 圖 A-16　單擊 **Pattern Generator** 的 **Single** 讓觸發信號來到 **Logic Analyzer**

附錄 A　Scopy 軟體在 M2K 的應用　277

　　Logic Analyzer 獲得 Pattern Generator 的 Trigger，將 Waiting 改變成 Stop，也就代表任務完成。將波形圖案顯示到圖 A-17 的 Logic Analyzer 視窗上。

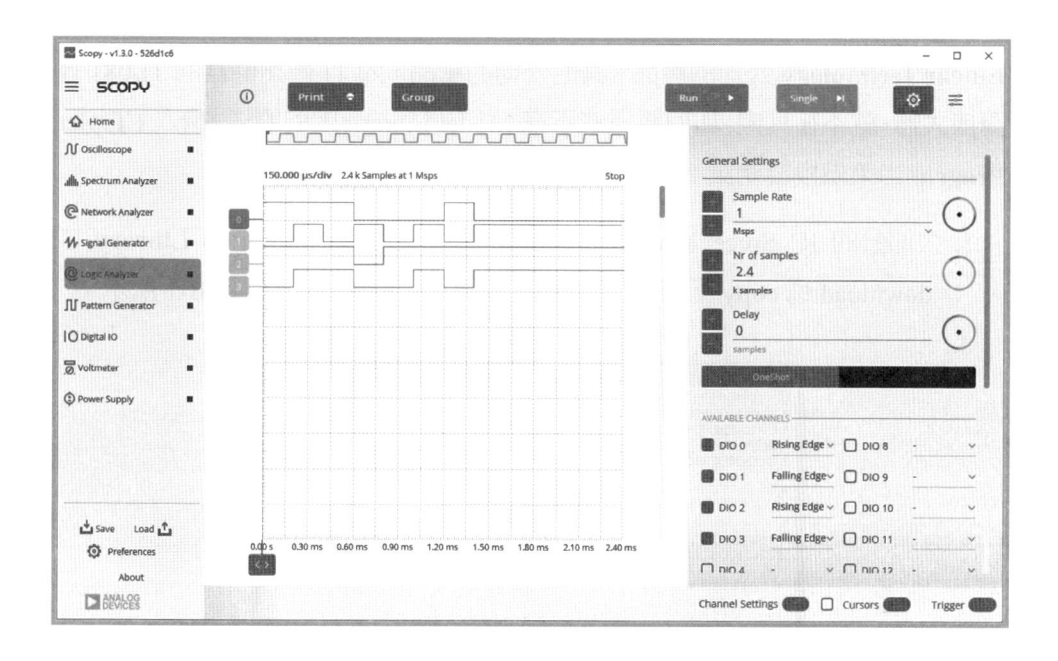

圖 A-17　Logic Analyzer 獲得應有的 Trigger 完成波形圖案的顯示

附錄 B　Library 之外 Model 的處理

　　LTspice 的 Model Library 中的零件，尤其是 Operational Amplifiers 都是 **Linear Technology** 公司的產品。其他公司的產品，如 TI 德州儀器的 TL081 運算放大器，就不在其內。如何將這些不在 Model Library 內的零件，納入 **LTspice Progrm** 中來做模擬測試？它的程序如下：

1. 大部分的 IC Spice Model，可以從網路或其他的 Simulator Library 中 download 或 copy 下來。以 TL081 為例，它的 Model 如圖 B-1 所示。

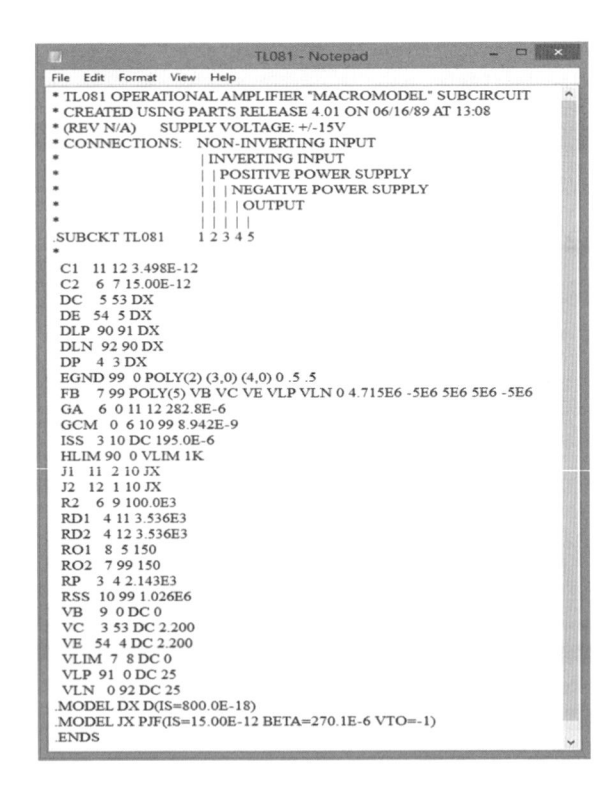

```
* TL081 OPERATIONAL AMPLIFIER "MACROMODEL" SUBCIRCUIT
* CREATED USING PARTS RELEASE 4.01 ON 06/16/89 AT 13:08
* (REV N/A)      SUPPLY VOLTAGE: +/-15V
* CONNECTIONS:   NON-INVERTING INPUT
*                | INVERTING INPUT
*                | | POSITIVE POWER SUPPLY
*                | | | NEGATIVE POWER SUPPLY
*                | | | | OUTPUT
*                | | | | |
.SUBCKT TL081    1 2 3 4 5
*
C1    11 12 3.498E-12
C2    6 7 15.00E-12
DC    5 53 DX
DE    54 5 DX
DLP   90 91 DX
DLN   92 90 DX
DP    4 3 DX
EGND  99 0 POLY(2) (3,0) (4,0) 0 .5 .5
FB    7 99 POLY(5) VB VC VE VLP VLN 0 4.715E6 -5E6 5E6 5E6 -5E6
GA    6 0 11 12 282.8E-6
GCM   0 6 10 99 8.942E-9
ISS   3 10 DC 195.0E-6
HLIM  90 0 VLIM 1K
J1    11 2 10 JX
J2    12 1 10 JX
R2    6 9 100.0E3
RD1   4 11 3.536E3
RD2   4 12 3.536E3
RO1   8 5 150
RO2   7 99 150
RP    3 4 2.143E3
RSS   10 99 1.026E6
VB    9 0 DC 0
VC    3 53 DC 2.200
VE    54 4 DC 2.200
VLIM  7 8 DC 0
VLP   91 0 DC 25
VLN   0 92 DC 25
.MODEL DX D(IS=800.0E-18)
.MODEL JX PJF(IS=15.00E-12 BETA=270.1E-6 VTO=-1)
.ENDS
```

　　圖 B-1　　TL081 的 Spice Model 檔案

把該檔案重新命名為 TL081.LIB，並且把它存入電路設計的同一檔案夾內。

2. 開啟電路設計的 LTspice file，並且選用 **Edit >> SPICE Directive**，如圖 B-2 所示。

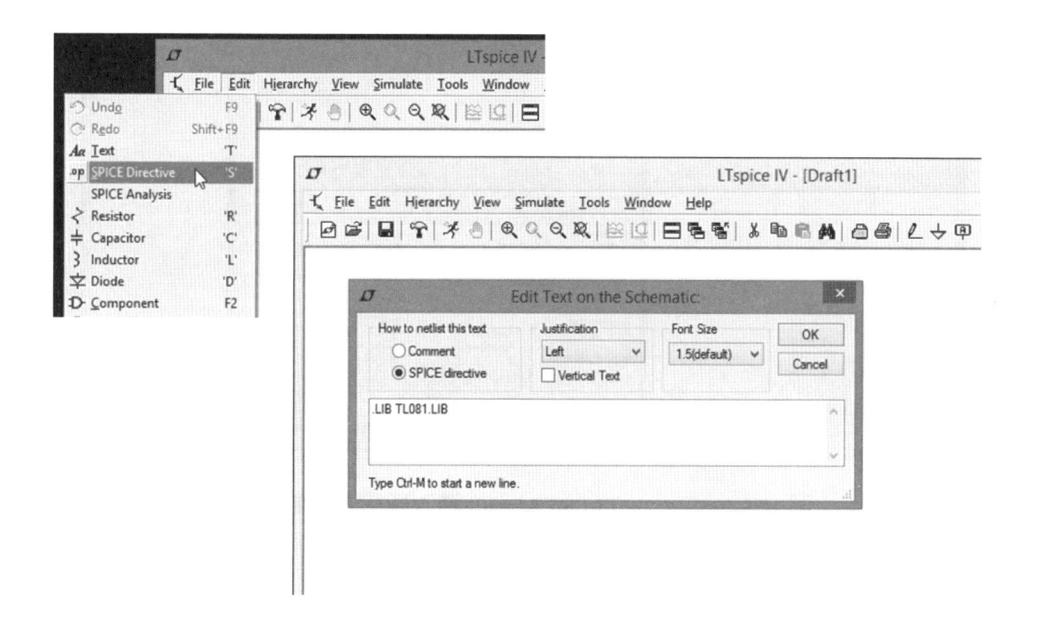

◦ 圖 B-2 ◦　　　　開啟 LTspice 電路設計檔案，選用 Edit >> SPICE Directive

在圖 B-2 的 Edit Text on the Schematic 中填入 .LIB TL081.LIB，讓這個外來的 Model 檔案進入要設計的電路圖中，如圖 B-3 所示。

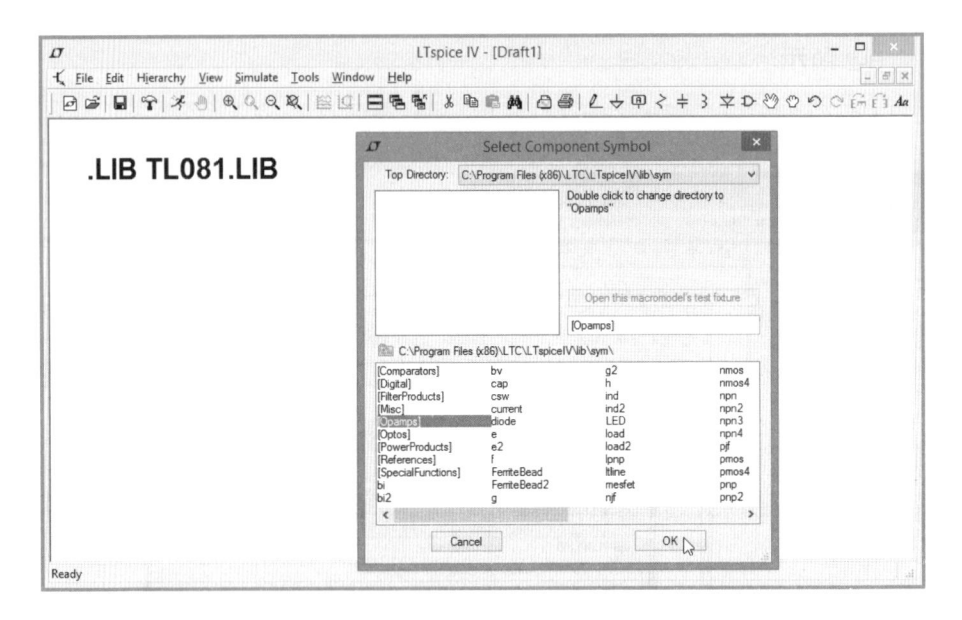

圖 B-3　TL081 Model 進入要設計的電路圖中

3. 電路符號的配合：再從圖 B-3 來到 Select Component Symbol 視窗，選用其中的 **Opamps**，結果如圖 B-4。

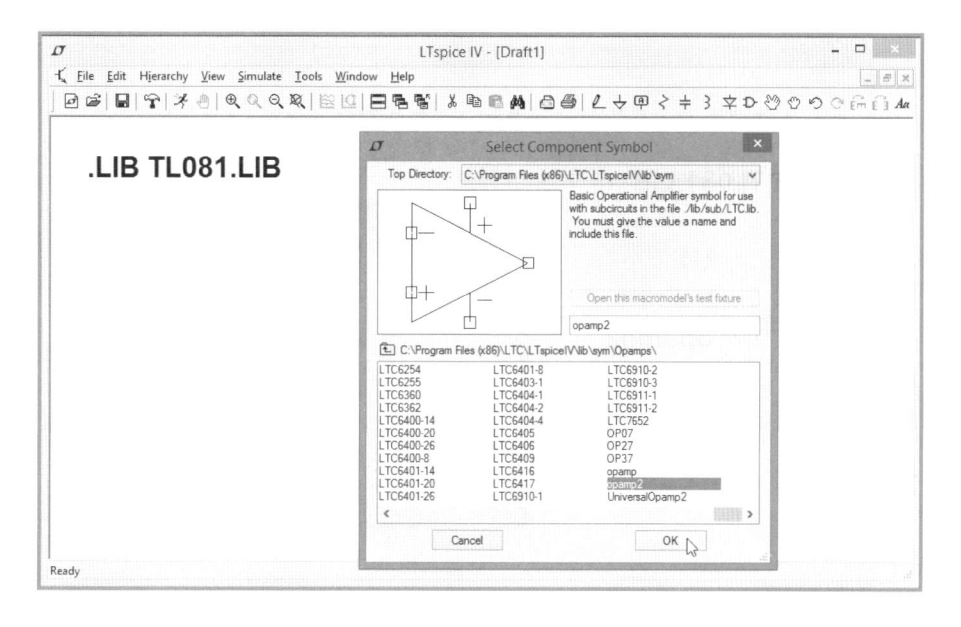

圖 B-4　選用 opamp2，Select Component Symbol 顯示有 5 個 Node 的 OPA

選用圖 B-4 中的 opamp2，Symbol 顯示有 5 個 Node 的 OPA，它和圖 B-1 的 TL081 同樣有 5 個 Node 相配合，結果如圖 B-5 所示。

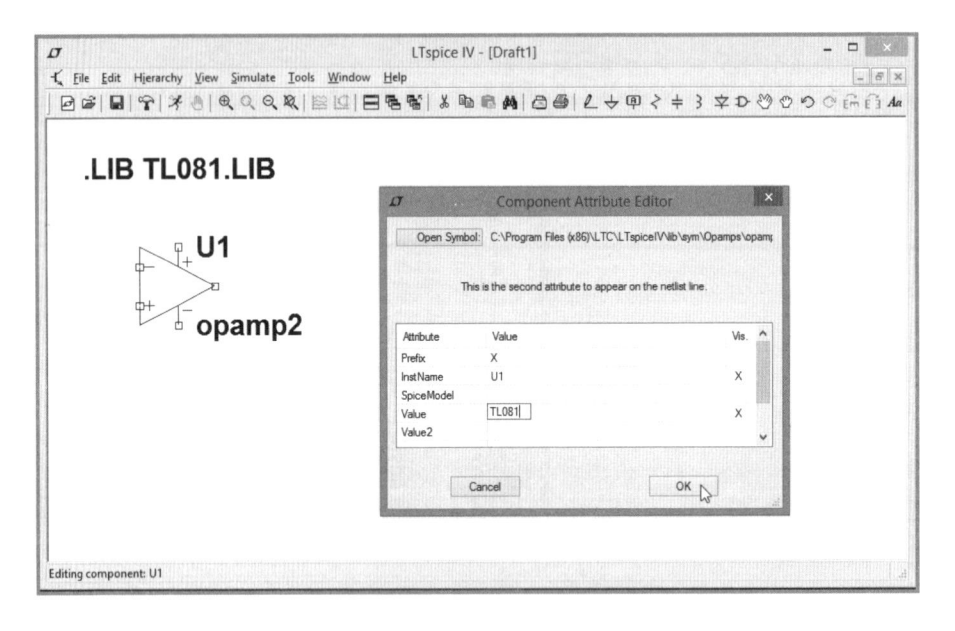

圖 B-5　零件 Attribute 的改變，將 Value 由 opamp2 改寫成 TL081

4. 零件命名的改變：將圖 B-5 Value 由 opamp2 改成 TL081，接下來單擊 **OK**，產生圖 B-6 的單一 TL081 和 .LIB TL081.LIB。電路設計加上電源、接線和輸入訊號。成為一個 Voltage Follower 電路，如圖 B-6 所示。

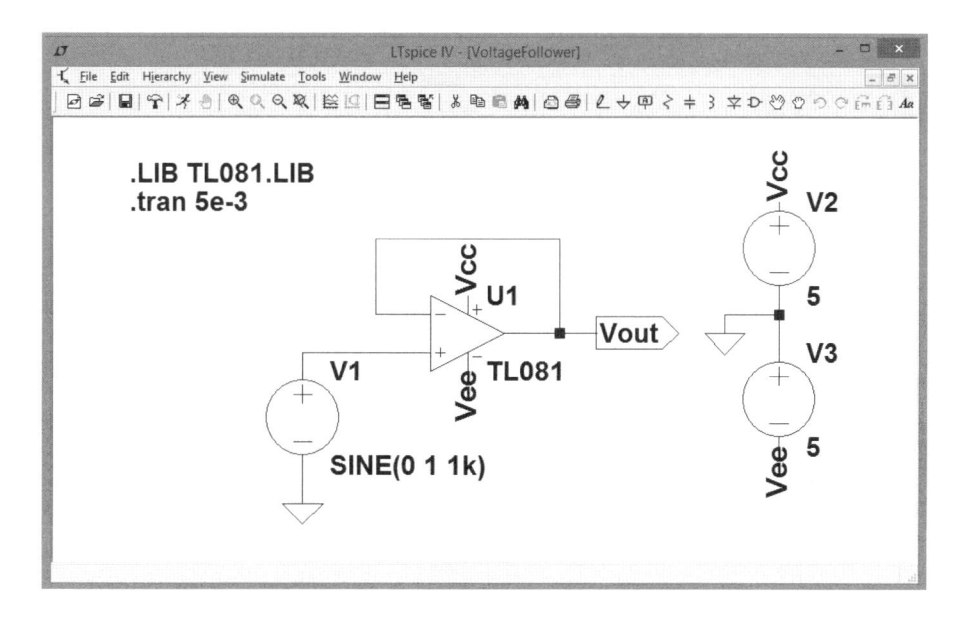

圖 B-6　用 TL081 設計成的 Voltage Follower 電路

5. 完成必要的程序：圖 B-7 為 Voltage Follower 電路 **Simulation** 的結果

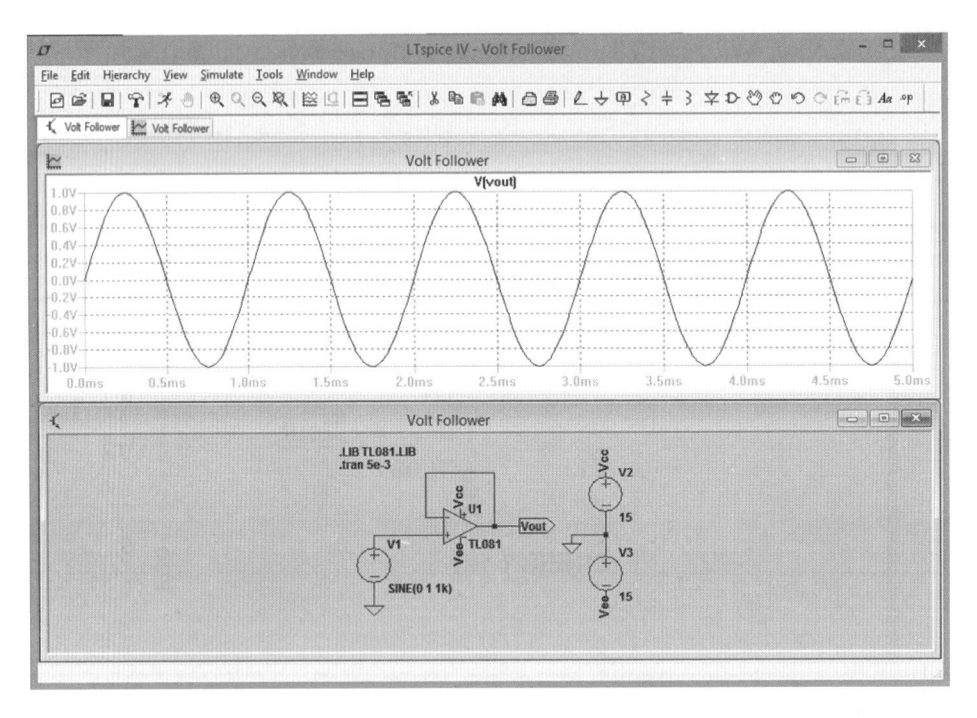

圖 B-7　Voltage Follower 電路 Simulation 的結果

附錄 C　Subckt 的產生和應用

　　一個有多個 Nodes 的電路，如果只有少數 Nodes 是必須的，可以把它拿來另外組成一個名為 Subckt 的電路，這樣可以簡化電路的組成。下面是將第 2 章的差動式放大器來做為例子，在圖 C-1 選用 **View >> SPICE Netlist**。

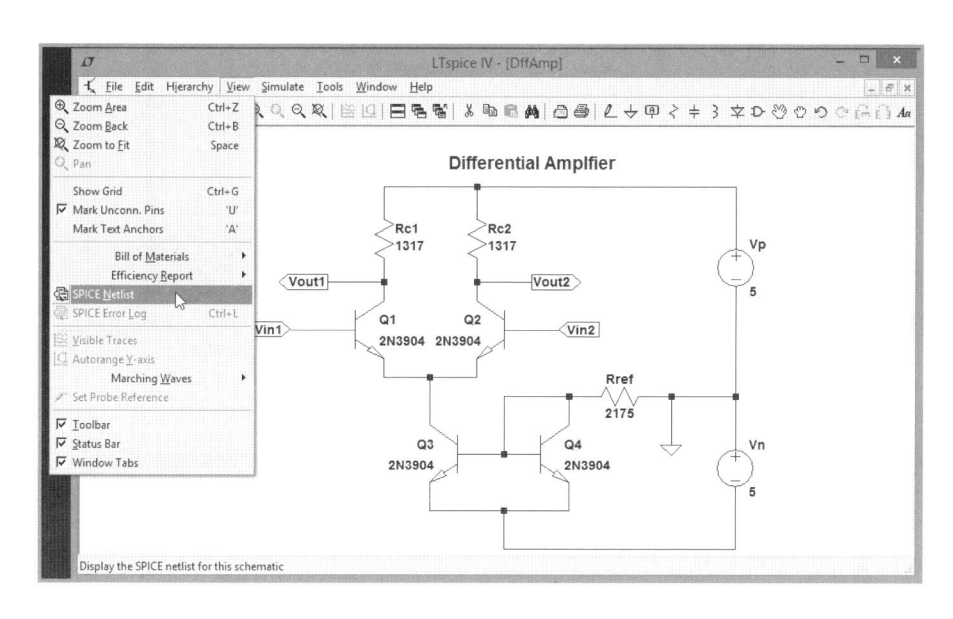

圖 C-1　　差動式放大器的組成

圖 C-2 是圖 C-1 的 NetList Files，屬於不可改變，保護型檔案。要修改它成為 Subckt，就必須右擊該 NetList Files 的空白處，並儲存在一指定的 folder 中，暫定為 SubCkt，而且命名為 Diff_Amp.cir，如圖 C-3 所示。

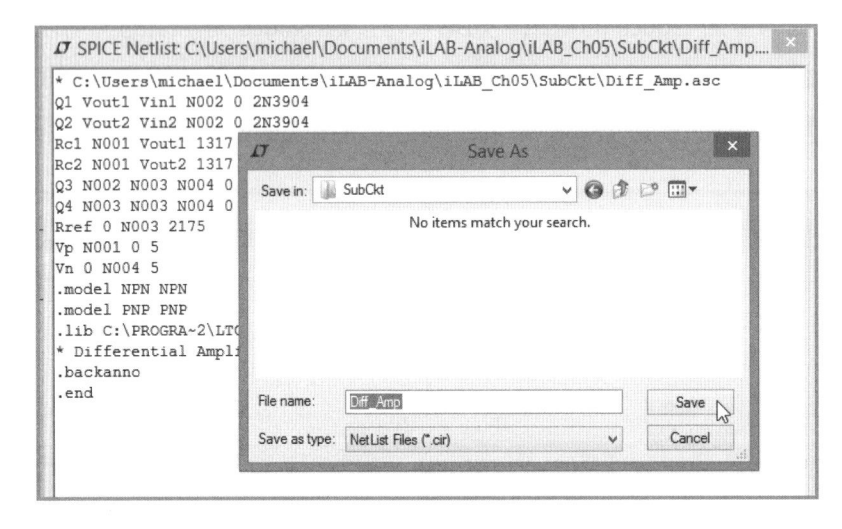

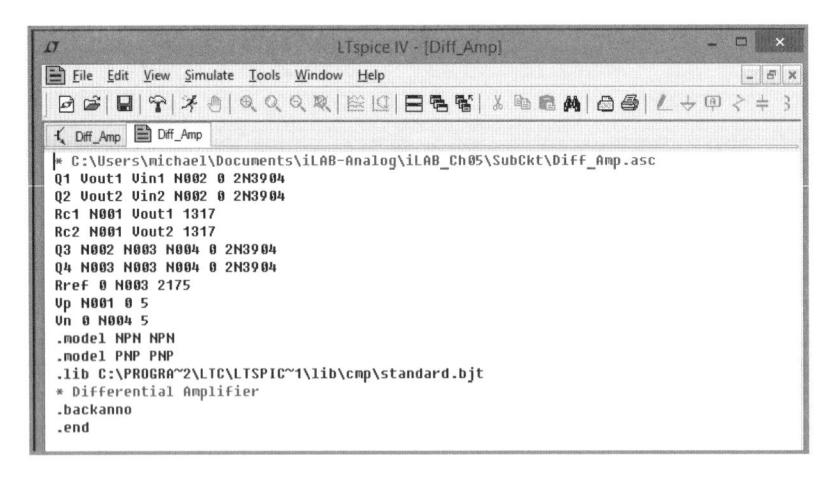

圖 C-2　　圖 C-1 的 Netlist

圖 C-3　　源自圖 C-1 電路，可 Edit 的 Diff_Amp.asc 之 Netlist

附錄 C　Subckt 的產生和應用　287

經過 Edit 後轉變成 SUBCKT MY_DIFF_AMP，如圖 C-4 所示。有二點要注意的是：

1. C-4 比 C-3 加多了.SUBCKT MY_DIFF_AMP　Vin1 Vin2 Vout1 Vout2 0，Vin1 Vin2 Vout1 Vout2 0 必須取自圖 C-3 中的 Node，不可來自他方。
2. 圖 C-4 檔案的最後一條線因為是 subckt，所以必須是.ends。

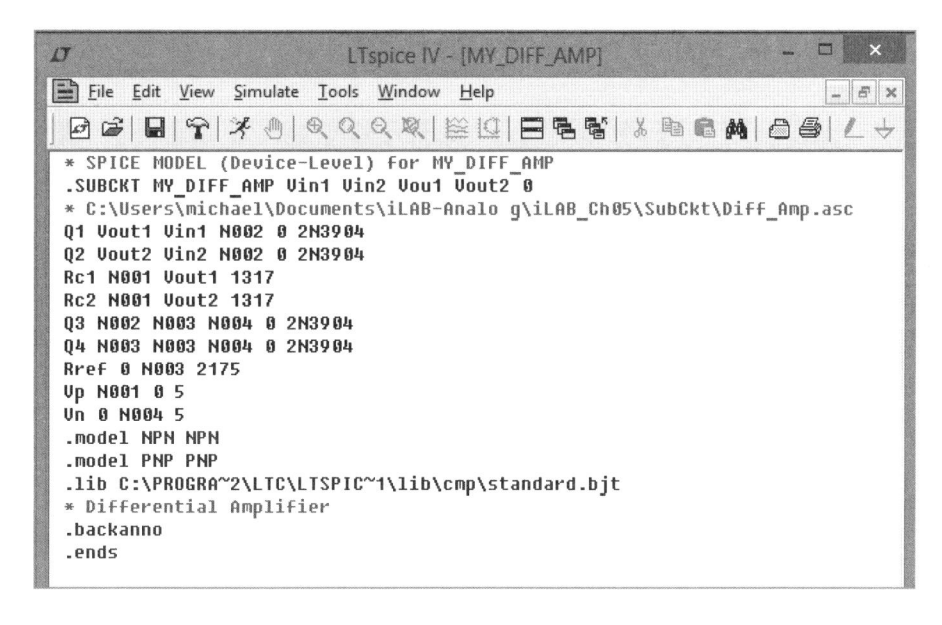

```
* SPICE MODEL (Device-Level) for MY_DIFF_AMP
.SUBCKT MY_DIFF_AMP Vin1 Vin2 Vou1 Vout2 0
* C:\Users\michael\Documents\iLAB-Analo g\iLAB_Ch05\SubCkt\Diff_Amp.asc
Q1 Vout1 Vin1 N002 0 2N3904
Q2 Vout2 Vin2 N002 0 2N3904
Rc1 N001 Vout1 1317
Rc2 N001 Vout2 1317
Q3 N002 N003 N004 0 2N3904
Q4 N003 N003 N004 0 2N3904
Rref 0 N003 2175
Vp N001 0 5
Vn 0 N004 5
.model NPN NPN
.model PNP PNP
.lib C:\PROGRA~2\LTC\LTSPIC~1\lib\cmp\standard.bjt
* Differential Amplifier
.backanno
.ends
```

◦ 圖 C-4 ◦　　　SUBCKT MY_DIFF_AMP 的結構與規則

288　M2K SCOPY：電路設計、模擬測試、硬體裝置與除錯

　　圖 C-5 為電路中如何使用 Subckt 的一個簡單的範例，不需畫電路圖，只須用 5 條指令：

第 1 條指令：要 Program 包括(.inc) MY_DIFF_AMP.CIR。
第 2 條指令：X 代表使用 Subckt 和電路 Nodes 的名稱，0 代表接地。
第 3 條指令：在 Node Vin1 和 GND 間接一個正弦波輸入訊號。
第 4 條指令：做 5 mS 的電路 **Transient Analysis**。
第 5 條指令：完成 Program，END。

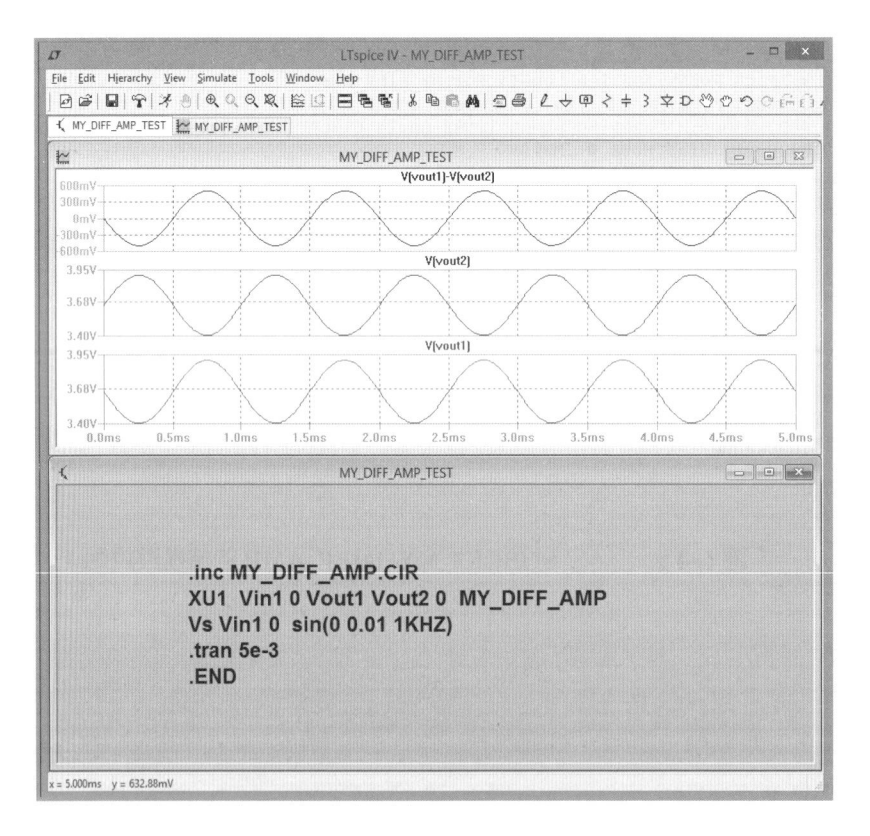

圖 C-5　使用 Subckt 的電路組成和 Run 後的波形

附錄 D　VHDL 電路檔的結構與格式

圖 D-1 為 **VHDL** 電路檔的最基本結構與格式。拿一個 and gate 為例，它分成 Entity 和 Architecture 2 個部分：Entity 為電路的外部接腳，Architecture 為電路的內部結構。A、B、Y 都代表訊號 **Signal**，**Logic** 的訊號最簡單的是 BIT，BIT 只有 '0' 和 '1' 2 種狀態 State。

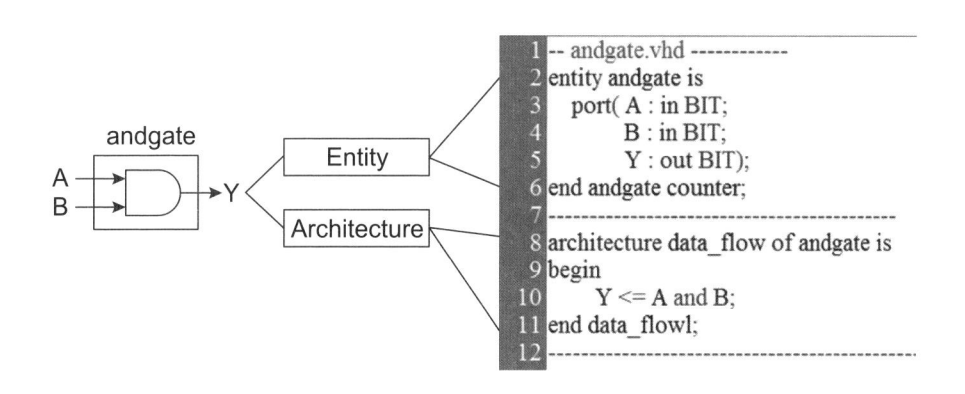

```
1  -- andgate.vhd ------------
2  entity andgate is
3      port( A : in BIT;
4            B : in BIT;
5            Y : out BIT);
6  end andgate counter;
7  -------------------------------------------
8  architecture data_flow of andgate is
9  begin
10     Y <= A and B;
11 end data_flowl;
12 -------------------------------------------
```

◎ 圖 D-1　VHDL 電路檔的最基本結構與格式

比較完善的 IEEE 標準 **Logic** 訊號是 IEEE.std_logic_1164，它對設計者在除錯上更有幫助。圖 D-2 便是使用它來代表 **Logic Signal** 的寫法，擺在 Entity 的最前端，宣告電路使用 IEEE Library。

```
1  -- andgate.vhd -------------
2  library IEEE;
3  use IEEE.std_logic_1164.all;
4  -------------------------------------
5  entity andgate is
6    port( A : in std_logic;
7          B : in std_logic;
8          Y : out std_logic);
9  end andgate counter;
10 -------------------------------------
11 architecture data_flow of andgate is
12 begin
13     Y <= A and B;
14 end data_flowl;
15 -------------------------------------
```

圖 D-2　　使用標準 IEEE.std_logic_1164 作為訊號的寫法

VHDL 是對電路的一種描述，它跟一般 Program 不同。因為電路的運作，除了先做宣告 Process 後，才會像一般 Program 由 line 1 按順序一條條 Process 處理下去，否則像圖 D-2 的 **VHDL** 從 Line 2 到 Line 14 是「同時處理」(Concurrent)。圖 D-3 的「計數器電路」(Counter)，便是一個例子。

```
1  -- 4bit UP counter -----------
2  library IEEE;
3  use IEEE.std_logic_1164.all;
4  IEEE.numeric_std.all;
5  entity counter is
6  generic(n : NATURAL := 4);
7  port(clk : in std_logic;
8       reset : in std_logic;
9       load : in std_logic;
10      Data: in unsigned(n-1 downto 0);
11      count : out std_logic_vector(n-1 downto 0));
12 end entity counter;
13 architecture rtl of counter is
14 begin
15     p0: process (clk, reset, load) is
16     variable cnt : unsigned(n-1 downto 0);
17     begin
18        if reset = '1' then
19           cnt := (others => '0');
20        elsif load = '1' then
21           cnt := Data;
22        elsif rising_edge(clk) then
23           cnt := cnt + 1;
24        end if;
25        count <= std_logic_vector(cnt);
26     end process p0;
27 end architecture rtl;
```

圖 D-3　計數器電路 Counter 是 Process 順序處理的例子

　　圖 D-3 的 **VHDL** 宣告 p_0 是一個 Process，所以從 line 15～26 是跟一般 Program 相同，由 line 15 按順序一條條處理到 line 26 為止。Process 的 (clk, reset, load) 又稱為 **Sensitivity List**，意思是當 List 內的訊號之一有變化時才進行 Process。

　　圖 D-3 **VHDL** 的 line 10 的 Data 和 11 的 Count，為 **VHDL** 對 **Bus** 寬度的一種描述。而 line 22 的 rising_edge(clk)，說明了當 clk 訊號由 '0' 上升到 '1' 的瞬間，變數 cnt 才從原來的數目上加 1。變數改變的符號用 := 代表立即生效。訊號改變的符號用 <= 代表要整個 Process 完成後才生效。

附錄 E　VHDL 測試檔的結構與 Stimulus 的寫法

圖 E-1 是一個用來測試 VHDL andgate 電路的 VHDL testbench 測試檔的結構。由於 VHDL andgate 使用 IEEE.std_logic_1164，所以 VHDL testbench 也必須用它。

```
1 -- andgate.vhd ------------
2 library IEEE;
3 use IEEE.std_logic_1164.all;
4 -------------------------------------
5 entity andgate is
6    port( A : in std_logic;
7          B : in std_logic;
8          Y : out std_logic);
9 end andgate counter;
10 -------------------------------------
11 architecture data_flow of andgate is
12 begin
13     Y <= A and B;
14 end data_flow1;
15 -------------------------------------
```

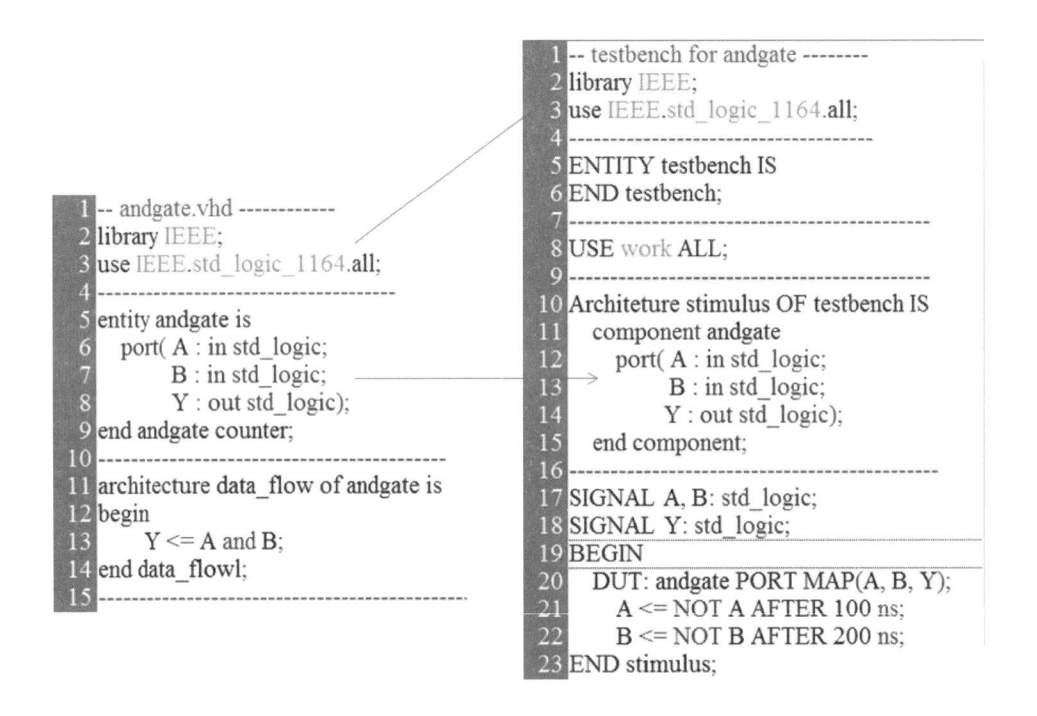

```
1 -- testbench for andgate --------
2 library IEEE;
3 use IEEE.std_logic_1164.all;
4 -------------------------------------
5 ENTITY testbench IS
6 END testbench;
7 -------------------------------------
8 USE work ALL;
9 -------------------------------------
10 Architeture stimulus OF testbench IS
11    component andgate
12       port( A : in std_logic;
13             B : in std_logic;
14             Y : out std_logic);
15    end component;
16 -------------------------------------
17 SIGNAL A, B: std_logic;
18 SIGNAL Y: std_logic;
19 BEGIN
20    DUT: andgate PORT MAP(A, B, Y);
21    A <= NOT A AFTER 100 ns;
22    B <= NOT B AFTER 200 ns;
23 END stimulus;
```

圖 E-1　VHDL testbench 測試檔的組成

VHDL testbench 測試檔也是由 Entity 和 Architecture 2 個部分所組成。它和 VHDL 電路檔不同的是 Testbench 的 Entity 內沒有 I/O Port。它的 Architecture 的首項是被測試的電路 Component。

292

圖 E-1 中的 Testbench line 11～15 就是從 andgate.vhd 的 line 5～9 搬了過來，並把其中的 Entity 改為 Component 而成。

Testbench 的功能是產生對 **VHDL** 電路的輸入訊號，在圖 E-1 的例子裡，line 17～18 採用和 andgate.vhd 完全相同的訊號名稱 A、B 和 Y，這樣的做法，可以讓 line 20 最簡化。

line 21～22 是一種產生「連續對稱型方波」的寫法，方波 A 的週期為 200 nS，頻率為 5E6 Hz；方波 B 的週期為 400 nS，頻率為 2.5E6 Hz。

E-1　如何產生各種不同的 Stimulus 訊號

書寫 Testbench.vhd 最重要的部分，是產生 Stimulus 輸入信號。

歸納起來，輸入信號一共有以下的五種：

1. 對稱並且重覆的波形，Clock 就是它的代表，它的寫法如下：

   ```
   Signal clock：bit := '1' ;
   clock <= NOT clock AFTER 30 ns;
   ```

   也可以寫成：

   ```
   Signal clock：bit := '1' ;
   Wait for 30 ns;  clock <= NOT clock;
   ```

2. 單一的波形，Reset 就是它的代表，它的寫法如下：

   ```
   Signal reset：bit:= '0' ;
   Wait for 30 ns;  reset <= '1' ;
   Wait for 30 ns;  reset <= '0' ;
   Wait;
   ```

3. 不規則，而且不重覆，多個 bit 的波形，它的寫法如下：

   ```
   Constant wave: bit_vector(1 to 8):= "10110100" ;
   Signal x: bit := '0' ;
   For i IN wave' RANGE LOOP
   ```

```
x <= wave(i); wait for 30 ns;
END LOOP;
Wait;
```

4. 不規則，但重覆，多個 bit 的波形，它的寫法如下：

```
Constant wave: bit_vector(1 to 8):= "10110100" ;
Signal y: bit := '0' ;
For i IN wave' RANGE LOOP
y <= wave(i); wait for 30 ns;
END LOOP;
```

數字型，多個 bit 的波形，它的寫法如下：

```
Signal z: INTEGER RANGE 0 to 255;
Z <= 0; wait for 120 ns;
Z <= 33; wait for 120 ns;
Z <= 255; wait for 60 ns;
Z <= 99; wait for 180 ns;
```

E-2　產生 5 種不同的 Stimulus 訊號的 VHDL testbench

產生以上 5 種不同 VHDL test signals 的 VHDL testbench，如圖 E-2 所示。

```vhdl
Library ieee;
Use ieee.std_logic_1164.all;
---------------------------------------------
Entity test_testbench is
End test_testbench;

Architecture testbench of test_testbench is
    Signal a: std_logic := '1';
    Signal b: std_logic := '0';
    constant wave: bit_vector(1 to 8):="10110100";
    Signal x: bit := '0';
    Signal y: bit := '0';
    Signal z: integer range 0 to 255;
Begin
    ----- Generate a: -----
    Process
    Begin
        wait for 30 ns;
        a <= not a;
    End Process;
    ----- Generate b: -----
    Process
    Begin
        wait for 30 ns;
        b <= '1';
        wait for 30 ns;
        b <= '0';
        wait;
    End Process;
    ----- Generate c: -----
    Process
    Begin
        For i in wave'range loop
            x <= wave(i); wait for 30 ns;
        end loop;
        wait;
    End Process;
    ----- Generate d: -----
    Process
    Begin
        For i in wave'range loop
            y <= wave(i); wait for 30 ns;
        end loop;
    End Process;
    ----- Generate e: -----
    Process
    Begin
        z <= 0;   wait for 120 ns;
        z <= 33;  wait for 120 ns;
        z <= 255; wait for  60 ns;
        z <= 99;  wait for 180 ns;
    End Process;
End testbench;
```

圖 E-2　產生 5 種代表波形的 VHDL 寫法

如果用 ModelSim 來做 Simulation，可獲得的波形，如圖 E-3 所示。

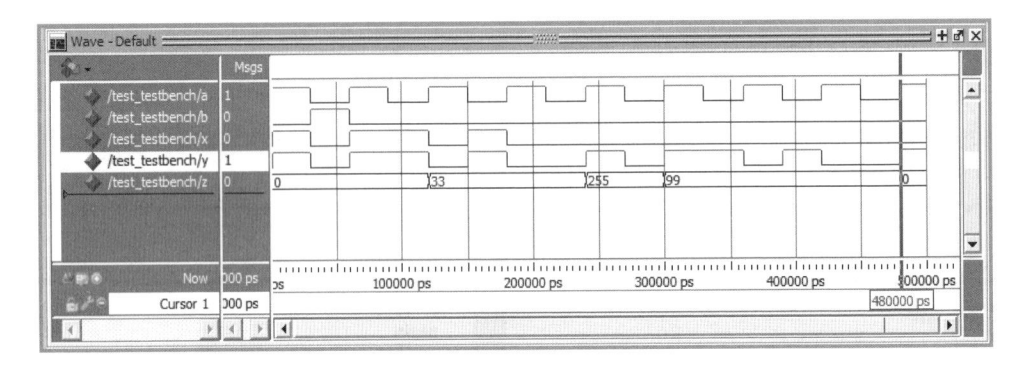

圖 E-3　ModelSim Simulator 顯示的 5 種不同波形

附錄 F　ModelSim Simulation 模擬測試

使用 ModelSim Simulator 來對所設計的 VHDL 電路做模擬測試，可以分成以下的 4 個階段：

第一個階段： 將所設計的 VHDL 電路和它的 Testbench 測試檔，放在同一個檔案夾內，然後開啟 ModelSim，如圖 F-1 所示。

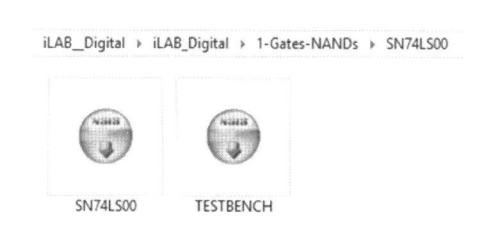

圖 F-1　SN74LS00.vhd 和 Testbench.vhd 同在檔案夾 SN74LS00 內

待 ModelSim Welcome 視窗出現選擇 *Jumpstart*，如圖 F-2 所示。

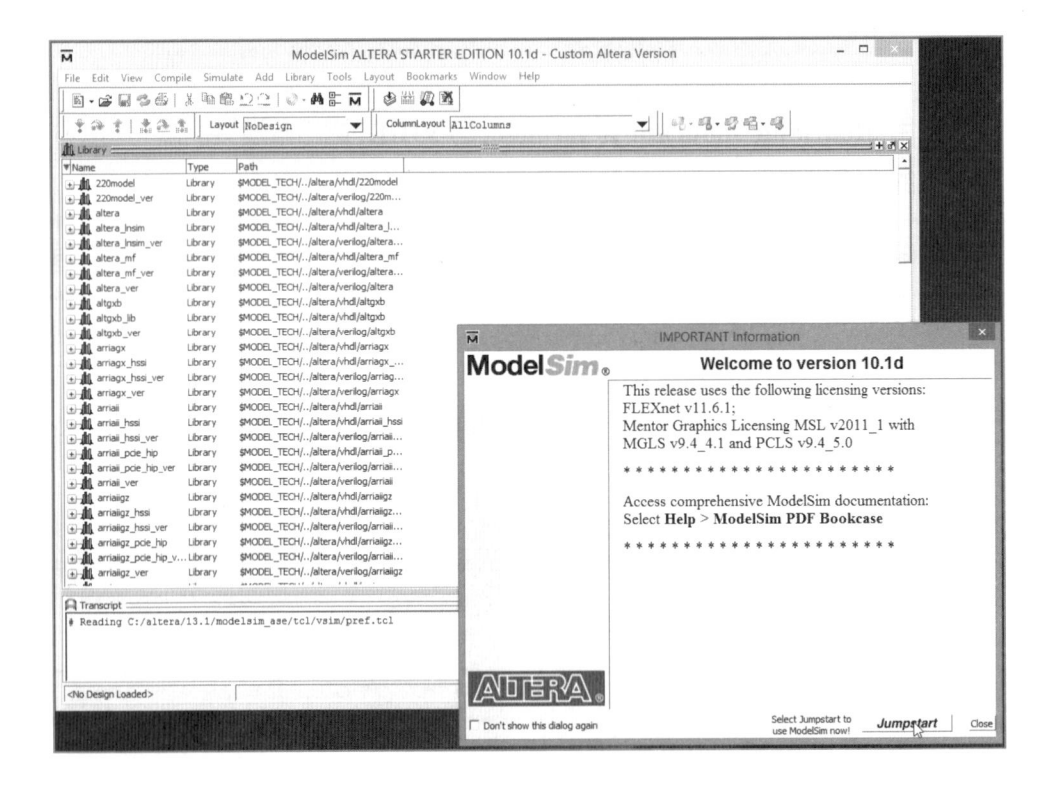

◎ 圖 F-2 ◎　　在 ModelSim Welcome 視窗出現後選擇 *Jumpstart*

接下來有一連串的選用如 Create a Project、設定 SN74LS00 檔案夾的位置，和加入所需的 vhd files 等，如圖 F-3 和圖 F-4 所示。

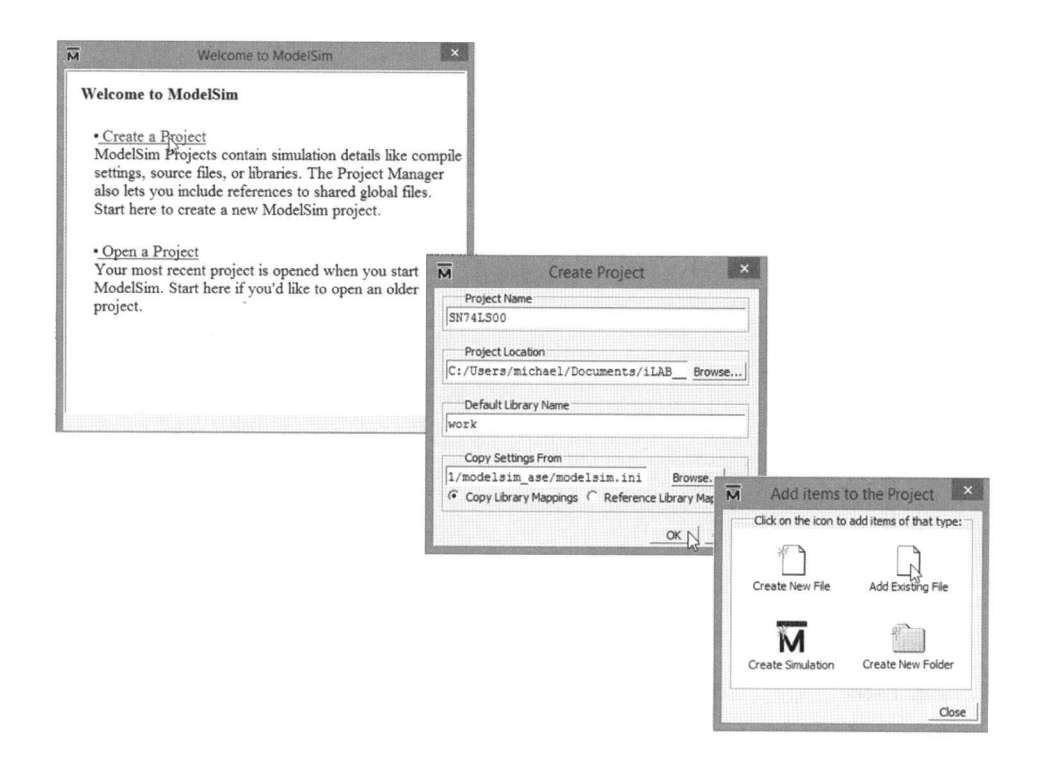

圖 F-3　Create a Project 和檔案夾位置的選定

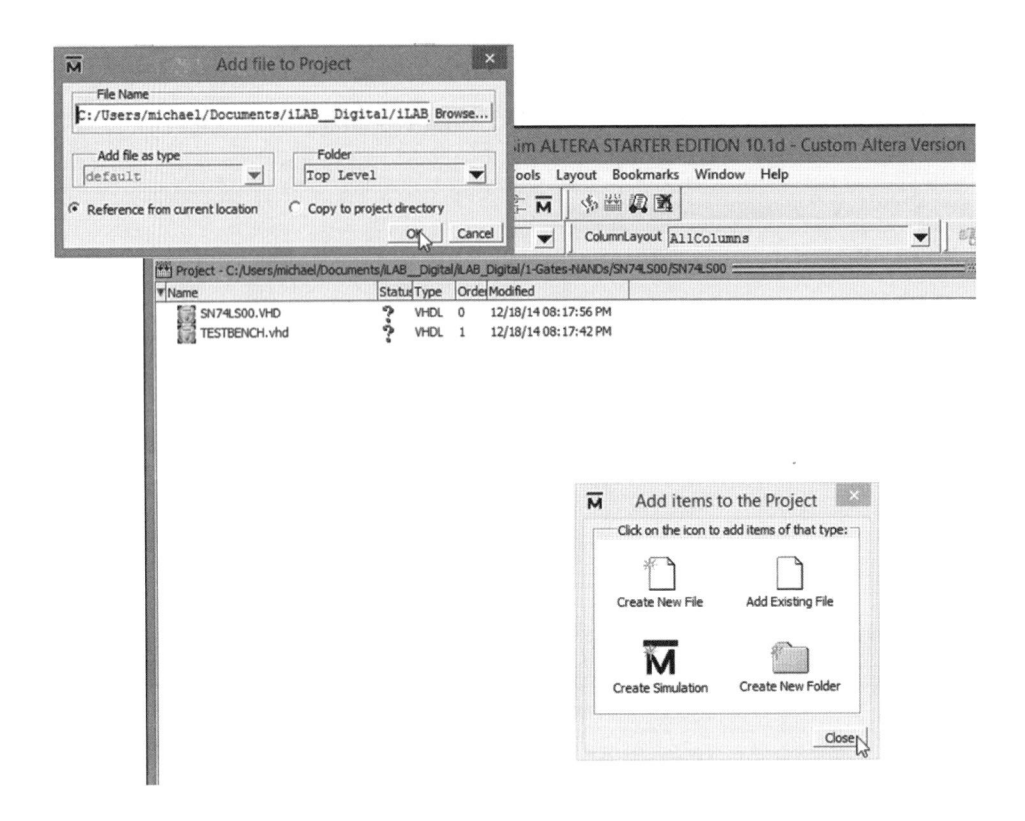

圖 F-4 Create a Project、SN74LS00.vhd 及 Testbench.vhd 的選定

附錄 F　ModelSim Simulation 模擬測試　301

第二個階段：編輯 Compile，檢查所參與的 files 是否合乎規則？如圖 F-5 所示。

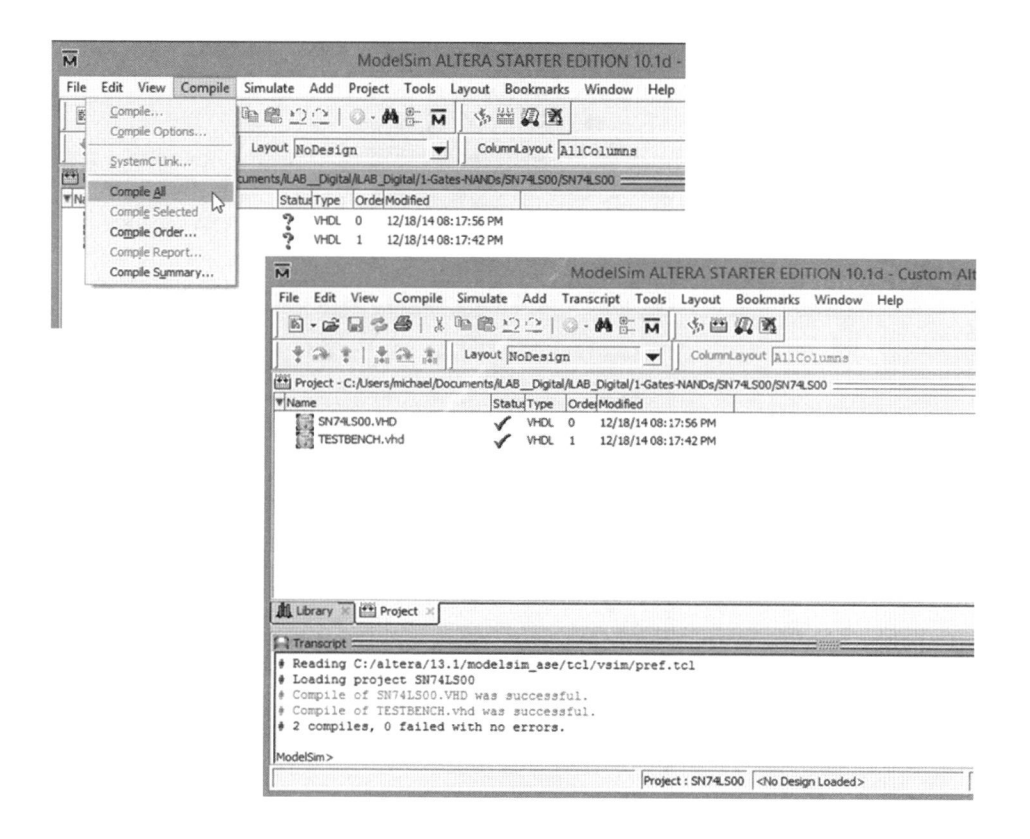

圖 F-5　通過 Compile 所有的 vhd files 都合乎規則

第三個階段：模擬測試 Simulation，在 Start Simulation 視窗的 work 裡選取 Testbench 然後點選 **OK**，如圖 F-6 所示。

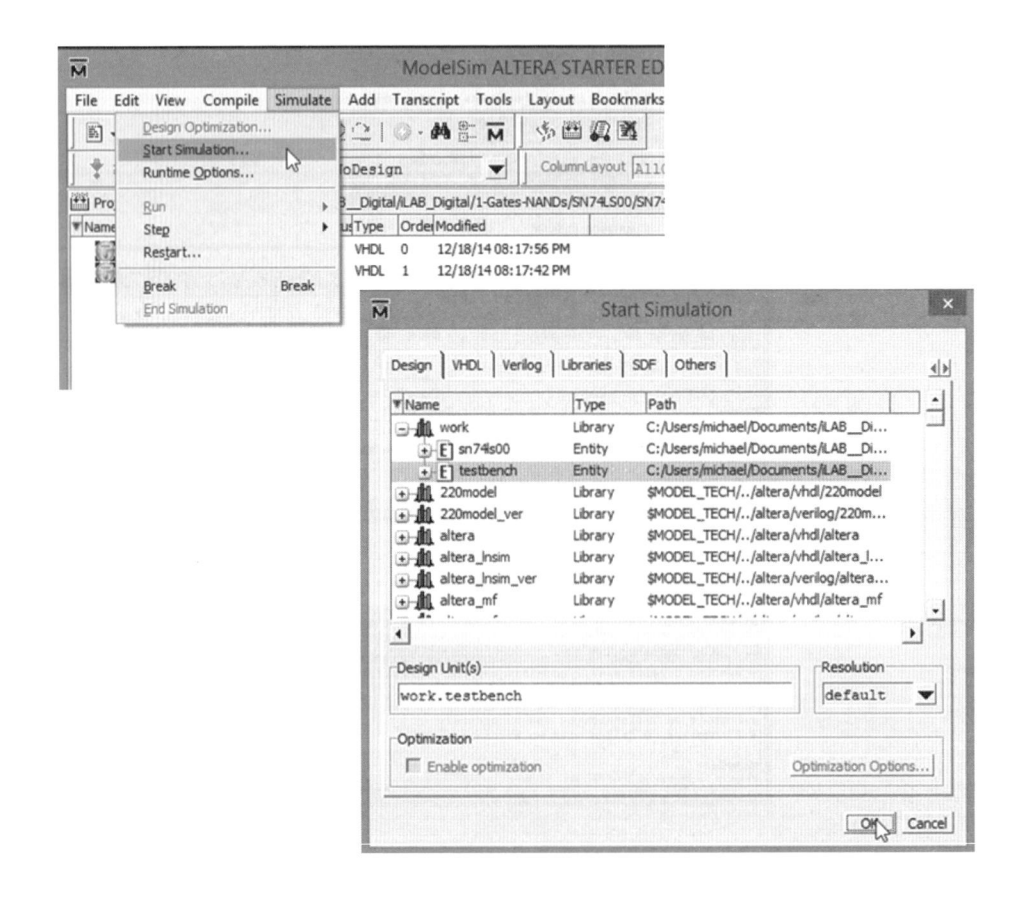

圖 F-6　在 Start Simulation 視窗的 work 中選取 Testbench 然後點選 OK

第四個階段：模擬測試的波形顯示。右擊 **Objects** 視窗的空白處，依次選用 **Add to>>Wave>>Signal in Region**，如圖 F-7 所示。

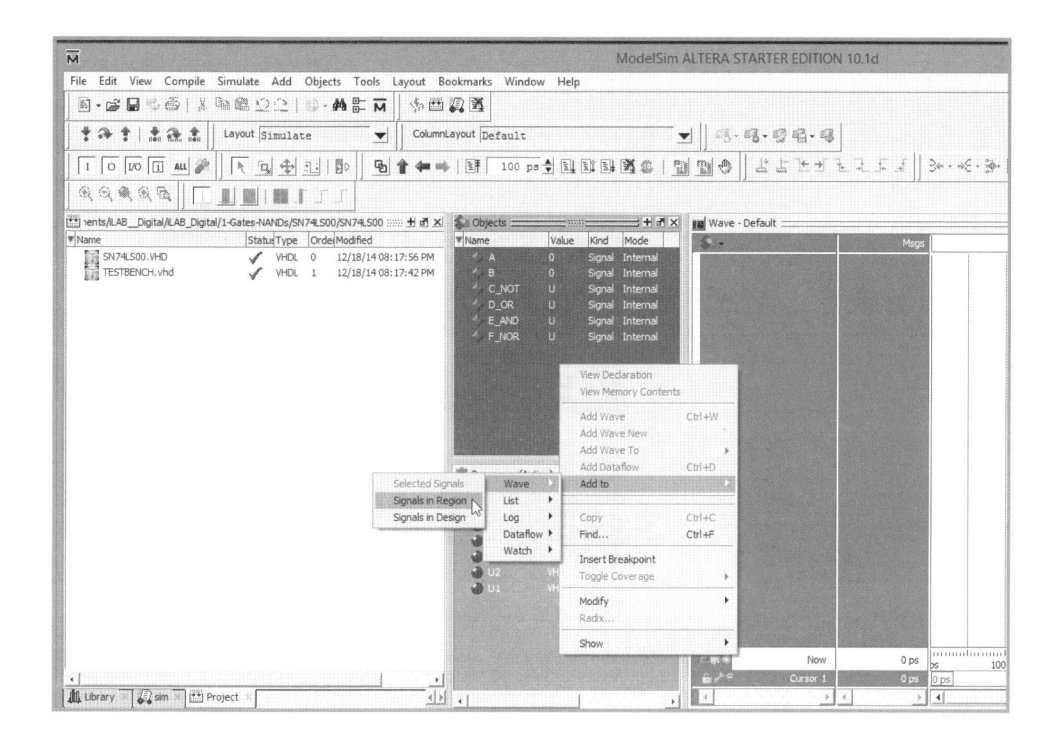

圖 F-7　右擊 Objects 視窗的空白處，依次選用 Add to>>Wave>>Signal in Region

以上的動作是把 Objects Window 中的 Objects 搬進 Waveform Windows 用來顯示波形，如圖 F-8 所示。

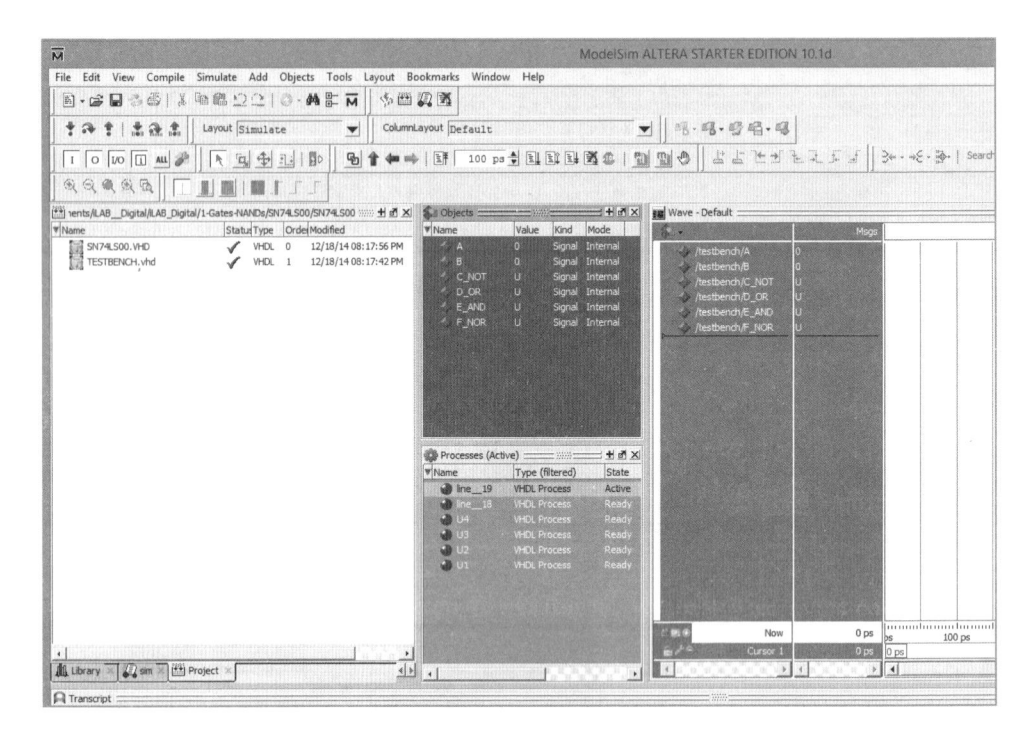

圖 F-8　Objects 搬進 Waveform Windows 以便顯示波形

波形的顯示跟時間的長短有關，在 Testbench 裡 Signal B 的週期最長為 400 nS，所以在 **Transcript** 視窗令 **VSIM > run 400 ns**，如圖 F-9 所示。

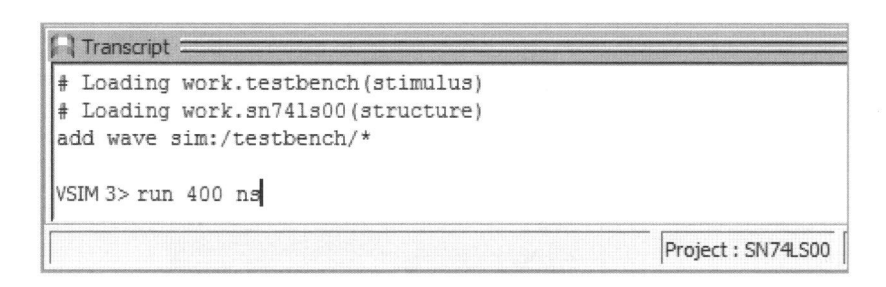

◎ 圖 F-9 ◎　　　　Transcript 視窗令 VSIM > run 400 ns

當 Wave Window 顯示部分波形後，要顯示全部的波形必須在 Wave 的選項中選用 Zoom>>Zoom Full，如圖 F-10 所示。圖 F-11 便是它的全部 I/O 測試所得的波形。

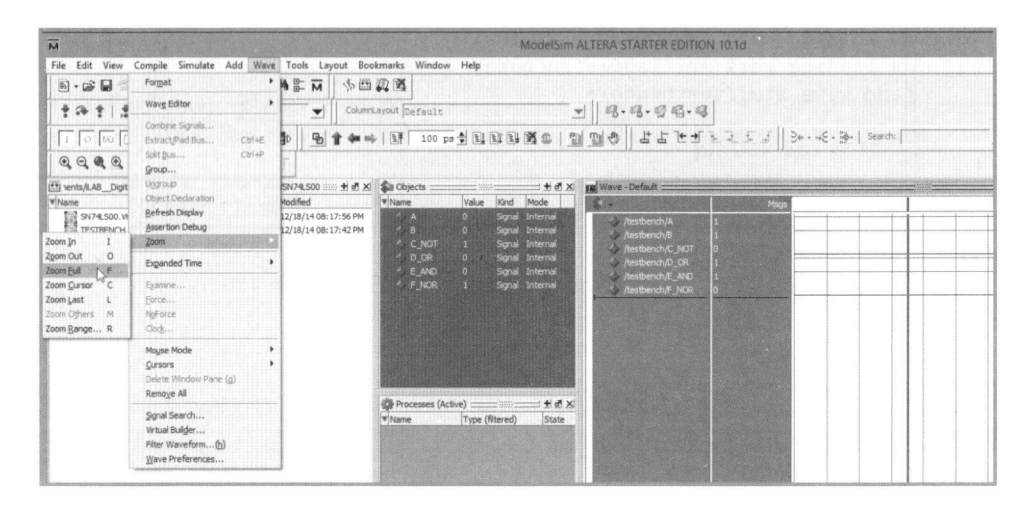

圖 F-10　在 Wave 的選項中選用 Zoom>>Zoom Full 以觀測全部的波形

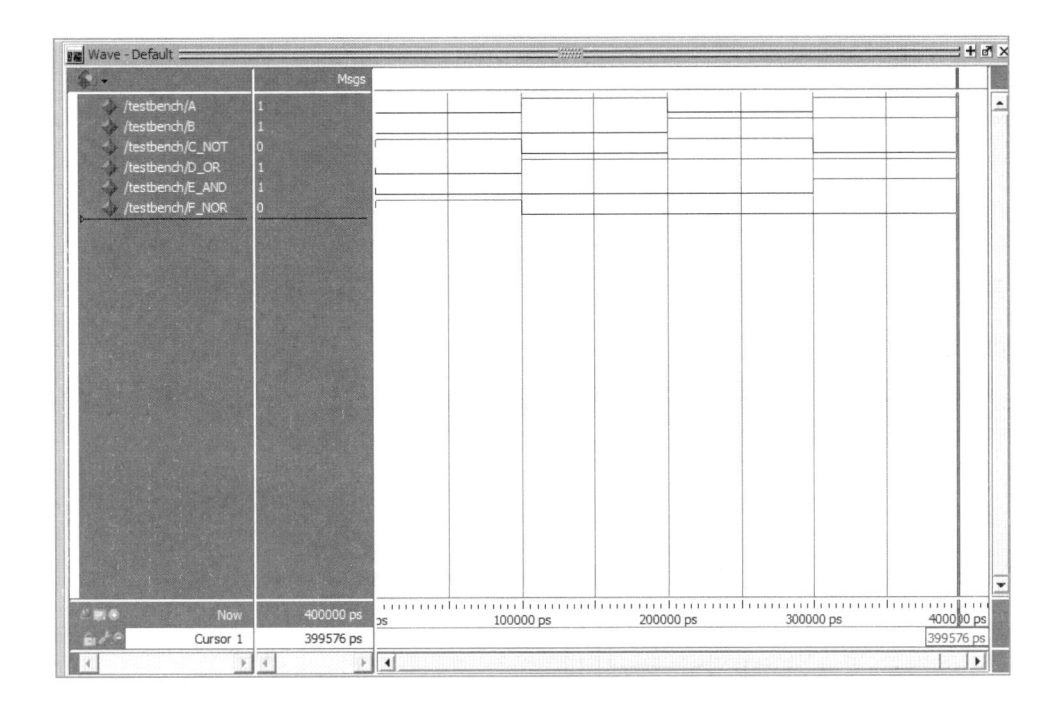

圖 F-11　SN74LS00.vhd 的全部 I/O 測試波形

附錄 G　LM565 PLL 的設定

　　鎖相環積體電路 (Phase Locked Loop IC) 是數位電路不可缺少的一種，也是數位和線性雙重的混合產物。LM565 可用於 500 kHz 以下的電路，它的組成如圖 G-1 所示。

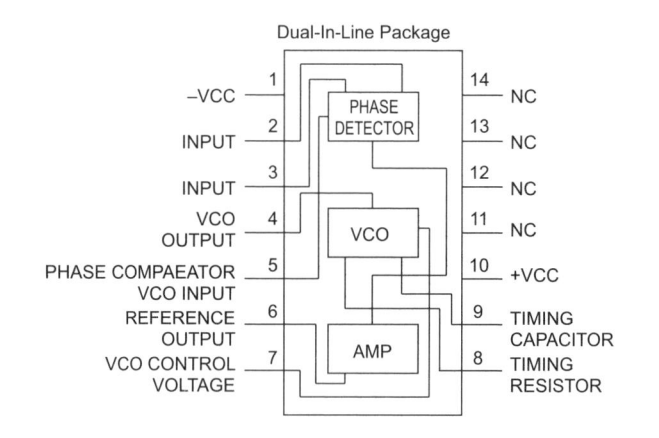

◎ 圖 G-1　LM 565 PLL 的組成

電路的使用連線，和必要的 RC 附件，如圖 G-2 所示。

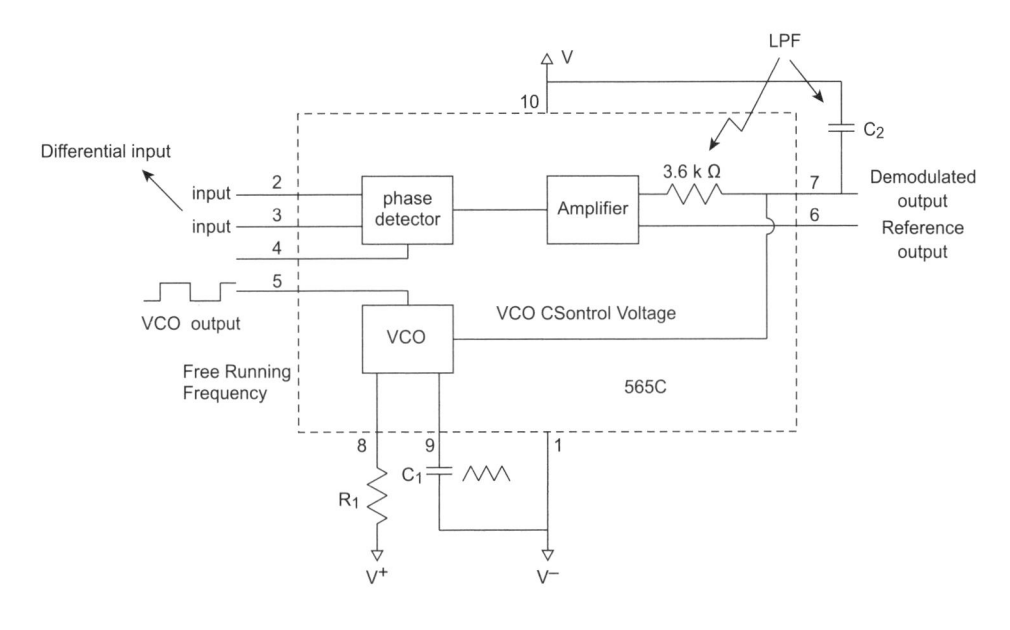

圖 G-2　LM565 電路的使用連線和必要的 RC 附件

它的 free-running frequency、lock range 和 capture range 和所採用的電阻 R 及電容 C 之間的關係，如圖 G-3 所列之公式所示。

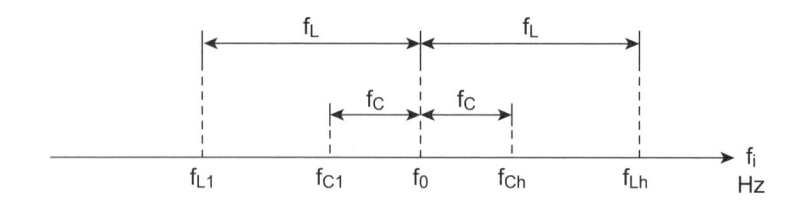

```
        |◄────── fL ──────►|◄────── fL ──────►|
                     |◄─ fC ─►|◄─ fC ─►|
  ──────┼────────────┼────────┼────────┼────────────┼──────►  fi
        fL1          fC1      f0       fCh          fLh       Hz
```

The VOC free-running frequency, f_0

$$f_0 \approx \frac{0.3}{R_1 C_1} \qquad (1)$$

The hold-in, tracking, or acquisition range, f_H

$$f_C \approx \frac{\pm 8 f_0}{V^+ + |V^-|} \qquad (2)$$

The capture, pull-in, or acquisition range, f_C

$$f_C \approx \pm \sqrt{f_H \cdot f_{lpf}} \qquad (3)$$

where, f_{lpf}, is the 3 dB frequency of the lowpass filter section.

圖 G-3 free-running、lock range 和 capture range 與 *RC* 的關係

依據以上 3 個公式可以用 C/C++ Program 來計算，如圖 G-4 所示，結果對零件的選擇和採用有很多的幫助。注意 R_1 之電阻值，應在 2～20 k 之間。

```cpp
/* PLL Setup */
#include <iostream>
#include <cstdlib>
#include <math.h>
#include <iomanip>
using namespace std;

int main (int argc, char *argv[])
{
    float fo, fn, R1, R2=3600, C1, C2, Vc, f_lock_range, fc;

    cout << "step 1: Please input the Expected free_run_freq fo in Hz." << endl;
    cin >>fo;
    cout << "step 2: Please input the value pn9 to gnd Capacitor C1 in Farad." << endl;
    cin >> C1;
    R1 = 0.3/(C1*fo);
    cout << "step 3: Please input the value total Voltage Vp+Vn=Vc" << endl;
    cin >> Vc;
    cout << "step 3: Please input the value C2" << endl;
    cin >> C2;
    f_lock_range = ( 8*fo)/Vc;
    fc = sqrt(f_lock_range*(1/(6.28*R2*C2)));
    cout << "the value of Timing Resistor R1 is equal to : " << R1<< endl;
    cout << "the value of Lock Range is equal to : " << f_lock_range << endl;
    cout << "the value of Capture Range is equal to : " <<  fc << endl;

    system("pause");
return 0;
}
```

圖 G-4　用 C/C++ Program 來計算和選擇所需的 *RC* 附件

圖 G-5 是對於 free-running frequency 為 100 kHz 時，C_1 為 500 pF，V_{cc} 為 10 V，C_2 為 0.1 uF 時，所獲得應有的 R_1 值，和電路可能有的頻率 lock range 和 capture range。

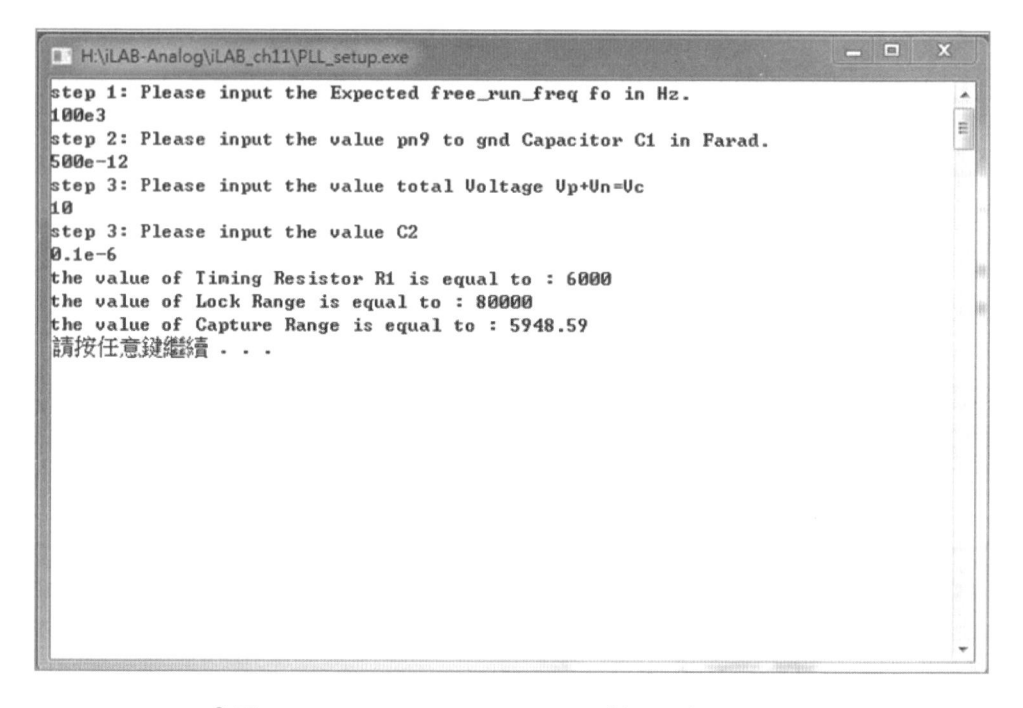

```
step 1: Please input the Expected free_run_freq fo in Hz.
100e3
step 2: Please input the value pn9 to gnd Capacitor C1 in Farad.
500e-12
step 3: Please input the value total Voltage Up+Un=Vc
10
step 3: Please input the value C2
0.1e-6
the value of Timing Resistor R1 is equal to : 6000
the value of Lock Range is equal to : 80000
the value of Capture Range is equal to : 5948.59
請按任意鍵繼續 . . .
```

圖 G-5　C/C++Program 輸入和輸出的結果

附錄 H　M2K 與其附加的硬件

M2K 的實體,如圖 H-1 所示。

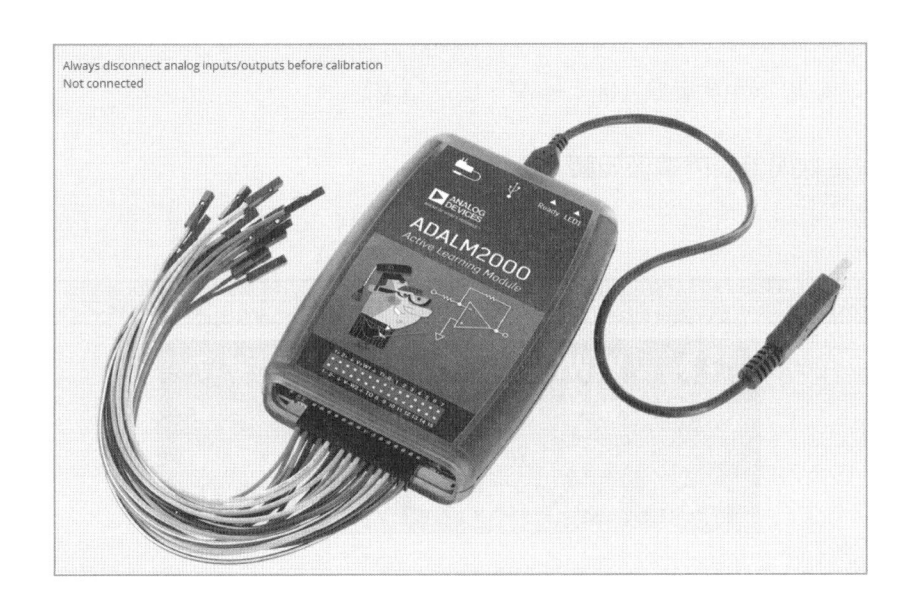

圖 H-1　M2K 實體圖

它提供了下列多種類比和數位測試的儀表:

- 差動式輸入的兩通道示波器。
- 二通道任意函數產生器。
- 16 通道數字邏輯分析儀(3.3 V CMOS 和 1.8 V 或 5 V 耐壓,100 mS/s)。
- 16 通道碼型發生器(3.3 V CMOS,100 mS/s)。
- 16 通道虛擬數字 I/O。

- 用於連接多台儀器的 2 個輸入／輸出數字觸發信號（3.3 V CMOS）。
- 雙通道電壓表（AC、DC、±25 V）。
- 網絡分析儀：電路的 Bode、Nyquist、Nichols 傳輸圖，範圍：1 Hz 至 10 MHz。
- 頻譜分析儀：功率譜和頻譜測量（本底噪聲、SFDR、SNR、THD 等）。
- 數字總線分析儀（SPI、I²C、UART、並行）。
- 兩個可編程電源（0… +5 V、0… –5 V）。

其接線與儀表的關係如圖 H-2 所示。

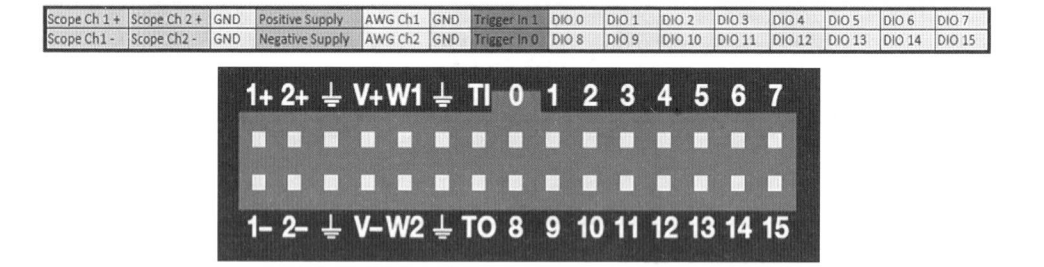

◁ 圖 H-2 ▷　　　接線與 M2K 儀表的關係

M2K Analog 部分的目標原為低壓低電流而設計，若用於較高電壓系統，如真空管電路，可在 **M2K** 上加接 AD-M2KBNC-EBZ 板子使測試電壓增強到 250 V；又若需提升正負 5 V 電源到正負 15 V，可在 **M2K** 上加接 AD-M2KPWR-EBZ 電源升壓板。

附錄 H　M2K 與其附加的硬件　315

　　AD-M2KBNC-EBZ 是 ADALM2000 的附加板，如圖 H-3 所示。能讓用戶將示波器探頭和其他測試引線連接到 **M2K** 的輸入。

　　包裝內容：

- AD-M2KBNC-EBZ。
- 2 × 示波器探頭（PA360 60 MHz ×1 & ×10 無源探頭）。
- 2 × BNC 至抓取器電纜。
- 10 × 迷你抓取器測試夾。

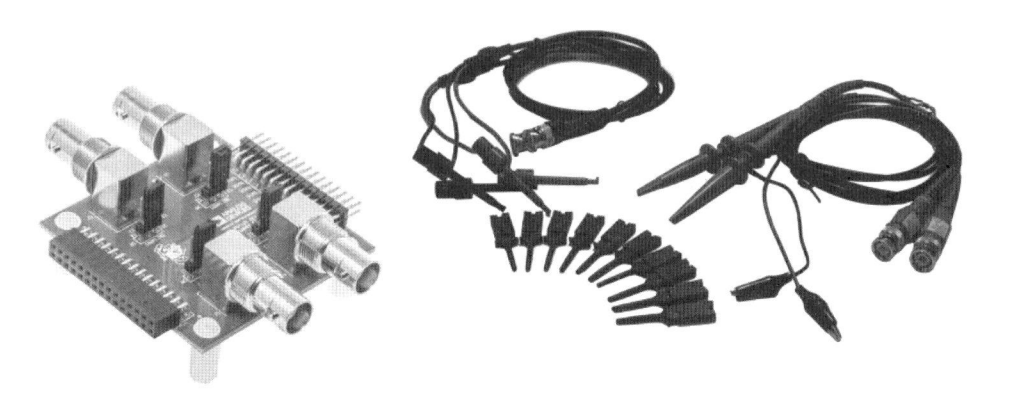

圖 H-3　M2K 的測試附加板 AD-M2KBNC-EBZ

　　M2K 的示波器在加接 PA360 60MHz ×10 後，可用於探測 250 V 以下的真空管音響電路的測試。**LTspice** 的 Library 內有三極管和五極管的 Symbols，加入在網路上下載的多種真空管 Models 可用來做模擬測試，對真空管音響的設計能有極大的幫助。

M2K 的電源升壓板 AD-M2KPWR-EBZ，如圖 H-4 所示。AD-M2KPWR-EBZ 是一款 ADALM2000 附加板，可將輸出電流能力提高至 700 mA，電壓能力提高至 15 V，該板還可以用作具有正負輸出的獨立台式電源。

圖 H-4　　M2K 的電源升壓板 AD-M2KPWR-EBZ

特徵：

- ADALM2000 兼容。
- USB Type-C 供電（不包括供電）。
- 提供 2 個輸出，增加電流源能力。

描述：AD-M2KPWR-EBZ 是一款 USB Type C 供電板，能夠增加 ADALM2000 電源的輸出電流。

輸入：

- USB C 型：4～18 V（通過 RPI USB-C 電源驗證：套件中未提供），15 W（電源允許）。

- 外部（螺釘端子連接器）：4～18 V/20 W（電源允許）。
- 2 種控制模式輸出。
- 2 個跟蹤 **M2K** 用戶電源的可變電源。
- 0 V 至 5 V（USB 電源模式下為 400 mA）。
- –5 V 至 0 V（USB 電源模式下為 400 mA）。

兩個獨立的可變電源，由電位器調節：

- 1.5 V 至 15 V（18 V 供電時可達 700 mA）。
- –15 V 至 –1.5 V（18 V 供電時可達 700 mA）。

包裝內容：

- AD-M2KPWR-EBZ。
- 支架和螺絲。

索 引

中英對照

三劃
下降時間 Fall Time　　　　　　　　73

四劃
反相回授 Negative Feedback　　　　89

五劃
正交 Quadrature　　　　　　　　　89
正交振盪器 Quadrature Oscillator　　95
正相回授 Positive Feedback　　　　89
交流分析 AC Analysis　　　　　　　13

六劃
同步的 Synchronous　　　　　　　199
同時處理 Concurrent　　　　　　　290
行為（型）Behavior　　163, 207, 229

八劃
波形的分析 FFT Analysis　　　　　11

直流工作點測試 DC Operating Point Test　　　　　　　　　　　　　45
並發邏輯 Concurrent Logic　　　　141

九劃
相位 Phase　　　　　　　　　　　53
計時器 Timer　　　　　　　　　　206
計數器（電路）Counter　105, 206, 290

十劃
缺口 Notch　　　　　　　　123, 131
起升時間 Rise Time　　　　　　　 73
乘法器 Balance Modulator　　　　 74
時序邏輯 Sequential Logic　　　　141
時鐘／時序脈波 Clock　　　141, 249

十一劃
移位寄存器 Shift Register　　　　227

十三劃

裝載 Load　　　　　　　　　　232

亂圖案 Random　　　　　　　272

十四劃

圖案產生器 Pattern Generator　　269

網路分析儀 Network Analyzer　　267

十五劃

增益 Gain　　　　　　　　　53, 89

十六劃

頻率縮放 Frequency Scaling　　139

頻寬 Band Width　　　　　　　67

頻譜分析儀 Spectrum Analyzer　267

十七劃

瞬態 Transient　　　　　　　9, 46

十八劃

鎖存器 Latches　　　　　　　199

鎖相環 Phase Locked Loop　　249

鎖相環積體電路 Phase Locked Loop IC　　　　　　　　　　　308

翻轉—觸發器 Flip-Flops　　　199

二十劃

觸發 Trigger　　　　　　　　273

二十三劃

邏輯分析器 Logic Analyzer　　269

英中對照

A

AC Analysis 交流分析　　　　　　　　13

B

Balance Modulator 乘法器　　　　　　74
Band Width 頻寬　　　　　　　　　　67
Behavior 行為（型）　　163, 207, 229

C

Clock 時鐘／時序脈波　　　　141, 249
Concurrent 同時處理　　　　　　　　290
Concurrent Logic 並發邏輯　　　　　141
Counter 計數器（電路）　　105, 206, 290

D

DC Operating Point Test 直流工作點測試　　　　　　　　　　　　　　　　45

F

Fall Time 下降時間　　　　　　　　73
FFT Analysis 波形的分析　　　　　　11
Flip-Flops 翻轉—觸發器　　　　　　199
Frequency Scaling 頻率縮放　　　　139

G

Gain 增益　　　　　　　　　　53, 89

L

Latches 鎖存器　　　　　　　　　　199
Load 裝載　　　　　　　　　　　　232
Logic Analyzer 邏輯分析器　　　　　269

N

Negative Feedback 反相回授　　　　　89
Network Analyzer 網路分析儀　　　　267
Notch 缺口　　　　　　　　　123, 131

P

Pattern Generator 圖案產生器　　　　269
Phase 相位　　　　　　　　　　　　53
Phase Locked Loop 鎖相環　　　　　249
Phase Locked Loop IC 鎖相環積體電路　　　　　　　　　　　　　　　　308
Positive Feedback 正相回授　　　　　89

Q

Quadrature 正交　　　　　　　　　　89
Quadrature Oscillator 正交振盪器　　95

R

Random 亂圖案   272
Rise Time 起升時間   73

S

Sequential Logic 時序邏輯   141
Shift Register 移位寄存器   227

Spectrum Analyzer 頻譜分析儀   267
Synchronous 同步的   199

T

Timer 計時器   206
Transient 瞬態   9, 46
Trigger 觸發   273